教育部高职高专规划教材

国家级精品课程教材

水 力 学

张耀先 主 编

罗 景 刘治映 副主编

化学工业出版社

教 材 出 版 中 心

·北 京·

图书在版编目（CIP）数据

水力学/张耀先主编．—北京：化学工业出版社，2005.5（2023.9重印）
教育部高职高专规划教材　国家级精品课程教材
ISBN 978-7-5025-7056-9

Ⅰ.①水…　Ⅱ.①张…　Ⅲ.①水力学-高等职业教育-教材　Ⅳ.①TV13

中国国家版本馆CIP数据核字（2023）第020110号

责任编辑：王文峡　　文字编辑：李玉峰
责任校对：蒋　宇　　封面设计：于　兵

出版发行：化学工业出版社（北京市东城区青年湖南街13号　邮政编码100011）
印　　装：北京科印技术咨询服务有限公司数码印刷分部
787mm×1092mm　1/16　印张14¾　字数347千字　2023年9月北京第1版第7次印刷

购书咨询：010-64518888　　售后服务：010-64518899
网　　址：http：//www.cip.com.cn
凡购买本书，如有缺损质量问题，本社销售中心负责调换。

定　　价：42.00元

（京）新登字039号

前　言

本书是根据国务院批转的《2003～2007年教育振兴行动计划》和教育部、国务院发展改革委、财政部、人事部、劳动保障部、农业部、国家扶贫办联合下发的《关于进一步加强职业教育工作的意见》等文件精神编写的，是教育部高职高专规划教材及国家级精品课程教材。

本书为适应高等职业教育基本学制改革，参照全国水利水电高职高专教研会制定的三年制水利水电工程专业《水力学》教学大纲，在保持原教学体系基本不变的基础上，以适当、够用为度，按照两年制教学的需要，对原三年制教学大纲进行了修订，内容作了取舍，凡属同一类型计算的不同方法，只保留常用典型的一种，文字叙述删繁就简，力求通俗易懂，概念清晰，结构紧凑，语言顺畅。由于本书遵照循序渐进的原则，深入浅出地分析问题，特别适用于高中入学专科两年制，初中入学五年制和少学时三年制专业及成人专科教育教学。

本书的例题、习题和图表力求结合专业，突出实用，前后照应，避免重复。本书的篇幅少，内容精练，是同类三年制教材页数的二分之一，是一本学生易懂、教师好用的教材。

本书是由2003年国家级精品课程负责人、主讲教师黄河水利职业技术学院张耀先教授主编，湖北水利水电职业技术学院罗景、湖南水利水电职业技术学院刘治映副主编，华北水利水电学院孙东坡教授主审，参加本书编写的还有华北水利水电学院水利职业学院李倩，黄河水利职业技术学院许新庆、王勤香、楚万强、张瑞雪、田静，山西水利职业技术学院薛元琦，工程水力学部分还邀请了水利部黄河水利委员会勘测规划设计研究院任国强高级工程师参与编写。许多水力学同仁对本书的编写提出了宝贵意见，在此一并表示感谢。

由于高职高专教育刚刚推行两年制，对高职高专两年制教材的编写也是初次尝试，所以不足之处在所难免，恳请广大读者对本书的缺点和错误予以批评指正。

编者

2005年2月

目　录

第一章 绪论

提要

本章包括两个方面的内容，首先介绍水力学的任务及其在水利水电工程中的应用，其次介绍液体的主要物理力学性质，以便在今后各章的学习中，理解它们在液体运动时所起的作用。

第一节 水力学的任务及其在水利水电工程中的应用

水和人类生活、工农业生产有着十分密切的关系。早在几千年以前，人类就开始与洪水灾害进行不懈的斗争。随着生产发展的需要，人们兴修了许多巨大的灌溉、航运工程。在长期改造自然的斗争中，不断实践、进行科学试验，逐步认识了水流运动的各种规律，形成了水力学这门学科。

水力学的研究对象是以水为代表的液体，水力学的任务是研究液体静止和运动状态下的规律及其在工程实际中的应用。水力学所研究的基本规律分为两大部分：一是液体处于静止状态的平衡规律，称为水静力学；二是液体流动状态下的运动与能量转换规律，称为水动力学。水力学是高等工科院校许多专业必修的一门技术基础课程，它是力学的一个分支，物理学和理论力学的知识是学习水力学课程必要的基础。

水利水电工程中常见的水力学问题有以下几个方面。

1. 水工建筑物的水压力问题

研究坝身、闸门、挡土墙、管壁上的静水压力和动水压力的计算，并探讨减小不利作用力的途径，作为水工建筑物设计的依据。

2. 水工建筑物及河渠的过水能力问题

研究渠道、水闸、管道和溢洪道等的过水能力的计算，并探讨提高其过水能力的方法，为合理确定建筑物的形式、尺寸提供依据。

3. 水工建筑物中的水流形态问题

研究水流流经水工建筑物附近及河渠中的水流现象及水流流态。探讨它们对工程的影响以及如何改善它们，以免产生不利的作用。为合理布置建筑物，确保建筑物的正常运行，以及建筑物和下游河道的稳定提供依据。

4. 水流通过水工建筑物时的能量损耗问题

研究水流通过水电站、抽水站和各种渠道建筑物所引起的能量损失的计算，水流流经滚水坝、溢洪道、水闸和跌水下游的消能计算，并探讨提高有效能量的利用和加大多余能量的消耗，为采取有效措施消除水流对水工建筑物、河道的破坏作用提供依据。

此外，在进行河道水文要素观测时，其观测站的选定、测速垂线和测点的布设、历史洪水的调查，都在不同程度上应用了水力学的基本概念和基本理论，为水文测验、分析和研究提供了理论依据。

以上几个研究方面，并不是水力学的全部内容，只是介绍了水利水电工程中常见的一些水力学问题。除此以外，还有闸坝的渗流问题，河道的挟沙水流问题、高速水流问题、波浪运动问题，以及水工模型试验的有关问题等，也都属于水力学的研究范畴。

第二节　液体的基本特性和主要物理力学性质

要了解研究液体静止状态下的平衡规律和流动状态下的运动规律，首先应从分析液体的受力情况着手，而任何一种外力的作用，都是通过液体本身固有的性质来体现的，所以必须对液体的基本特性和主要物理力学性质有所了解。

一、液体的基本特性

自然界的物质存在着三种状态：固体、液体和气体。固体分子之间的距离很小，内聚力很大，所以它能保持着固有的形状和体积，能承受拉力、压力和剪切力。气体的分子间距离很大，内聚力却很小，所以它没有固定的形状和体积，它极容易被压缩，能任意扩散到其占有的整个有限空间。液体分子的间距介于固体和气体之间，其内聚力比固体小，而比气体大，所以液体不能保持固有的形状，却能保持一定的体积。液体几乎不能承受拉力，极易发生变形和流动，所以又将液体和气体统称为流体。液体可以压缩，但不易压缩，只有在较大的压力作用下，液体才能显示出极微小的体积变化。

液体的微观结构是由运动着的分子组成的，而分子间具有空隙，从微观的角度来看，液体是不连续的、不均匀的。但是在水力学中，研究的不是液体的分子运动，而是液体的宏观机械运动。在研究的过程中，把液体的质点作为最小的研究对象。所谓液体质点是由许多液体分子所组成的、保持着宏观液体的一切特性，而体积很小，只占据了一个点空间的液体微团。因此，可以把液体看作是液体的质点一个挨着一个地充满着液体的全部体积，这样就可以把液体当作连续介质来看待，而且可以把液体看作是密度分布均匀的，各部分和各方向的物理性质都是一样的。

总之，在水力学中研究的流体是一种容易流动的、不易压缩的、均质和各向同性的连续性介质。

二、液体的主要物理力学性质

(一) 惯性

惯性是物体所具有的反抗改变其原有运动状态的一种物理力学性质。其大小与该物体的质量和运动的加速度成正比。物体惯性的大小可以用质量来度量。质量愈大的物体，惯性愈大，其反抗改变其原有运动状态的能力也就愈强。设物体的质量为 m，加速度为 a，则惯性力

$$F=-ma \tag{1-1}$$

质量的标准单位为 kg；加速度的单位为 m/s^2。

对于质量是均匀分布的均质液体，其单位体积的质量称为密度，即

$$\rho=\frac{m}{V} \tag{1-2}$$

式中 V——液体的体积。

密度的单位为 kg/m^3。

(二) 万有引力特性

物体之间具有相互吸引力的性质叫万有引力特性，这种吸引力就叫万有引力。同样，地球上的物体，都会受到地心引力的作用，这种地球对物体的引力就称为重力（或重量）。重力用 G 表示，重力的单位为 N 或 kN。对于质量为 m 的液体，其重力为

$$G=mg \tag{1-3}$$

式中 g——重力加速度，国际计量委员会规定：$g=9.80665m/s^2$ 为标准重力加速度。为简化计算，本教材采用 $g=9.80m/s^2$。

对于均质液体，单位体积的重力称为容重，则容重为

$$\gamma=\frac{G}{V} \tag{1-4}$$

容重的单位为 N/m^3 或 kN/m^3。在水力学中，容重有时也称为重度或重率。

由式（1-3）和式（1-4），可得容重与密度的关系为

$$\gamma=\rho g \tag{1-5}$$

因为液体的体积随着温度和压强的变化而变化，故其容重与密度也将随之而发生变化，但变化量很小。工程中常将水的容重和密度视为常数，采用温度为4℃，压强为一个标准大气压的条件下，水的容重为 $9.80665kN/m^3$，密度为 $1000kg/m^3$。在水力计算中，为简化计算一般采用水的容重为 $9.80kN/m^3$。

【例 1-1】 已知某液体的体积为 $6m^3$，密度为 $983.3kg/m^3$。求该液体的质量和容重。

解：由式（1-2）得，液体的质量为

$$m=\rho V=983.3\times6=5899.8\ (kg)$$

由式（1-5）得，液体的容重为

$$\gamma=\rho g=983.3\times9.80=9636.3\ (N/m^3)$$

(三) 液体的黏滞性

液体在运动状态下，质点间、流层间都存在着相对运动，从而在质点与质点之间，流层与流层之间产生了内摩擦力（又叫黏滞力），以抵抗其相对运动产生的剪切变形。液体这种产生内摩擦力，具有抵抗剪切变形能力的特性称为液体的黏滞性（又叫黏性）。黏滞性是液

体固有的一种物理力学性质。它只有在液体质点间、流层间存在相对运动时才显示出来，静止液体是不显示黏滞性的。也就是说，静止状态下的液体是不能承受切力来抵抗剪切变形的，一旦液体发生剪切变形，静止状态即遭破坏。

例如，把水装在一只桶里，用木棍搅动需要一定的力气。这说明液体有黏滞性。又如，把柴油装在另一只桶里，也用木棍搅动，搅动的快慢相同，会感到在油里比在水里用的力气要大。这说明油的黏滞性比水要大。

再举一个液体有黏滞性的例子。如果测出渠道水流的沿水深各点的流速 u，并绘出垂线流速分布，如图 1-1（a）所示（图中每根带箭头的线段的长度表示该点流速的大小)，就会发现横断面上的流速分布是不均匀的。渠底流速为零，随着离开固体边界的距离的增加，流速逐渐增大，至水面附近流速最大。为什么水流横断面上会形成不均匀的流速分布呢？因为水流有黏滞性。紧靠固体壁面的第一层极薄水层由于附着力的作用而贴附在壁面上不动，第一水层将通过黏滞（摩阻）作用而影响第二水层的流速，第二水层又通过黏滞作用而影响第三水层的流速。如此逐层影响下去，离开壁面的距离愈大，壁面对流速的影响愈小，其结果就形成了如图 1-1（a）所示的流速分布规律。就是这样，固体边界通过液体的黏滞性，对液体运动起着阻滞作用，使液体各水层的流速不等。流得快的水层对流得慢的水层起拖动作用，因而快层作用于慢层的摩擦力与流向一致；反之，慢层对快层起阻滞作用，则慢层作用于快层的摩擦力与流向相反，如图 1-1（b）所示。

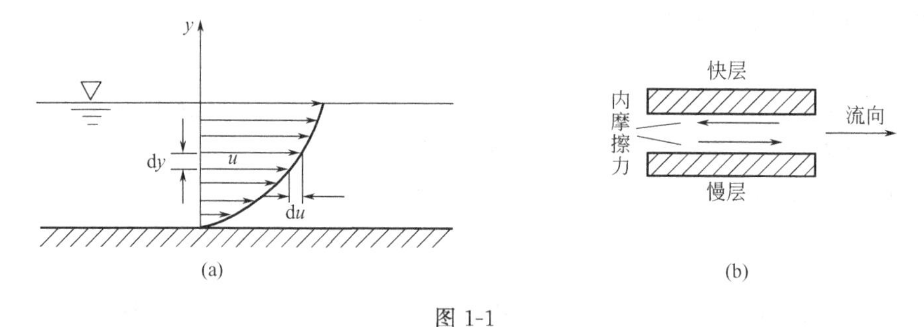

图 1-1

试验表明：对于液体质点互不混渗的层流运动（第四章中讲述），液体摩擦力 T 与液层间接触面面积 A 成正比，与流速变化 $\mathrm{d}u$ 成正比，和两流速层间的距离 $\mathrm{d}y$ 成反比，与液体的性质有关，而与接触面上的压力无关。这一结论称为牛顿内摩擦定律，可表示为

$$T=\mu A\frac{\mathrm{d}u}{\mathrm{d}y} \tag{1-6}$$

单位面积上的内摩擦力称为黏滞切应力，用 τ 表示，即

$$\tau=\frac{T}{A}=\mu\frac{\mathrm{d}u}{\mathrm{d}y} \tag{1-7}$$

式中 μ——动力黏滞系数，$\mathrm{N\cdot s/m^2}$ 或 $\mathrm{Pa\cdot s}$；

A——相邻流层间接触面的面积；

$\frac{\mathrm{d}u}{\mathrm{d}y}$——流速梯度，是沿垂直于流动方向上，各流层间流速的变化率，它反映流速沿 y 方向的变化程度。式（1-7）表明切应力与流速梯度呈线性关系。显然，流速梯度较大的地方，切应力 τ 也应较大。

动力黏滞系数 μ 值与液体的性质和温度有关，它反映了液体的性质对内摩擦力的影响，是度量液体黏滞性大小的物理量。μ 值大的黏滞性大，μ 值小的黏滞性小。

在水力学中，液体的黏滞性还可用另一种形式 $\nu=\frac{\mu}{\rho}$ 来描述，ν 称为运动黏滞系数，ν 的单位为 m^2/s。

不同种类的液体，黏滞性系数不同。即使同一液体，黏滞性也随温度的升高而减少。设水温为 t，以℃计，水的运动黏滞系数可用下述经验公式求得

$$\nu=\frac{0.01775}{1+0.0337t+0.000221t^2} \tag{1-8}$$

式中，ν 的单位为 cm^2/s。不同温度条件下水的 μ 和 ν 值，参见表 1-1。

表 1-1 不同温度条件下水的物理性质

温度 /℃	容重 γ /(kN/m³)	密度 ρ /(kg/m³)	动力黏滞系数 μ /(10^{-3}Pa·s)	运动黏滞系数 ν /(10^{-6}m²/s)	体积压缩系数 β /(10^{-9}/Pa)	表面张力系数 σ /(N/m)
0	9.805	999.9	1.781	1.785	0.495	0.0756
5	9.807	1000.0	1.518	1.519	0.485	0.0749
10	9.804	999.7	1.306	1.306	0.476	0.0742
15	9.798	999.1	1.139	1.139	0.465	0.0735
20	9.789	998.2	1.002	1.003	0.459	0.0728
25	9.777	997.0	0.890	0.893	0.450	0.0720
30	9.764	995.7	0.798	0.800	0.444	0.0712
40	9.730	992.2	0.653	0.658	0.439	0.0696
50	9.689	988.0	0.547	0.553	0.437	0.0679
60	9.642	983.2	0.466	0.474	0.439	0.0662
70	9.589	977.8	0.404	0.413	0.444	0.0644
80	9.530	971.8	0.354	0.364	0.455	0.0626
90	9.466	965.3	0.315	0.326	0.467	0.0608
100	9.399	958.4	0.282	0.294	0.483	0.0589

（四）液体的压缩性

液体不能承受拉力，只能承受压力，液体受压力作用，产生体积变形，当压力除去后又恢复原状、液体的体积随所受压力的增大而减小的特性，称为液体的压缩性。

液体压缩性的大小可用体积压缩系数 β 来表示。设质量一定的液体，其体积为 V，当压强增加 dp 时，体积相应减小 dV，其体积的相对压缩值为 $\frac{dV}{V}$，则体积压缩系数

$$\beta=-\frac{\frac{dV}{V}}{dp} \tag{1-9}$$

由于液体的体积总是随压强的增大而减小的，则 dV 与 dp 的符号总是相反的，规定 β 取正值，故式（1-9）的右端冠以负号。该式表明，β 值愈小液体愈不易压缩。体积压缩系数 β 的单位为 m^2/N 或 $1/Pa$。

液体的体积压缩系数与液体的性质有关，同一种液体的 β 值也随温度和压强的变化而变化，但变化不大，一般视为常数。不同温度下的 β 值见表 1-1。对于水，在普通水温的情况下，每增加一个标准大气压强，水的体积比原体积缩小约 1/21000，可见水的压缩性是很小的。在实际应用中，除某些特殊问题外，通常情况下视为液体是不可压缩的，即认为液体的体积和密度是不随温度和压力的变化而变化的。

（五）液体的表面张力特性

由于液体表层两侧的分子不同，引力不同，因此使得液体表层形成拉紧收缩的趋势，这种液体在表面薄层内能够承受微小拉力的特性，称为表面张力特性。表面张力不仅存在于液体和大气相接触的表面（自由表面）上，也存在于不相混合的两层液体之间的接触面上。由于表面张力仅存在液体的表面上，液体内部并不存在，它只是一种局部受力现象。且工程中所接触到的水面一般较大，自由表面的曲率很小，表面张力很小，通常情况下可以忽略不计，仅当研究微小水滴和气泡的形成与运动，液体的表面曲率很大的薄层水舌运动和液体在土壤孔隙中的渗流运动时才需考虑。

应当指出的是，在水力学实验中，经常使用玻璃管（测压管）测量水压强或水面高度，见图 1-2。当玻璃管的内径较小时，则必须考虑由于表面张力引起的毛细管现象所造成的影响。所以，实验用的测压管内径不宜太小，一般以内径 $d \geqslant 10\text{mm}$ 的玻璃管为宜，否则应考虑由毛细管作用所带来的实验误差。

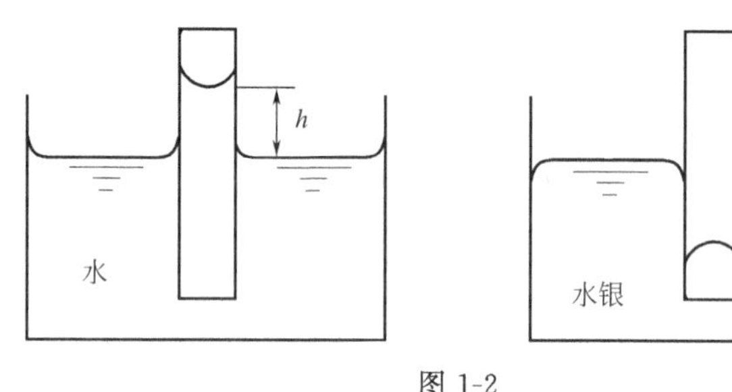

图 1-2

液体表面张力的大小，可以用表面张力系数来度量。液面上单位长度所受的拉力称为表面张力系数，用 σ 表示，σ 的单位为 N/m。表面张力系数的大小与液体的性质、温度以及表面接触情况有关。与空气相接触的水面在不同温度情况下的表面张力系数 σ 值见表 1-1。

第三节　理想液体的概念

以上介绍了液体的几种主要的物理力学性质，其中只有黏滞性是液体和固体的重要区别，正是液体具有了黏滞性，液体在运动过程中为克服内摩擦力，就要不断地消耗液体自身具有的机械能。所以说，黏滞性是引起运动液体自身机械能损失的主要原因。它在分析和研究水流运动中占有很重要的地位。

实际液体的物理性质是很复杂的。把所有的物理力学性质都考虑进去，来分析研究水流运动，这将是非常困难的。其中以惯性、万有引力特性和黏滞性最为重要，它们对液体运动影响最大，对水流运动起主导作用；而压缩性和表面张力特性只是对某些特殊的水流运动才起作用。为了简化问题便于进行理论分析，常常把对水流运动不起主导作用的特性忽略不计，引入了一个“理想液体”的概念。所谓理想液体，就是将水看作是不可压缩的、不能膨胀、没有黏滞性、没有表面张力的连续性介质。由于水的压缩性和表面张力都很小，研究水流运动中可以忽略不计，这种忽略对研究的结论影响不大。但考虑不考虑黏滞性是理想液体与实际液体的主要差别。通常在研究水流运动时，先把实际液体看作理想液体，即把所研究的液体假定为完全无黏滞性的，借以揭示液体运动的基本规律。这种液体与固体的受力情况相近，就可以把固体运动的规律引入到液体中去。得出有关规律后，在应用到实际液体时，还要根据情况，计入黏滞性的影响。再对没有考虑黏滞性而产生的偏差进行修正。

第四节　作用于液体上的力

液体无论处于平衡或运动状态，均受到各种力的作用。作用于液体上的力，按其物理性质的不同有惯性力、重力、弹性力、摩擦力和表面张力等。为便于分析液体的运动规律，在水力学中，又按其作用特点将这些力分为面积力和质量力两种类型。

一、面积力

面积力是指作用于液体的表面上，其大小与受作用液体的表面积成比例的力。如一部分液体对另一部分液体在其接触面上产生的水压力、液层与液层之间产生的内摩擦力、固体边界对液体的摩擦力、边界对液体的反作用力等都属于面积力。面积力又可分为垂直于作用面的压力 P 和平行于作用面的切力 T 两种。由于面积力作用在液体的表面上，故又称为表面力。

面积力的大小既可用总作用力来度量，也可用单位面积上所受的力来度量，如单位面积上的压力 p（压强）和单位面积上的切力 τ（切应力）等。

二、质量力

质量力是指作用于所研究液体的每一个质点上，其大小与液体的质量成比例的力，如惯性力 F、重力 G 等。对于均质液体，因液体的质量与其体积成正比，故质量力又称为体积力。与面积力一样，质量力的大小除可用总作用力来度量外，也常用单位质量液体上所受的质量力来度量，这种单位质量液体上所受的质量力称为单位质量力。设质量为 m 的液体，其上所作用的总质量力为 F，则单位质量力

$$f=\frac{F}{m} \tag{1-10}$$

若设总质量力 F 在各个坐标轴上的投影为 F_x、F_y、F_z，单位质量力 f 在相应坐标轴上的投影为 X、Y、Z，则有

$$X=\frac{F_x}{m},\qquad Y=\frac{F_y}{m},\qquad Z=\frac{F_z}{m} \tag{1-11}$$

如取 Z 轴与铅垂方向一致且规定向上为正，则作用于单位质量液体上的重力在各坐标轴上的分力为：$X=Y=0$，$Z=-mg/m=-g$。

以上作用于液体上的力是由两方面因素所形成的，一是液体自身的物理力学性质，二是液体受边界的作用。液体的物理性质是液体本身所固有的，是不能任意改变的属性，而液体的边界则是复杂多变的。通常液体的边界包括固体边界和气体边界两种，不同的边界对水流约束作用不同，产生的作用力也不同，形成的水流运动状态也不同。若改变了液体的边界形状，就改变了边界对液流的作用力，因而也改变了液体的运动状态。各种水工建筑物都是用改变水流原有边界状况的措施，来改变水流的运动规律的。

第五节　水力学的研究方法

每门学科，由于其学科特点和研究对象的不同而有各自不同的研究方法。水力学主要采用的是理论分析法、试验研究法和数值计算法。

一、理论分析法

水力学是以力学为基础的。理论分析法就是根据理论力学中机械运动的普遍原理，如力系平衡原理、质量守恒原理、能量守恒与转化原理、动能原理、动量原理等，结合液体运动的特点，运用严密的数理分析方法，来建立液体平衡和机械运动的基本规律，并通过生产实践来检验、补充、发展和完善其理论体系。

二、试验研究法

由于边界条件的复杂性，水流运动型态千差万别。理论分析法具有很大的局限性，试验研究法就成为水力学研究的一种必不可少的手段，现阶段水力学试验研究主要有以下几个方面。

1. 原型观测

对天然的以及工程中的实际水流现象直接进行现场观测，收集第一手资料，为检验理论、分析成果、总结和探索水流运动的某些基本规律提供依据。

2. 模型试验

当原型观测受到某些条件的限制无法进行或不能进行时，通常在实验室内，将实际工程按一定的比例缩小成物理模型，并在模型上模拟相应的实际水流运动，从而得出模型水流的规律性，再把模型水流上的试验成果按一定的比例关系换算成实际水流的成果，为工程设计提供依据。

三、数值计算法

近十几年来，随着计算机技术的不断发展，数值计算方法已成为水力学研究中的基本方法。在水力学的研究中，有时水流运动的基本方程和边界条件都比较复杂，用常规的数理方法一般很难得到其理论解析解，而试验又受到客观条件的限制时，就往往需要运用数值计算方法来寻求其近似解，以满足工程实际的需要。所谓数值计算法就是对水力学中由基本方程、边界条件、初始条件所构成的完整的数学模型，通过如有限差分、有限元及边界元等一些特定的计算方法，用计算机来求出其数学近似解。可见，数值计算法有时弥补了理论分析法和试验研究法的某些不足，为水力学的研究开辟了新的途径。

长期以来，人类对水力学的研究已取得了丰硕的成果，为水利水电工程的勘测、设计、施工提供了依据，为水文水资源的检测提供了方法。应用水力学的原理修建了都江堰等水利工程，应用水力学的研究方法进行了黄河治理的研究。水力学研究的应用前景还相当宽阔，一方面要继承性地学习，更重要的是要以宏观的角度创造性地应用水力学的知识去探讨解决工程实际问题的途径。

习　　题

1-1　“液体在静止状态下不存在黏滞性”，这种说法对吗？为什么？

1-2　固体之间的摩擦力与液体流层之间的内摩擦力有何区别？

1-3　引入连续介质和理想液体的概念有何实际意义？

1-4　体积为 $1.5m^3$ 的水银，试求其容重和密度各为若干。

1-5　已知液体的密度为 $997.0kg/m^3$，动力黏滞系数 $\mu=8.9\times10^{-4}Pa\cdot s$。问其容重和运动黏滞系数各为多少？

1-6　求在一个标准大气压下、4℃时一升水的重力和质量。

第二章

水静力学

提要

本章主要研究的内容是静水压强的特性及其基本规律，静水压强的测算，平面壁、曲面壁静水总压力的求解方法。研究的思路是：先介绍任一点的静水压强，再了解铅垂线上的压力分布，然后研究平面或曲面上的静水压力，最后分析某一物体上的静水压力，即按“点”、“线”、“面”、“体”的顺序进行讲述。

水静力学的任务是研究液体处于静止状态时的平衡规律及其实际应用。液体的静止状态有两种：一是液体相对地球处于静止状态，称之为静止状态，如水库、蓄水池中的水；二是指液体对地球有相对运动，但液体与容器之间以及液体质点之间没有相对运动，称之为相对静止状态，如作等加速运动的油罐车中的油。由于静止状态液体质点间无相对运动，黏滞性表现不出来，故而内摩擦力为零，表面力只有压力。

第一节　静水压强及其特性

一、静水压强

静止液体对与其接触的壁面有压力作用，如水对闸门、大坝坝面、水池池壁及池底都有水压力的作用；液体内部，一部分液体对相邻的另一部分液体也有压力的作用。静止液体作用在与之接触的表面上的压力称为静水压力，常以大写英文字母 P 表示，受压面面积常以字母 A 表示。

在图 2-1 所示的平板闸门上，围绕 K 点取微小面积 ΔA，作用在 ΔA 上的静水压力为 ΔP，则 ΔA 面上单位面积所受的平均静水压力为

$$\bar{p}=\frac{\Delta P}{\Delta A}$$

$\bar{p}$ 称为 ΔA 面上的平均静水压强，它只表示 ΔA 面上受力的平均值，只有在受力均匀的情况下，才真实反映受压面上各点的水压力状

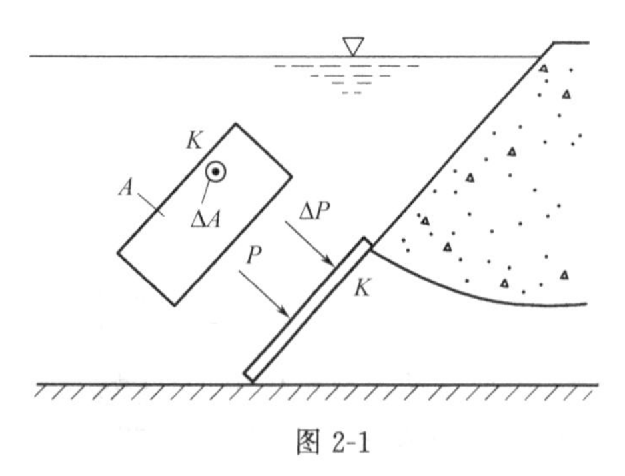

图 2-1

况。通常受压面上的受力是不均匀的，所以必须建立静水压强的概念。

图 2-1 中，当 ΔA 无限缩小趋于 K 点时，即 ΔA 趋于 0 时，比值 $\dfrac{\Delta P}{\Delta A}$ 趋于某一极限值，该极限值即为 K 点的静水压强，静水压强以小写英文字母 p 表示。

$$p=\lim_{\Delta A\to 0}\frac{\Delta P}{\Delta A}$$

式（2-1）中的静水压强，是指 K 点的静水压强，水力学中又称点静水压强，以后若无特殊说明，静水压强均是指点静水压强，即指受压面上某点所受单位面积上的静水作用力，而静水压力是指受压面上的总作用力。静水压强与静水压力是两个不同的概念，其单位也不同。静水压力 P 的单位为牛顿（N）或千牛顿（kN），静水压强 p 的单位为牛顿/米^2（N/m^2）或千牛顿/米^2（kN/m^2）。牛顿/米^2 又称帕斯卡（Pa）。

二、静水压强的特性

静水压强有两个重要特性：其中一个特性是指静水压强方向的特性，另一个特性是指静水压强大小的特性。

① 静止液体中，静水压强的方向与受压面垂直并指向受压面。

在静止液体中取出一块水体 M，如图 2-2 所示。用 N—N 面将其分割成Ⅰ、Ⅱ两部分。取出第Ⅱ部分为脱离体，在 N—N 面任取一点 A，假如其所受静水压强 p 的方向是任意方向，则 p 可以分解成法向力 p_n 和切向力 p_τ。由液体的性质知：静止液体不能承受剪切力，也不能承受拉力，若 p_τ 存在，必然会使 A 点的液体沿 N—N 面运动，这与静水的前提不符，故 p_τ 只能为 0。同理，若 p_n 不是指向受压面，而是背离受压面，则液体将受到拉力，静止状态也要受到破坏，也与静水的前提不符，所以静水压强的方向只能垂直并指向受压面。

② 静止液体中任何一点各个方向的静水压强的大小均相等，或者说其大小与作用面的方位无关。

在处于相对平衡的液体中取一个微小的四面体 $oabc$ 来研究，见图 2-3。四面体的三个边 oa、ob、oc 是相互垂直的，令它们分别与 ox、oy、oz 轴重合，长度各为 dx、dy、dz。作用于四面体的四个表面 obc、oac、oab 及 abc 上的平均静水压强为 p_x、p_y、p_z 和 p_n，四面体

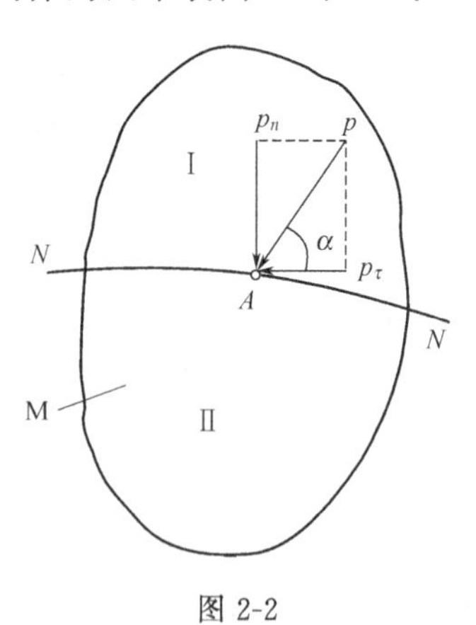

图 2-2

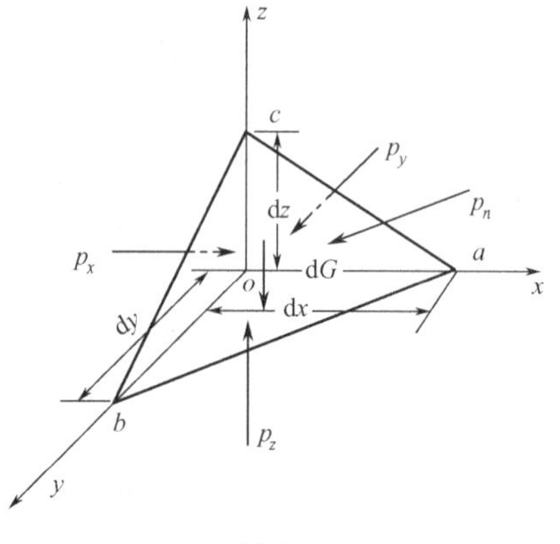

图 2-3

所受的质量力仅有重力 dG。以 dA 代表斜面$\triangle abc$ 的面积，由于液体处于静止状态，所以四面体在三个坐标方向上所受外力的合力应等于 0，即

$$\frac{1}{2}p_x \mathrm{d}y\mathrm{d}z - p_n \mathrm{d}A\cos(n,x)=0$$

$$\frac{1}{2}p_y \mathrm{d}x\mathrm{d}z - p_n \mathrm{d}A\cos(n,y)=0$$

$$\frac{1}{2}p_z \mathrm{d}x\mathrm{d}y - p_n \mathrm{d}A\cos(n,z) - \frac{1}{6}\gamma \mathrm{d}x\mathrm{d}y\mathrm{d}z=0$$

式中，(n,x)、(n,y)、(n,z) 分别表示斜面法向 n 与 x、y、z 轴的交角，当 $\mathrm{d}x$、$\mathrm{d}y$、$\mathrm{d}z$ 向 o 点缩小而趋近于 0 时，p_x、p_y、p_z 和 p_n 变为作用于同一点 o 上的，而方向不同的静水压强，此时$\frac{1}{6}\gamma \mathrm{d}x\mathrm{d}y\mathrm{d}z$ 属第三阶无限小值，它相对于前两项可以略去不计，且由于

$$\mathrm{d}A\cos(n,x)=\frac{1}{2}\mathrm{d}y\mathrm{d}z$$

$$\mathrm{d}A\cos(n,y)=\frac{1}{2}\mathrm{d}x\mathrm{d}z$$

$$\mathrm{d}A\cos(n,z)=\frac{1}{2}\mathrm{d}y\mathrm{d}x$$

由以上证明可知

$$p_x=p_y=p_z=p_n \tag{2-1}$$

即静止液体中任何一点上各个方向的静水压强大小均相等，与作用面的方位无关。静水压强的第二个特性也表明，静水中各点压强的大小仅是空间坐标的函数，或者说仅随空间位置的变化而改变，即

$$p=p(x,y,z) \tag{2-2}$$

根据静水压强的特性，分析图 2-4 中挡水坝迎水面转折点 A 的受力情况。A 点既在铅直壁面上，又在倾斜壁面上，对于不同方向的受压面，其静水压强的作用方向不同，各自垂直于它的受压面，但静水压强的大小则是相等的，即

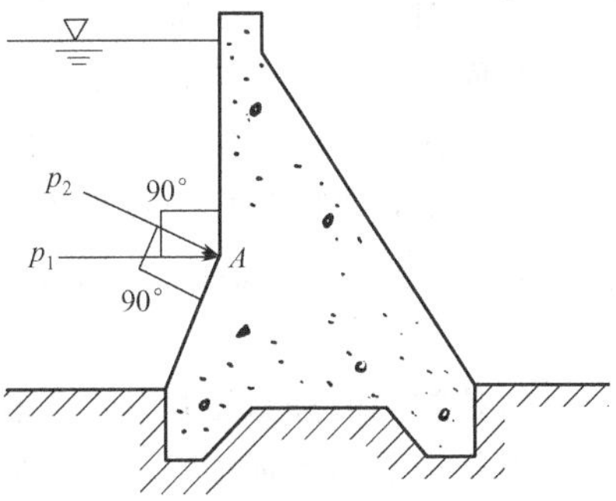

图 2-4

$$p_1=p_2 \tag{2-3}$$

第二节　静水压强的基本规律

一、静水压强的基本方程

如图 2-5 所示，通过力学分析的方法探讨静水压强的变化规律。在所受质量力仅有重力作用的静止水体中，研究位于水面下铅直线上任意两点 1、2 处压强 p_1 和 p_2 间的关系。围绕 1、2 两点分别取微小面积 ΔA，取以 ΔA 为底面积、Δh 为高的铅直小圆柱水体为脱离体，因 ΔA 是微小面积，故可以认为其上各点的压强是相等的，如图 2-5 (a) 所示。

从脱离体受力分析知，铅直方向共受三个力：

圆柱上表面的静水压力　　$P_1=p_1\Delta A$

圆柱下表面的静水压力　　$P_2=p_2\Delta A$

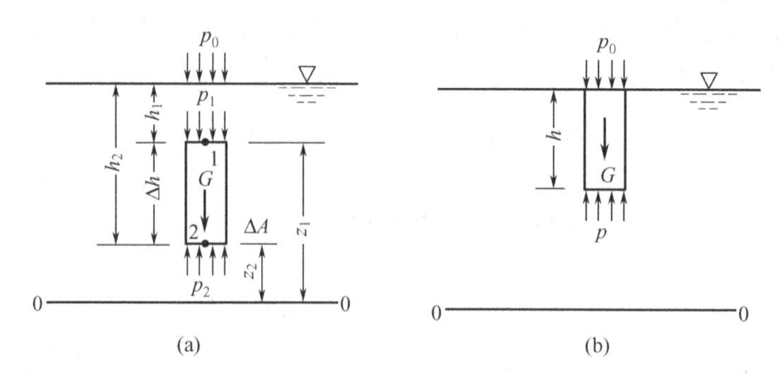

图 2-5

p_0——水表面压强；h_1，h_2——1、2 两点的水深；G——小水柱的重量（重力）

小水柱体的重力 $G=\gamma\Delta A\Delta h$

因是静止水体，铅直方向合力必为 0，取向上方向为正，列力的平衡方程，得

$$p_2\Delta A-p_1\Delta A-\gamma\Delta A\Delta h=0$$

等式两端同除以 ΔA，可得任意两点静水压强的基本关系式为

$$p_2=p_1+\gamma\Delta h \tag{2-4}$$

式（2-4）表明，质量力仅有重力作用的静水中，任意两点的静水压强关系为：下面一点的压强等于上面一点的压强加上水容重与两点之间的水深差的乘积；或者是上面一点的压强等于下面一点的压强减去水容重与两点之间的水深差的乘积（特殊情况下，如两点位于同一水平面，$\Delta h=0$，则 $p_1=p_2$）。显然，水深越大，压强越大。水深每增加 1m，静水压强就增大 $\gamma\Delta h=9.8\text{kN/m}^3\times1\text{m}=9.8\text{kN/m}^2$。

如把铅直小圆柱向上移至上表面于水面上，如图 2-5（b）所示，$h_1=0$，$h_2=h$，$p_1=p_0$，$p_2=p$。则式（2-4）可写成

$$p=p_0+\gamma h \tag{2-5}$$

这是常用的静水压强基本方程式。它表明：质量力仅有重力作用下的静水中任一点的静水压强等于水面压强加上液体的容重与该点水深的乘积。

特别指出的是，当液体表面的压强 $p_0=p_a$（大气压）时，为简化计算，取 $p_0=p_a=0$，只计算液体产生的压强。则静水压强方程式可写为

$$p=\gamma h \tag{2-6}$$

式（2-6）表明静止液体中，任一点的压强与该点在水下淹没深度成线性关系。也可以采用物理学中取基准面 0—0 的方法，来表示静水中任一点所处的位置。静水中任一点距 0—0 基准面的高度，称为该点的位置高度。则公式（2-4）中 $\Delta h=z_1-z_2$，见图 2-5（a），可得

$$p_2=p_1+\gamma(z_1-z_2)$$

即

$$z_1+\frac{p_1}{\gamma}=z_2+\frac{p_2}{\gamma} \tag{2-7}$$

式（2-7）是静水压强分布规律的另一表达形式。它表明：在静止液体中，位置高度与压强的关系，即位置高度 z 愈小，静水压强愈大，位置高度 z 愈大，静水压强愈小。

【例 2-1】 求水库中水深为 5m、10m 处的静水压强。

解：因水库表面压强为大气压，故 $p_0=p_a=0$。

水深 5m 处 $p=\gamma_{水}h=9.80\times5=49$（kPa）

水深 10m 处 $p=\gamma_{水}h=9.80\times10=98$（kPa）

【例 2-2】 有水、水银两种液体，求深度各为 1m 处的液体压强。已知液面为大气压作用，且 $\gamma_{汞}=133.3\text{kN/m}^3$。

解：$p=\gamma_{水}h=9.80\times1=9.8$（kPa）

$p=\gamma_{汞}h=133.3\times1=133.3$（kPa）

二、静水压强方程式的意义

（一）静水压强方程式的几何意义

所谓几何意义就是用几何尺寸来表征静水压强方程式的意义。图 2-6 的容器中，任取两点 1 点和 2 点，并在该高度边壁上开小孔且外接垂直向上的开口玻璃管，通称测压管，可看到各测压管中均有水柱升起。由式（2-7）知：两测压管液面和容器的液面压强均是大气压强，所以测压管中的水面必升至与容器中的水面处于同一水平面。故容器内 1、2 点的静水压强分别为

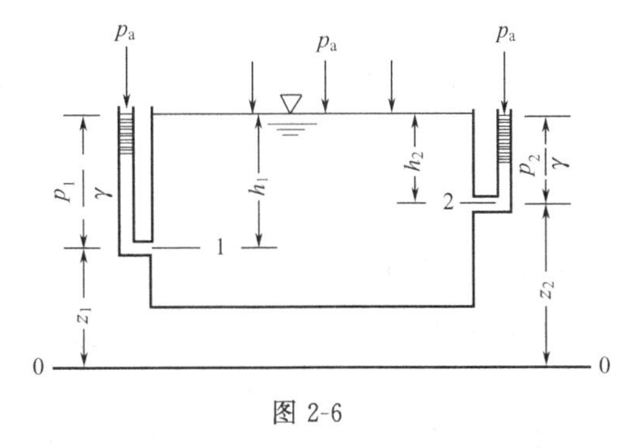

图 2-6

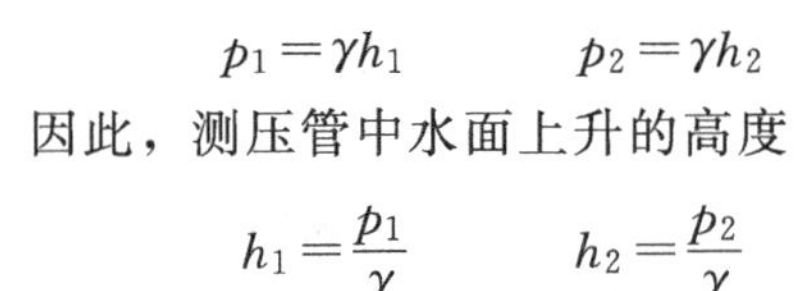

$$p_1=\gamma h_1 \qquad p_2=\gamma h_2$$

因此，测压管中水面上升的高度

$$h_1=\frac{p_1}{\gamma} \qquad h_2=\frac{p_2}{\gamma}$$

水力学中，通常称 z 为位置高度（或位置水头），$\frac{p}{\gamma}$为测压管高度（或压强水头），$z+\frac{p}{\gamma}$为测压管水头。这里需注意的是：位置高度和测压管高度不是同一概念，压强水头和测压管水头也不是同一概念。

显然，图 2-6 中当 0—0 基准面确定后，水面到 0—0 基准面的距离是不变的。因此式（2-7）的几何意义在于：静止液体中任何一点的测压管水头等于常数（质量力仅有重力作用），或静止液体中测压管水头线为一水平线，即

$$z+\frac{p}{\gamma}=C \tag{2-8}$$

C 值的大小，取决于基准面的选取，基准面选定，C 值即确定。

式（2-8）也表明了，在均质（γ＝常数）、连通的静止液体中，当两侧为水平面（$z_1=z_2$＝常数）时，必然是等压面（$p_1=p_2$＝常数），这就是通常所谓的连通器原理。

（二）静水压强方程式的物理意义

所谓物理意义，就是用物理学中的能量的概念来表征静水压强方程式的意义。物理学中，质量为 m 的物体在高度为 z 的位置具有的位置势能为 mgz。同理，质量为 m 的液体在距 0—0 基准面高度为 z_1 的位置上也具有位置势能 mgz_1（图 2-6）。在研究液体时常取单位重量（不是单位体积）的液体作为研究对象，则单位重量的液体在某点所具有的位置势能（简称单位位能）为

$$z_1=\frac{mgz_1}{mg}$$

液体的势能和固体的势能不同，液体除具有位置势能外，其压力也具有做功的本领，称为压力势能。如图 2-6 所示，质量为 m 的液体在 1 点所受的静水压强为 $p_1=\gamma h_1$，在 p_1 的

作用下，液体在测压管内上升高度为$\frac{p_1}{\gamma}$，压力势能转化为高度为$\frac{p_1}{\gamma}$的位置势能。所以其压力势能为$mg\frac{p_1}{\gamma}$，单位重量液体在某点具有的压力势能（简称单位压能）为

$$\frac{p_1}{\gamma}=\frac{mg\frac{p_1}{\gamma}}{mg}$$

单位重量的液体在某点所具有的单位总势能（简称单位势能）为

$$z_1+\frac{p_1}{\gamma}$$

同理，2 点单位势能为

$$z_2+\frac{p_2}{\gamma}$$

任何一点的单位势能为

$$z+\frac{p}{\gamma}$$

由式（2-7）可知

$$z_1+\frac{p_1}{\gamma}=z_2+\frac{p_2}{\gamma}=C \tag{2-9}$$

所以静水压强方程式的物理意义为：静止液体中任何一点对同一基准面的单位势能为一常数。这反映了静止液体内部的能量守恒规律。

静水压强基本方程 $p=p_0+\gamma h$ 则反映了帕斯卡定律。它表明：在静止液体中，若表面压强 p_0 由某一种方式增加一个压强增量 Δp，则表面压强的增量 Δp，可不变大小地传递到液体中的任何一点，油压千斤顶、万吨水压机等很多液压机械设备就是根据这一定律制成的。

静水压强的基本方程反映了液体在静止状态下的基本规律，它对各种液体都适用。应注意的是，不同的液体其容重 γ 是不同的，常见的几种液体和空气的容重列于表 2-1，可供选用。

表 2-1　常见的液体和空气的容重

液体名称	温　度 /℃	容　重 /(kN/m³)	液体名称	温　度 /℃	容　重 /(kN/m³)
蒸馏水	4	9.8	水　银	0	133.3
普通汽油	15	6.57～7.35	润滑油	15	8.72～9.02
酒　精	15	7.74～7.84	空　气	20	0.0188

三、压强的表示方法

地球表面大气所产生的压强称为大气压强，实验测定为 1.0336kgf/cm²，用国际单位制表示为 101.3kN/m²。称为一个标准大气压，以 atm 表示。在水力学计算及水利工程中，为计算方便，一般取 1.0kgf/cm²，即大气压为 98kN/m²，为工程大气压，以 p_a 表示。计算压强时，大气压强因起算基准的不同，其值不同，可表示为绝对压强与相对压强。

（一）绝对压强 $p_{绝}$

以设想的没有空气的绝对真空为零基准计算出的压强称绝对压强。即在计算中碰到大气压 p_a 就按 $p_a=98\text{kN/m}^2$ 计算。绝对压强用符号 $p_{绝}$ 表示。

（二）相对压强 p

因为自然界中一切水体都受到大气压的作用，例如闸门的上、下游面同时受大气压作用，所以为简化水力计算，两侧都可以不计入大气压，即视 $p_a=0$，而只计算液体压强。

以大气压作为零基准计算出的压强，称相对压强。以后若不加特殊说明，水利工程中的

静水压强即指相对压强，直接以 p 表示。

对同一点压强，用 $p_{绝}$ 计算和用 p 计算虽然其计算结果数值不同，但却表示的是同一个压强，压强本身的大小并没有发生变化，只是计算的零基准发生了变化。用 p 计算比用 $p_{绝}$ 计算少加了一个大气压，即

$$p=p_{绝}-p_{a} \tag{2-10}$$

【例 2-3】 求水库水深为 1m 处 A 点的压强。

解：基本方程　　　　　　　　$p=p_0+\gamma h$

若用相对压强计算（或者说求 A 点的相对压强），则应不计入大气压，即

$$p_0=p_a=0 \qquad p_A=0+9.8\times1=9.8\ (\mathrm{kN/m^2})$$

若用绝对压强计算（或者说求 A 点的绝对压强 $p_{A绝}$），则计入大气压，即

$$p_0=p_a=98\ (\mathrm{kN/m^2}) \qquad p_{A绝}=98+9.8\times1=107.8\ (\mathrm{kN/m^2})$$

同是 A 点压强，p_A 没有计入大气的压力，比计算 $p_{A绝}$ 简单些。

（三）真空压强及真空高度

在实践中，常会遇到压强小于大气压的情况，通常就称为发生了真空。这种真空不同于物理学中的真空的含义。

先从实验来认识真空现象，图 2-7 中，若在静止的水中插入两端开口玻璃管 1，管内、外液面必在同一水平面上；如果把玻璃管 2 一端装上橡皮球，并将球内气体排出，再放入液体中，管内的液面就会上升而高于管外容器内的液面。这说明管内水面压强 p_0 已不是一个大气压。管内液面下 B 点与管外水面处于同一水平面，根据连通器原理知，$p_B=p_a$，由静压方程可得

$$p_0=p_B-\gamma h_1=p_a-\gamma h_1 \tag{2-11}$$

表明 p_0 小于大气压，把绝对压强 $p_{绝}$ 小于大气压 p_a 的那部分压强称为真空压强，用 $p_{真}$ 表示，也称真空值，即

$$p_{真}=p_a-p_{绝} \tag{2-12}$$

则水面点的真空压强　$p_{真}=p_a-p_0=p_a-(p_a-\gamma h_1)=\gamma h_1$

式（2-11）如按相对压强计算，得

$$p=p_{绝}-p_a=p_0-p_a=-\gamma h_1$$

表明相对压强出现了负值，或称负压。当相对压强出现负压时，负压的绝对值称为真空压强，即

$$p_{真}=-p \qquad (p<0) \tag{2-13}$$

真空值也可以用所相当的液柱高度来表示，称真空高度，即

$$h_{真}=\frac{p_{真}}{\gamma} \tag{2-14}$$

图 2-8 表明了绝对压强、相对压强和真空值之间的关系。从图 2-8 中可以看出，绝对压强永远为正值，相对压强可正可负，真空压强永远是正值；有真空存在的点，用绝对压强表示为正值，用相对压强表示为负值，用真空压强表示为正值。真空值在 0～1 个大气压之间。

【例 2-4】 如图 2-8 所示，A 点相对压强为 $24.5\mathrm{kN/m^2}$，B 点相对压强为 $-24.5\mathrm{kN/m^2}$，求 $p_{A绝}$、$p_{B绝}$、$p_{B真}$，并在图中标出 A、B 两点压强。

解：根据 $p_{绝}=p_a+p$，$p_{真}=p_a-p_{绝}=-p$ 得

$$p_{A绝}=p_a+p_A=98+24.5=122.5\ (kN/m^2)$$
$$p_{B绝}=p_a+p_B=98-24.5=73.5\ (kN/m^2)$$
$$p_{B真}=-p_B=-(-24.5)=24.5\ (kN/m^2)$$

图 2-8 中给出了 A、B 两点压强的图示。

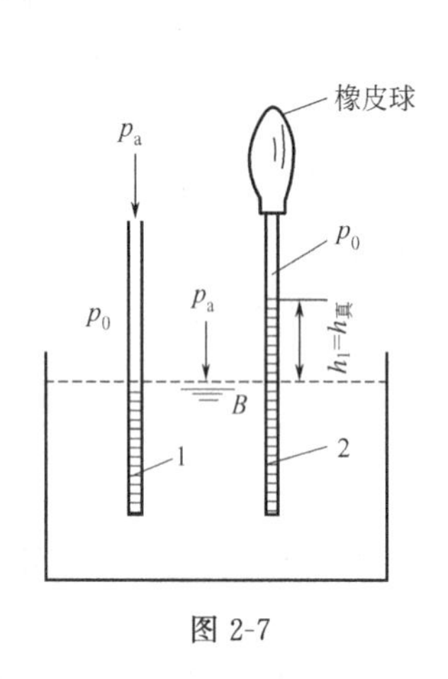

图 2-7

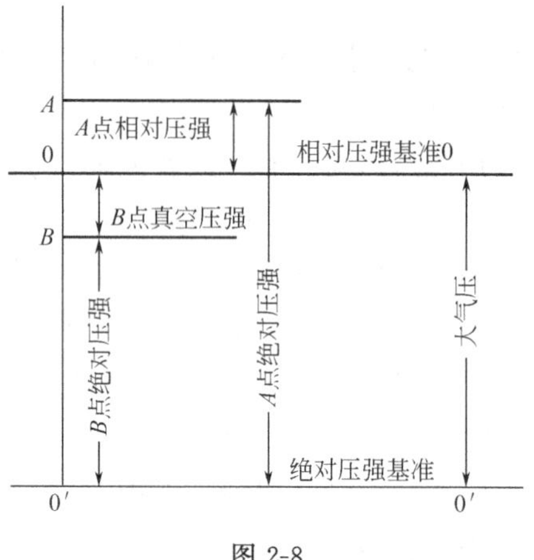

图 2-8

【例 2-5】 求水库水深为 2.5m 处的相对压强、绝对压强。

解：方程 $p=p_0+\gamma h$

取相对压强　　$p_0=p_a=0$　　　$p=0+9.8\times2.5=24.5\ (kN/m^2)$

取绝对压强　　$p_{0绝}=p_a=98\ (kN/m^2)$　　$p_{绝}=98+9.8\times2.5=122.5\ (kN/m^2)$

第三节　压强的单位和量测

一、压强的单位

(一) 以应力单位表示

压强用单位面积上受力的大小，即应力单位表示，这是压强的基本表示方法，单位为 N/m^2，又称为 Pa（帕），$1Pa=1N/m^2$，1kPa 为 $10^3N/m^2$，可记为 $1kN/m^2$。

(二) 以大气压表示

工程中规定：1 工程大气压=98kPa。

(三) 水柱高表示

由于水的容重 γ 为常量，水柱高 $h\left(h=\dfrac{p}{\gamma}\right)$ 的数值就反映了压强的大小。

三者关系为：1 工程大气压=98kPa，相当于 10m 水柱。

另外，也可用汞柱高表示：1 工程大气压相当于 735.3mm 汞柱。

所谓“相当于”是指一个工程大气压所产生的压力是 $98kN/m^2$（98kPa），其相当于 10m 水柱或是 735.3mm 汞柱所产生的压力（98kPa）。

需指出，98kPa 相当于 10m 水柱，但不可以 98kPa=10m 水柱。

【例 2-6】 A 点压强为 24.5kPa，用另两类单位表示。

解：A 点为 $p_A=\dfrac{24.5}{98}=0.25$（大气压），$p_A=10\times\dfrac{24.5}{98}=2.5$（m 水柱）。

二、压强的测量及计算

测量液体、气体压强的仪器较多，这里仅介绍一些利用水静力学原理设计的液体测压计。

（一）测压管

最简单的测压管就是图 2-6 中所示的一端开口的玻璃管，管中液柱高度就反映了所测点的相对压强 p，$p=\gamma h$，h 为测压管内液面上升的垂直高度，γ 为管内液体的容重。

如果测点压强较小，为提高测量精度，可以用加大标尺读数的方法，以减小测量中的相对误差。将测压管倾斜放置，如图 2-9 所示。

此时用于计算压强的测压管高度 $h=l\sin\alpha$，A 点的相对压强为

$$p_A=\gamma l\sin\alpha$$

也可以用 γ 较小的轻质液体，以便获得较大的测压管高度 h。

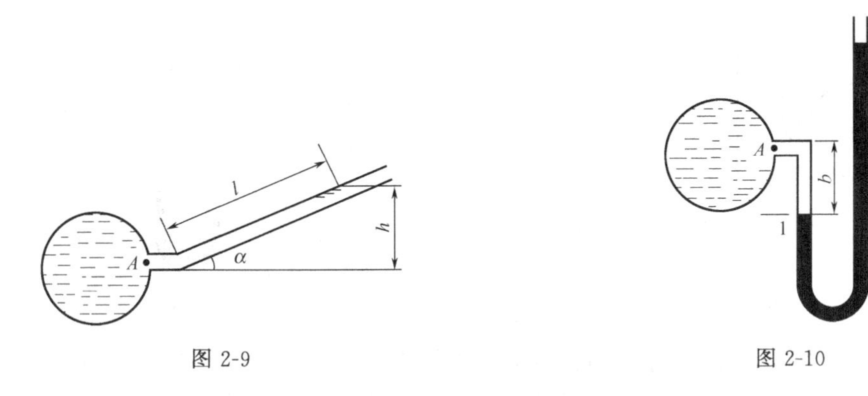

图 2-9　　　　图 2-10

（二）U 形水银测压计

当测点压强较大时，可利用 γ 值较大的 U 形水银测压计，或复式水银测压计，用 γ_m 表示水银的容重。如图 2-10 所示，求被测点 A 点的压强 p_A，过程如下：第一步先找出 U 形管中的等压面 1—2，第二步对等压面列静水压强方程，第三步解方程求得 p_A。由静压方程得

$$p_1=p_A+\gamma b$$

$$p_2=\gamma_m h_m \qquad \text{（按相对压强计算）}$$

因 1、2 两点符合均质、连通、水平面三个条件，根据连通器原理 $p_1=p_2$ 得

$$p_A+\gamma b=\gamma_m h_m$$

则

$$p_A=\gamma_m h_m-\gamma b$$

（三）压差计（比压计）

为测输水管道上两断面的压强差，可在两断面之间连接压差计，压差计一般并不直接测出任意两点压强的大小，而直接找出两点间压差。压差小时用空气压差计，如图 2-11 所示；压差大时用水银压差计，如图 2-12 所示。一般空气压差计管内的气压 $p_0\neq p_a$，计算中因为空气的容重很小，认为空气中各点 p_0 都相等。压差的求解仍是先找出等压面，再列静水压强基本方程。

图 2-11 是利用空气压差计来测定两管道 A、B 两点间的压强差，左右两侧管内液面的压强均为 p_0，故可视为“等压面”。此时只要测出左右支管中液柱高差 Δh，A、B 两点间的高差 Δz，即可求出 A、B 两点间的压强差。

由静水压强基本方程得

1 点压强表达式为 $p_1=p_0=p_A-\gamma a-\gamma\Delta h$

2 点压强表达式为 $p_2=p_0=p_B-\gamma a-\gamma\Delta z$

因为
$$p_1=p_2$$

所以
$$p_A-\gamma a-\gamma\Delta h=p_B-\gamma a-\gamma\Delta z$$

则两管道 A、B 两点的压差为 $p_A-p_B=\gamma\Delta h-\gamma\Delta z$

又如图 2-12 中，取等压面 1—2。（符合均质、连通、水平面三个条件）由静压方程得

$$p_1=p_A+\gamma z_A+\gamma\Delta h$$
$$p_2=p_B+\gamma z_B+\gamma_m\Delta h$$

因 $p_1=p_2$，得 $p_A-p_B=(\gamma_m-\gamma)\Delta h+\gamma\Delta z$

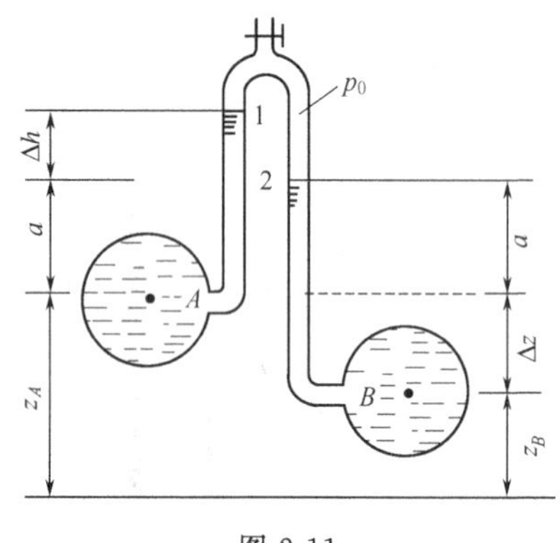

图 2-11

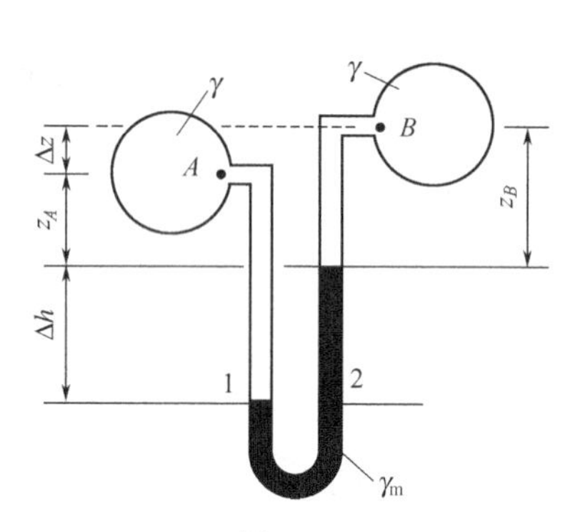

图 2-12

【例 2-7】 利用 U 形测压计量测容器中液体某点 A 的压强，只要测出和 A 点相连支管的水银面与 A 点间的高差 a，两管间液面差 h，即可求得 A 点压强。如图 2-13 所示，$h=20$cm，$a=25$cm，$h_A=10$cm。求 A 点压强 p_A，液面压强 p_0。如 $h=0$，其他数据不变，p_A、p_0 又是多少？真空值和真空高度是多少？

解：先求 A 点压强 p_A，取等压面 1—2，知 $p_1=p_2$。

根据静水压强基本方程 $p_1=p_A+\gamma_{水}a \quad p_2=\gamma_m h$

则
$$p_A+\gamma_{水}a=\gamma_m h$$

得
$$p_A=\gamma_m h-\gamma_{水}a=133.3\times0.2-9.8\times0.25=24.2\ (\text{kPa})$$

再由 p_A 求液面压强 p_0，即 $p_A=p_0+\gamma_{水}h_A$

则
$$p_0=p_A-\gamma_{水}h_A=24.2-9.8\times0.1=23.2\ (\text{kPa})$$

当 $h=0$，其他数据不变时

$$p_A=\gamma_m h-\gamma_{水}a=0-9.8\times0.25=-2.45\ (\text{kPa})$$
$$p_0=p_A-\gamma_{水}h_A=-2.45-9.8\times0.1=-3.43\ (\text{kPa})$$

A 点和液面都出现负压，相对压强出现负压时，其绝对值就是真空值。

则真空值 $p_{A真}=2.45\ (\text{kPa}) \qquad p_{0真}=3.43\ (\text{kPa})$

则真空高度
$$h_{A真}=\frac{p_{A真}}{\gamma_{水}}=\frac{2.45}{9.8}=0.25\ (\text{m 水柱})$$
$$h_{0真}=\frac{p_{0真}}{\gamma_{水}}=\frac{3.43}{9.8}=0.35\ (\text{m 水柱})$$

【例 2-8】 利用水银压差计量测两管之间 A、B 两点的压差时，只要测出两管中水银面高差 Δh，A、B 两点间高差 Δz，即可求得 A、B 两点间的压差。图 2-14 为两容器连接一水

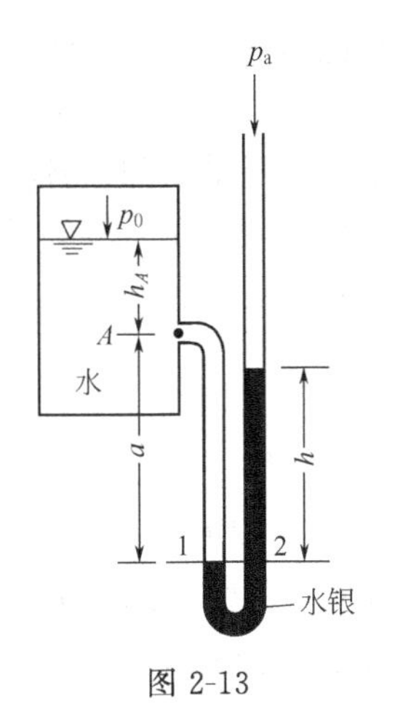

图 2-13

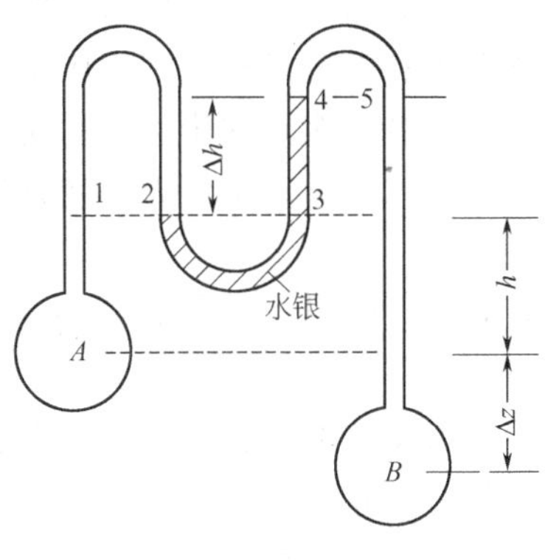

图 2-14

银压差计，两容器内皆为水，$\Delta z=0.4\text{m}$，$\Delta h=0.3\text{m}$，求 A、B 两点的压强差 p_A-p_B。

解：分别取等压面 1—2—3 和 4—5，则

$$p_1=p_2=p_3 \qquad p_4=p_5$$

$$p_2=p_1=p_A-\gamma h$$

$$p_4=p_5=p_B-\gamma\Delta z-\gamma h-\gamma\Delta h$$

$$p_3=p_4+\gamma_{\text{m}}\Delta h=p_B-\gamma\Delta z-\gamma h-\gamma\Delta h+\gamma_{\text{m}}\Delta h$$

由 $p_2=p_3$ 整理得

$$\begin{aligned}p_A-p_B&=(\gamma_{\text{m}}-\gamma)\Delta h-\gamma\Delta z\\&=(133.3-9.8)\times0.3-9.8\times0.4\\&=33.1(\text{kPa})\end{aligned}$$

（四）金属压力表

除了液体测压计外，在工农业生产、生活中的各种给排水设施上，常装有各种类型的金属压力表，测量液体的压强，其中使用较多的一种是管环式压力表（又称弹簧管式压力表）。该表因装卸方便，读数直观，所以应用较普遍。在锅炉房、泵站、自来水公司等各种输水管道上常可见到。其构造见图 2-15，主要有弹簧管、指针、连杆、表盘、机座等几部分组成。其弹簧管是由椭圆形横剖面的铜管或钢管制成，并弯曲成具有弹性的环状管，管的一端固定且与被测量的液体相连，管的另一端为封闭的自由端，通过连杆，传动系统与表指针相连。当大于大气压的液体进入弹簧管后，由于环管具有弹性，其自由端受压而发生变形向外伸张，带动指针转动，在表盘的刻度上指示压力读数；当进入弹簧管的压力液体为负压时，原理一样，只是作用方向相反，弹簧管变形向内收缩，表针指示真空值读数。需指出，金属压力表所指示的压强读数，都是相对压强。

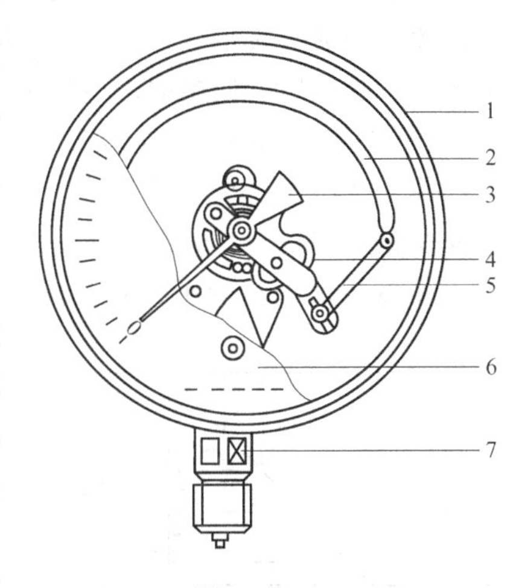

图 2-15

1—机座；2—弹簧管；3—指针；4—上夹板；5—连杆；6—表盘；7—接头

压力表盘上标有压强单位 MPa（10^6 Pa）和精度等级，如普通压力表 2.5 级，表示该表的测值与实际值的误差不超出实际值的±2.5%。

另有弹簧式压力表、隔膜式压力表、风箱式压力表，原理与此相同，不再介绍。金属压力表，一般说来，精度不高，灵敏度偏低，需定期率定才可使用。

近年来随着科技的发展，利用应变片、应变膜等作压力传感器，将采集到的各种数据输入微机，制造了各种多点同步显示的应变仪，用于静、动态的位移、力、压力等的量测，寻求建筑物上的静水及总动水压力的变化规律，以及作用点的位置变化规律。

第四节　作用于平面壁上的静水总压力

工程中，常常需要计算作用于整个建筑物上的静水总压力，如大坝的坝面，水池池壁、水工平板闸门等，这些水工设施的共同点是受压面都是平面，故所受的静水总压力称为平面壁静水总压力。水力计算的任务主要是计算静水总压力 P 的大小、方向和作用点。

一、静水压强分布图

在水利工程中，表面压强多为大气压。由静水压强方程 $p=\gamma h$ 可知，压强 p 与水深 h 成线性函数关系，把受压面上压强与水深的这种函数关系表示成几何图形，称为静水压强分布图。可用于直观表示出受压面各点静水压强的大小和方向，工程计算中常常用到。因为建筑物都受到大气压力的作用，各个方向的大气压是互相抵消的，计算中只涉及相对压强，所以只需画出相对压强分布图。

压强分布图的绘制原则是：根据 $p=\gamma h$ 来确定静水中任一点压强的大小，之后根据静水压强的特性来确定其方向。

平面静水压强分布图的具体做法如下：

① 用有向线段代表该点静水压强的大小；

② 用箭头表示静水压强的方向，必须垂直并指向受压面。

因 p 与 h 为一次方关系，故在水深方向静水压强系直线分布，只要给出两个点的压强即可确定此直线。具体做法：可选受压面最上和最下两点，用 $p=\gamma h$ 算出其大小，再定性绘出两点的线段长度，然后连接线段尾端，标注两点压强大小，图形内部再画若干垂直 AB 的线段，用箭头表示压强的方向，即得静水压强分布图。为便于记忆，可简述为：选两点、求大小、画线段、连尾端、标数字，画中间、表方向。

【例 2-9】 见图 2-16，绘制矩形闸门 AB 平面的静水压强分布图。

解：选两点，A 点和 B 点。求大小，$p_A=0$，$p_B=\gamma H$。画线段，A 点长度为 0，B 点方向是垂直并指向 AB 面，长度为 γH。连尾端，连接 AB 两点线段的尾端 AC。标数字，标注 B 点线段所表示的压强数据 γH，$p_A=0$ 不必标。画中间，图形内部画若干箭头表示各点压强的方向。工程中常见的几种情况见图 2-17。

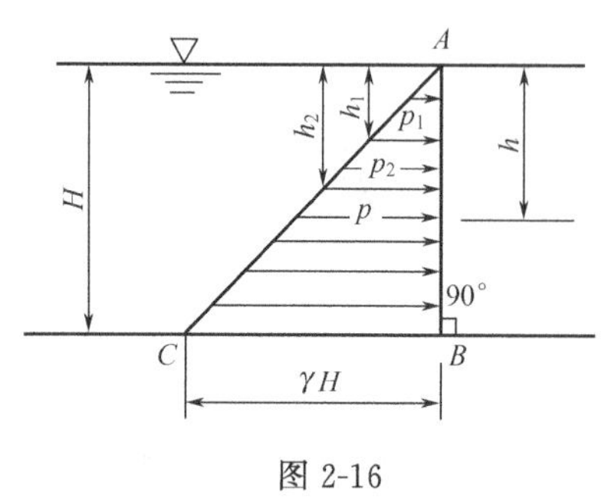

图 2-16

矩形受压面（上边缘与水面平行）的静水压强分布图，因其在液体中的位置不同，总共有三种图形，直角三角形、直角梯形、矩形。当受压面被部分淹没，受压面上边缘恰在水面，下边缘在水面以下时，不论受压面是垂直安放还是倾斜安放，其压强分布图均为三角形；当受压面全部被淹没，上、下边缘都在水面以下，其分布图为梯形；当受压面上、下边缘都在水面下，且水平

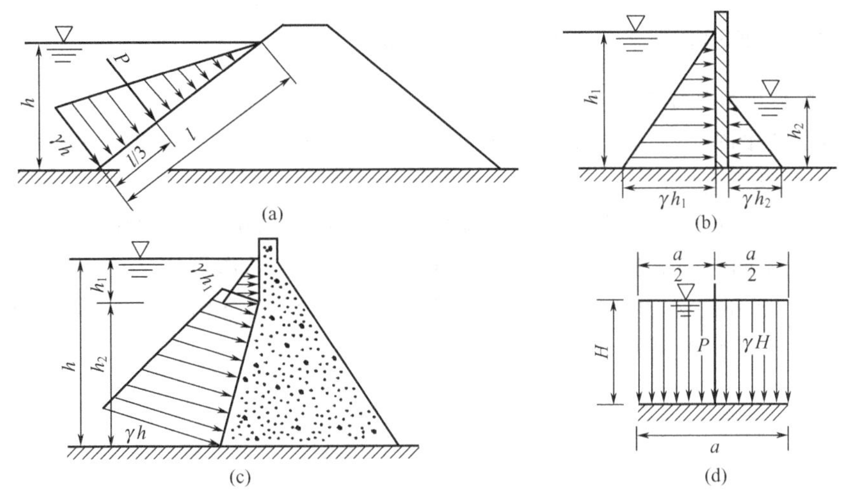

图 2-17

放置时，其压强分布图为矩形。复杂一些的图形只不过是这三种图形的组合而已。记住这三种图形及受压面的位置，就可以很快画出分布图。

二、矩形平面壁上的静水总压力的图解法

矩形平面在工程实践中最为常见。计算矩形平面上的静水总压力大小，可以直接应用静水压强分布图来求，所以将计算方法称为图解法。

图解法使用条件：矩形平面表示宽度的一边必须平行水面，否则不能应用。

（一）静水总压力的大小

平面上静水总压力 P 的大小，应等于分布在平面上各点静水压强的总和，即求 P 的大小就是求该平行分布力系的合力。图 2-18 中为一任意斜置矩形平板闸门 AB，其宽度方向与水面平行，绕 oy 轴转 90°可见宽度 AF 为 b。A 点的水深为 h_1，B 点的水深为 h_2，AB 长度为 l，在水面下任一深度取微面积 $\mathrm{d}A$，$\mathrm{d}A=b\mathrm{d}y$。因微平面 $\mathrm{d}A$ 上各点压强均为 p，微小面积单位宽度上的力为 $p\mathrm{d}y$，则作用在单位宽度上的静水总压力应等于静水压强分布图的面积 Ω，整个矩形平面的静水总压力等于压强分布图面积 Ω 乘以受压面宽度 b，即

$$P=\Omega b \tag{2-15}$$

当压强分布图为梯形时

$$P=\frac{\gamma}{2}(h_1+h_2)bl \tag{2-16}$$

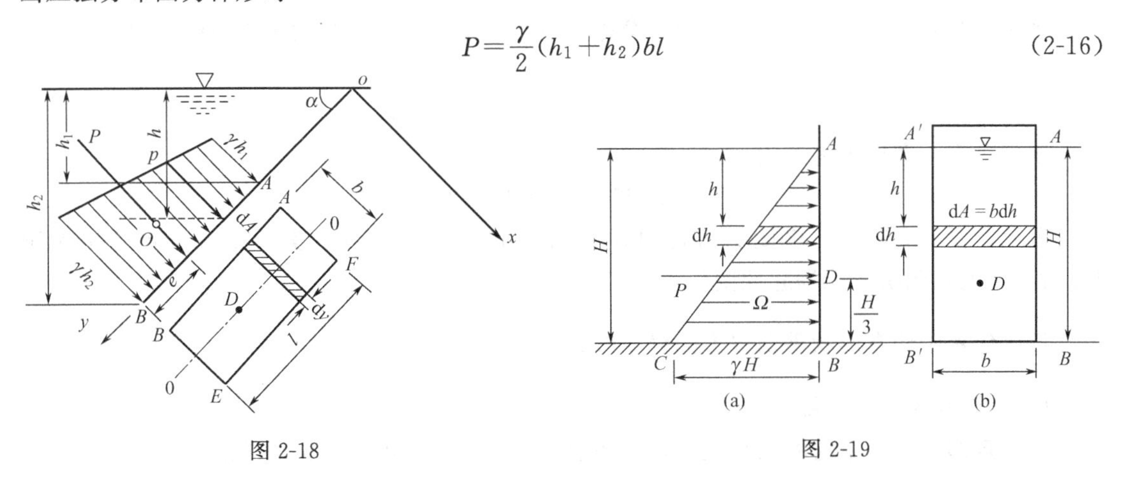

图 2-18

图 2-19

若压强分布图为三角形，则
$$P=\frac{\gamma}{2}hbl \tag{2-17}$$

（二）静水总压力的方向和作用点

根据静水压强的特性，静水压强的方向总是垂直指向受压面，因此静水总压力的方向必然垂直并指向受压平面。

对受压平面的平行分布力系应用合力矩定理可推知：总压力 P 的作用点 D（又称压力中心）必位于受压面纵向对称轴 0—0 轴上，同时总压力 P 的作用线必然通过压强分布图的形心 O，见图 2-18 和图 2-19，压力中心的位置用压力中心 D 至受压面底边缘的距离 e 表示。由压强分布图的面积特性可知

对梯形分布图
$$e=\frac{l}{3}\times\frac{2h_1+h_2}{h_1+h_2} \tag{2-18}$$

对三角形分布图
$$e=\frac{l}{3} \tag{2-19}$$

式中　h_1，h_2——受压面上、下边缘的水深；

　　　l——受压面长度。

矩形受压平面静水总压力的图解步骤：

① 绘出静水压强分布图；

② 求静水总压力的大小 $P=\Omega b$；

③ 确定压力中心的位置 e。

【例 2-10】 如图 2-19 所示，某进水闸的矩形平板闸门，闸门宽 $b=2.5\text{m}$，闸门高 $a=4.0\text{m}$，闸前水深为 H，$H=3.6\text{m}$。闸门为松木制，厚 $\delta=0.08\text{m}$，已知闸门铁件重约为木板重的 20%，湿松木容重 $\gamma=7.84\text{kN/m}^3$，木闸门与砌石门槽的摩擦系数 $f=0.5$。求闸门开始提升时所需要的最大启闭力。

解：提升闸门所需要的启闭力，必须大于闸门自重加闸门在静水压力作用下与门槽的摩擦力。

闸门自重（包括铁件）：令闸门木板体积为 V，则
$$G=(1+0.2)\gamma_{木}V=1.2\times7.84\times(2.5\times4.0\times0.08)=7.526\ (\text{kN})$$

静水总压力：当上游水深 $H=3.6\text{m}$，下游无水时启闭力最大，即
$$P=\frac{\gamma H^2}{2}b=\frac{1\times3.6^2}{2}\times2.5=16.2\ (\text{kN})$$

由物理学知：摩擦力等于正压力乘摩擦系数。这里，闸门所受的正压力即为静水总压力 P。因此，摩擦力为
$$F=Pf=16.2\times0.5=8.1\ (\text{kN})$$

闸门自重与摩擦力之和为
$$G+F=7.526+8.1=15.626\ (\text{kN})$$

因此，要提升闸门，启闭力应超过闸门自重和摩擦力之和。实践中，需要选用大于 15.626kN 的启闭机才能提起此闸门。

三、作用于任意形状平面壁上的静水总压力

（一）静水总压力的大小

对任意形状平面壁的静水总压力，图解法已不再适用，需用解析法求解。

如图 2-20 所示，一圆平面任意斜置于水面以下，取坐标平面 xoy 与受压面重合，ox 轴垂直于纸面，oy 轴沿平面方向，将 ox 轴绕 oy 轴转 90°，就把任意受压面转展在纸面上。

把受压平面分成许多个微小平面，任取一微小面积 dA，其所处水深为 h，因 dA 极小，可认为 dA 上各点压强都等于 γh，则 dA 上的静水总压力为

$$\mathrm{d}P = p\mathrm{d}A = \gamma h \mathrm{d}A$$

根据平行力系求合力的原理，整个受压平面上的静水总压力，应等于各微小平面上 dP 的总和，通过积分可得

$$P = \int_A \mathrm{d}P = \int_A \gamma h \,\mathrm{d}A = \int_A \gamma y \sin\alpha \mathrm{d}A$$

$$= \gamma \sin\alpha \int_A y \,\mathrm{d}A$$

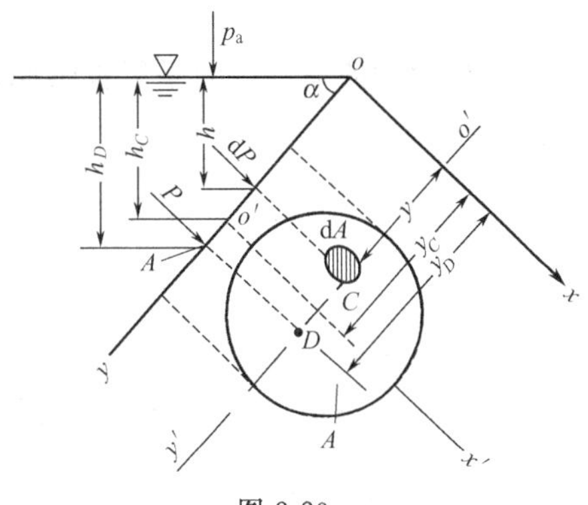

图 2-20

A—受压面面积；h_C—受压面形心在水下的深度；y_C—受压面形心沿 y 轴的距离；C—受压面形心点；D—总压力作用点；h_D—总压力作用点在水下的深度；y_D—总压力作用点沿 y 轴的距离；α—受压面与水面的交角

由工程力学知，ydA 为微小平面 dA 对 ox 轴的静面矩，$\int_A y\,\mathrm{d}A$ 为受压面的各微小平面 dA 对 ox 轴的静面矩的和，它等于受压面的面积乘以该面积形心到 ox 轴的距离 y_C，即 $y_C A$。因此

$$P = \gamma \sin\alpha y_C A = \gamma h_C A = p_C A \tag{2-20}$$

式中　h_C——受压面形心 C 点的水深，$h_C = y_C \sin\alpha$；

p_C——受压面形心 C 点的静水压强，$p_C = \gamma h_C$；

A——受压面面积。

式（2-20）是任意形状平面壁上静水总压力计算公式，它表明任意形状平面壁上所受静水总压力的大小，等于受压平面形心点的静水压强与受压平面面积的乘积。

（二）静水总压力的方向和作用点

根据静水压强的特性，静水总压力的方向必然垂直并指向受压平面。

工程中受压面常为具有纵向对称轴的对称平面，见图 2-20 所示的圆平面，静水总压力的作用点，即压力中心点 D 必位于对称轴 o'-y' 上，一般无须计算压力中心的横向坐标 x_D，所以求得压力中心的纵向坐标，即作用点 D 到 ox 的距离 y_D 后就可确定作用点的位置。

可根据合力矩定理推求 y_D，即由各分力（微小面积上静水总压力 dP）对 ox 轴的力矩之和，等于合力（总压力 P）对 ox 轴的力矩的关系来推求。

图 2-20 受压圆面各微小面积上静水总压力 dP 对 ox 轴的力矩总和为

$$\int_A y\,\mathrm{d}P = \int_A y \gamma h \,\mathrm{d}A = \int_A y \gamma y \sin\alpha \mathrm{d}A = \gamma \sin\alpha \int_A y^2 \,\mathrm{d}A = \gamma \sin\alpha I_{ox}$$

积分式中的 $\int_A y^2\,\mathrm{d}A$ 为受压面对 ox 轴的惯性矩。

总压力 P 对 ox 轴的力矩为

$$P y_D = \gamma h_C A y_D = \gamma y_C \sin\alpha A y_D$$

由合力矩定理可得

$$\gamma \sin\alpha I_{ox} = \gamma y_C \sin\alpha A y_D$$

$$I_{ox}=y_C A y_D$$

由工程力学的惯性矩的平行移轴原理（$I_{ox}=I_C+y_C^2 A$）得压力中心 D 点到 ox 轴的距离 y_D 的求解式为

$$I_{ox}=I_C+y_C^2 A$$

$$y_D=y_C+\frac{I_C}{y_C A} \tag{2-21}$$

式中 I_C——面积 A 对通过其形心且与 ox 平行的轴 $o'x'$ 的惯性矩；

y_C——受压面形点 C 至 ox 的距离。

由于 $\frac{I_C}{y_C A}>0$，故一般情况下有 $y_D>y_C$，即作用点（压力中心）在受压面形心以下，只有当受压面水平时，D 点才与 C 点重合。

对圆形受压平面 $I_C=\pi r^4/4$ (2-22)

对斜置矩形受压平面 $I_C=bl^3/12$ (2-23)

对铅直矩形受压平面 $I_C=bh^3/12$ (2-24)

式中 r——圆的半径；

b——受压面宽度；

l——受压面长度。

其他常见平面静水总压力及其作用点位置计算，请参阅表 2-2。

【例 2-11】 某泄洪隧洞，在进口倾斜设置一矩形平板闸门（图 2-21），倾角 α 为 60°，门

表 2-2 常见平面图形的 A、y_C 及 I_C 的值

几何图形名称	面积 A	y_C	对通过形心点 ox 轴的惯性矩 I_C
矩形	bh	$\frac{h}{2}$	$\frac{bh^3}{12}$
三角形	$\frac{bh}{2}$	$\frac{2h}{3}$	$\frac{bh^3}{36}$
梯形	$\frac{h(a+b)}{2}$	$\frac{h}{3}\left(\frac{a+2b}{a+b}\right)$	$\frac{h^3}{36}\left(\frac{a^2+4ab+b^2}{a+b}\right)$
圆	πr^2	r	$\frac{1}{4}\pi r^4$
半圆	$\frac{1}{2}\pi r^2$	$\frac{4r}{3\pi}=0.4244r$	$\frac{9\pi^2-64}{72\pi}r^4=0.1098r^4$

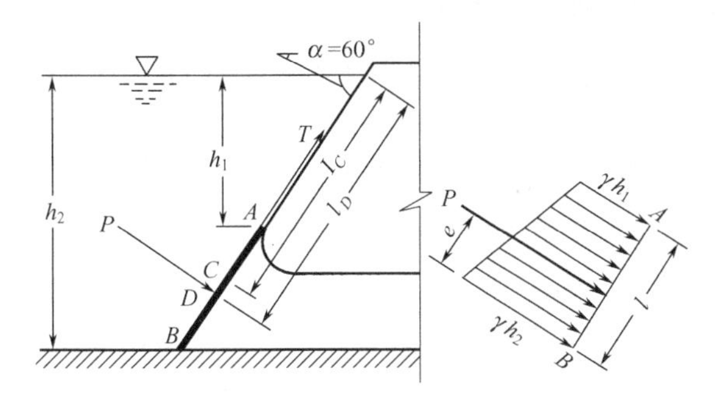

图 2-21

宽 b 为 4m，门长 l 为 6m，门顶在水面下淹没深度 h_1 为 10m，若不计闸门自重时，问沿斜面拖动闸门所需的拉力 T 为多少（已知闸门与门槽之间摩擦系数 f 为 0.25）？门上静水总压力的作用点在哪里？

解：当不计门重时，拖动门的拉力至少需克服闸门与门槽间的摩擦力，故 $T=Pf$。为此需首先求出作用于门上静水总压力 P。

① 用图解法求 P 及作用点位置。

首先画出闸门 AB 上静水压强分布图。门顶处静水压强为 $\gamma h_1=9.8\times10=98$ (kN/m²)；门底处静水压强为 $\gamma h_2=\gamma(h_1+l\sin60°)=9.8\times\left(10+6\times\frac{\sqrt{3}}{2}\right)=9.8\times15.20=149$(kN/m²)，压强分布图为梯形，其面积 $\Omega=\frac{1}{2}(\gamma h_1+\gamma h_2)l=\frac{1}{2}\times(98+149)\times6=741$(kN/m)，静水总压力 $P=b\Omega=4\times741=2964$ (kN)。

用式（2-18）求出静水总压力作用点距闸门底部的斜距 e

$$e=\frac{l(2h_1+h_2)}{3(h_1+h_2)}=\frac{6\times\left(2\times10+10+6\times\frac{\sqrt{3}}{2}\right)}{3\times\left(10+10+6\times\frac{\sqrt{3}}{2}\right)}=2.79(\text{m})$$

总压力 P 距水面的斜距

$$y_D=\left(l+\frac{h_1}{\sin60°}\right)-e=\left(6+\frac{10}{0.87}\right)-2.79$$
$$=17.5-2.79=14.71(\text{m})$$

② 用解析法计算 P 及 l_D 以便比较。

由式（2-20），$P=p_CA=\gamma h_Cbl$

$$h_C=h_1+\frac{l}{2}\times\sin60°=10+\frac{6}{2}\times0.87=12.61\ (\text{m})$$

$$P=9.8\times12.61\times4\times6=2964\ (\text{kN})$$

由公式（2-21）求 P 的作用点距水面的斜距

$$y_D=y_C+\frac{I_C}{y_CA}$$

$$y_C=\frac{l}{2}+\frac{h_1}{\sin60°}=3+\frac{10}{0.87}=3+\frac{10}{0.87}=3+11.5=14.5\ (\text{m})$$

对矩形平面，绕形心轴的面积惯矩为

$$I_C=\frac{1}{12}bl^3=\frac{1}{12}\times4\times6^3=72\ (\mathrm{m}^4)$$

$$y_D=14.5+\frac{72}{14.5\times4\times6}=14.5+0.21=14.71\ (\mathrm{m})$$

可见，采用上述两种方法计算其结果完全相同。

③ 沿斜面拖动闸门的拉力为

$$T=Pf=2964\times0.25=741\ (\mathrm{kN})$$

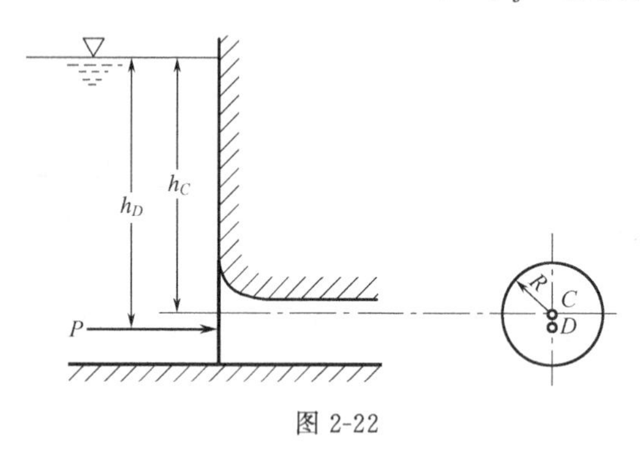

图 2-22

【例 2-12】 一垂直设置的圆形平板闸门（图 2-22），已知闸门半径 R 为 1m，形心在水下的淹没深度 h_C 为 8m，求作用于闸门上静水总压力的大小及作用点位置。

解：由式（2-20）计算总压力

$$P=p_CA=\gamma h_C\pi R^2$$

$$=9.8\times8\times3.14\times1^2=246\ (\mathrm{kN})$$

作用点 D 应位于纵向对称轴上，故仅需求出 D 点在纵向对称轴上的位置。在本题情况下，$y_C=h_C$，$y_D=h_D$。

故

$$h_D=h_C+\frac{I_C}{h_CA}$$

圆形平面绕圆心轴线的面积惯矩 $I_C=\frac{1}{4}\pi R^4$，则

$$h_D=8+\frac{\frac{1}{4}\pi R^4}{8\pi R^2}=8+\frac{1^2}{32}=8.03\ (\mathrm{m})$$

平面壁上静水总压力计算中，有两个容易混淆的概念，一是“三心”，系指受压面形心、压强分布图的形心和压力中心；二是“两面”，系指受压面面积和压强分布图的面积，希望读者注意区分。

第五节　作用于曲面壁上的静水总压力

一、静水总压力的两个分力

水工建筑物中常碰到受压表面为曲面的情况，如弧形闸门、拱坝坝面、闸墩及边墩等，其水压力计算归为曲面壁静水总压力的求解。曲面上各点静水压强的方向垂直指向作用面，即曲面上各点的内法线方向，其压强分布图如图 2-23 所示。因曲面上各点压力互不平行，求平面壁静水总压力的方法这里不再适用。因此，采用力学中“先分解，后合成”的方法求解静水总压力 P。

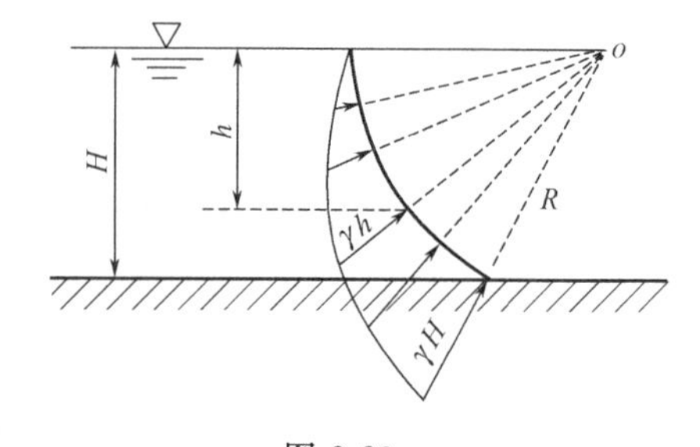

图 2-23

如图 2-24 所示，以弧形闸门 AB 为例，讨论柱状

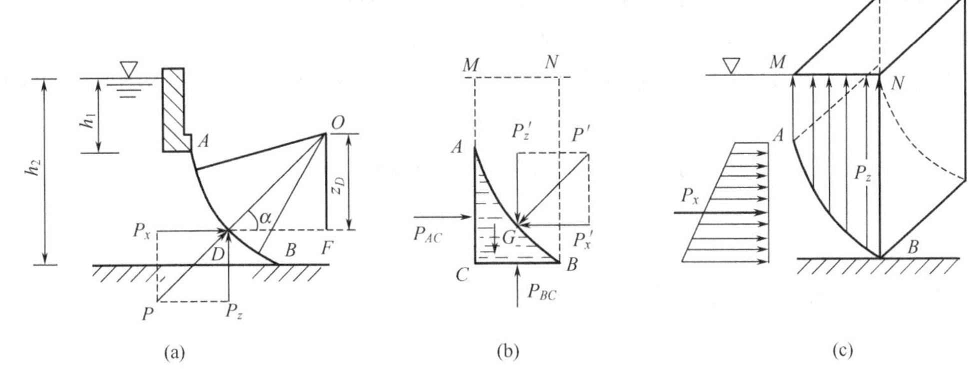

图 2-24

P'—闸门 AB 对水体的反作用力，与 P 等值反向；P'_x，P'_z—P' 的水平分力、垂直分力；

P_{AC}，P_{BC}—作用在 AC 面、BC 面的静水总压力；G—脱离体的水重

曲面静水总压力计算问题。

为便于计算，可把静水总压力分解为水平总压力 P_x 和铅直总压力 P_z，只要把 P_x 和 P_z 分别求出，那么合力 P 就可以得到。

为确定分力 P_x 和 P_z，先选取宽度为 b（即闸门宽度）、截面为 ABC 的水体为脱离体，如图 2-24（b）所示，研究该水体的平衡。

（一）静水总压力的水平分力

因脱离体在水平方向是静止的，故该方向合力为 0，即

$$P'_x = P_{AC}$$

根据作用力与反作用力大小相等、方向相反的道理，闸门受到的水平分力

$$P_x = P'_x = P_{AC}$$

这表明：曲面壁静水总压力的水平分力 P_x 等于曲面壁的铅直投影面上的静水总压力。柱状曲面的铅直投影面为矩形平面，故可以按确定平面壁静水总压力的方法（如图解法）来求 P_x，即

$$P_x = \Omega b \tag{2-25}$$

式中 Ω——AB 曲面的铅垂投影面上的静水压强分布图面积；

b——AB 曲面的宽度。

图 2-24（b）中 $P_x = \frac{1}{2}\gamma(h_2 + h_1)bl = \frac{1}{2}\gamma(h_2^2 - h_1^2)b$

也可用解析法公式（2-20）求解 $P_x = p_C A$

（二）静水总压力的铅直分力

脱离体在铅直方向是静止的，故铅垂方向合力为 0，即

$$P'_z = P_{BC} - G$$

P_{BC} 是 BC 平面上受到的静水总压力，BC 平面是以 BC 和宽度 b 为边长的矩形平面面积，以 A_{BC} 表示，所处水深为 h_2，故其面上各点的压强都相等为 γh_2，则

$$P_{BC} = \gamma h_2 A_{BC} = \gamma V_{MCBN}$$

式中 V_{MCBN}——以 $MCBN$ 为底面，b 为高度的棱柱体体积。

又有 $$G = \gamma V_{ACB}$$

式中　V_{ACB}——以 ACB 为底面积，b 为高度的棱柱体体积。

则
$$P'_z=P_{BC}-G=\gamma V_{MCBN}-\gamma V_{ACB}=\gamma V_{MABN}$$

式中　V_{MABN}——以 $MABN$ 为底面积，b 为高度的棱柱体体积。通称压力体，见图 2-24（c）。

面积 $MABN$ 以 $A_{剖}$ 表示，称为压力体剖面图的面积，则
$$V_{MABN}=A_{剖}b$$

得
$$P'_z=\gamma V_{MABN}=\gamma A_{剖}b$$

由作用力与反作用力大小相等的原理得
$$P_z=\gamma A_{剖}b=\gamma V_{压} \tag{2-26}$$

式中　$V_{压}$——压力体，$V_{压}=V_{MABN}$；

$\gamma V_{压}$——压力体水重。

式（2-26）表明：静水总压力的铅垂分力 P_z 等于压力体内的水重。实际计算中，只要求得 $A_{剖}$，就可求得 P_z，关键在于掌握压力体剖面图的画法。

（三）压力体的绘制方法

单个曲面壁的压力体一般由三条或四条边界围成，①曲面本身；②水面或水面的延长面；③通过曲面四周边缘所作的铅直平面。多个曲面壁（凹凸方向不同）的压力体图系由单个曲面壁的压力体图合成而来（若面积相等且方向相反部分可以相互抵消）。故关键要掌握单个曲面壁压力体的画法。画图步骤如下。

（1）画上边界　水面或水面的延长面。

（2）画下边界　为曲面本身。

（3）画左右边界　通过曲面四周边缘所作的铅直平面。

（4）标 P_z 的方向　曲面上部受压，方向向下；下部受压，方向向上。

须指出，第（3）步容易出错，正确的画法应该是向水面或水面的延长线作垂线。

对多个凹凸面的曲面，按每个曲面壁分段画，再合成。

所谓压力体剖面图，即是图 2-24（c）中棱柱体（压力体）V_{MABN} 的横剖面。

【例 2-13】 画图 2-24（a）中 AB 曲面壁的压力体剖面图。

解：（1）先画上边界，即水面的延长线。

（2）再画下边界，即画 AB 曲面本身。

（3）画左右边界，即由 A 点和 B 点向水面线的延长线作垂线；交水面的延长线于 M、N 两点。

（4）曲面下部受压，压力体方向向上。

最后再在图形内画若干箭头，箭头方向向上，即得剖面图，如图 2-24（c）所示 A_{MABN}。

【例 2-14】 画出下列 AB 曲面壁的压力体剖面图，如图 2-25 所示。

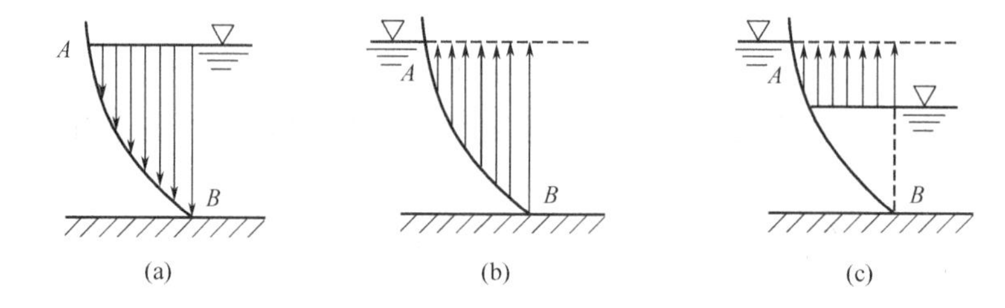

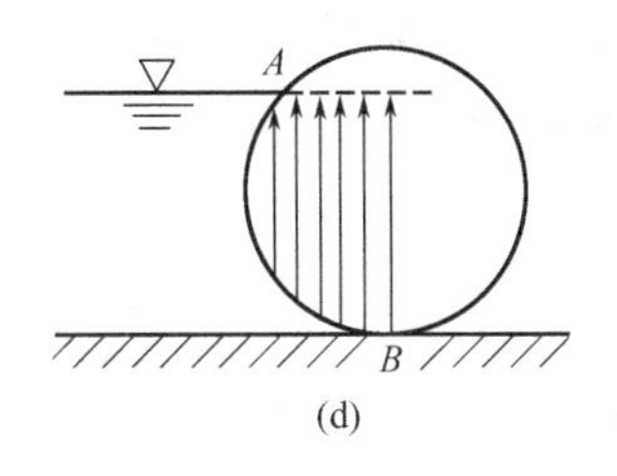

(d)

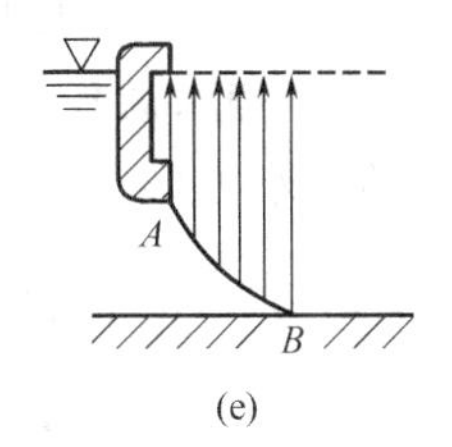

(e)

图 2-25

注意：所谓压力体，是在进行曲面壁上静水总压力计算中，引入的一个计算概念。通过计算压力体内的水重，来求解静水总压力的铅直分力大小的一种方法，并非液体中有真实的压力体存在。

二、曲面壁上的静水总压力

水平分力和铅直分力求得后，总压力的大小可以通过求合力的方法得到，如图 2-24（a）所示，根据力三角形法得总压力为

$$P=\sqrt{P_x^2+P_z^2} \tag{2-27}$$

总压力的方向为曲面的内法线方向，通过曲面的曲率中心。它与水平方向的夹角为 α（沿半径方向），即

$$\alpha=\arctan\frac{P_z}{P_x} \tag{2-28}$$

总压力作用点是总压力作用线和曲面的交点 D，D 在铅垂方向的位置以受压曲面曲率中心至该点的铅垂距离 z_D 表示，即

$$z_D=R\sin\alpha \tag{2-29}$$

工程中计算时，往往不一定要算出合力 P，有时只要分别求出水平分力 P_x、铅直分力 P_z 后，就可以解决实际问题了。

求总压力 P 的步骤如下。

① 先画出 $A_{剖}$ 图。

② 求 $P_x=p_CA$，$P_z=\gamma A_{剖}b$，$P=\sqrt{P_x^2+P_z^2}$。

③ 求 $\alpha=\arctan\dfrac{P_z}{P_x}$，$z_D=R\sin\alpha$。

【例 2-15】 某水利工程的弧形闸门，如图 2-26 所示，闸门的曲率半径 $R=6.0$m，闸门宽 $b=4.0$m，闸前水深 $H=4.8$m，门轴直径 $d=16.0$cm，闸门中心与水面同高，闸门自重

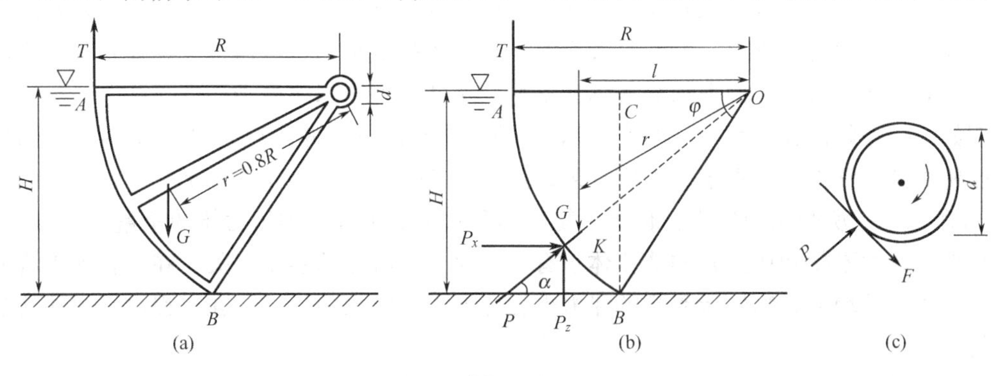

图 2-26

$G=294$kN，其重心位于 $r=0.8R$ 处，用钢索提升闸门，门轴转动摩擦系数 $f=0.3$。试求：①作用于弧形闸门上的静水总压力；②开启闸门的提升力 T。

解：① 求 P 的大小方向。

水平分力 $P_x=\gamma h_C A=\frac{1}{2}\gamma H^2 b=\frac{1}{2}\times 9.8\times 4.8^2\times 4=451.58$（kN）

铅直分力 $P_z=\gamma A_{部} b=\gamma b$（扇形面积$-\triangle BOC$ 面积）

因为 $\sin\varphi=\frac{H}{R}=\frac{4.8}{6}=0.8$，所以 $\varphi=53.13°$。

$$扇形面积=\frac{\pi R^2}{360°}\varphi=\frac{3.14\times 6^2}{360°}\times 53.13°=16.68\ (\mathrm{m}^2)$$

$$\overline{OC}=R\cos\varphi=6\times\cos 53.13°=3.6\ (\mathrm{m})$$

$$\triangle BOC\ 面积=\frac{1}{2}H\times\overline{OC}=1/2\times 4.8\times 3.6=8.64\ (\mathrm{m}^2)$$

则
$$P_z=9.8\times(16.68-8.64)\times 4=315.17\ (\mathrm{kN})$$

总压力
$$P=\sqrt{P_x^2+P_z^2}=\sqrt{451.58^2+315.17^2}=550.69\ (\mathrm{kN})$$

$$\alpha=\arctan\frac{P_z}{P_x}=\arctan\frac{315.17}{451.58}=34.9°$$

② 求 T。

T 对圆心的力矩应等于重力 G 和总压力 P 对圆心的阻力矩，才可以提起闸门。

P 对轴的摩擦力矩为 $Pf\frac{d}{2}$，重力对轴的力矩为 Gl，其中

$$l=r\cos\frac{\varphi}{2}=0.8\times 6\times\cos\frac{53.13°}{2}=4.29\ (\mathrm{m})$$

由合力矩定理得
$$TR=Pf\frac{d}{2}+Gl$$

则
$$T=\frac{Pf\frac{d}{2}+Gl}{R}=\frac{550.69\times 0.3\times\frac{0.16}{2}+294\times 4.29}{6}=212.4\ (\mathrm{kN})$$

三、作用于物体上的静水总压力

物体上静水总压力的计算，是根据曲面壁所受静水总压力的规律来求解的，物体上所受静水总压力的大小就是物体在水中所受浮力的大小。任意物体都可看作是由封闭曲面所包围的，封闭曲面壁上所受的静水总压力，即为物体所受的浮力。根据前述原理，作用在封闭曲面上的静水总压力是铅直向上的，其大小等于压力体的重量。也可说成：物体在液体中所受的浮力，等于物体所排开的那部分液体的重量。这就是阿基米德原理。

例如，一条船浮在水面上（图 2-27），它浸没在水面以下的体积如图 2-27 中阴影部分所示。船所受到的浮力，就等于水的容重乘以这部分的体积。若物体全部沉没在水面以下，如图 2-28 所示，它所受到的浮力，也等于物体排开水体的重量，即压力体的重量。

显然，浮力不仅和所排开的液体体积有关，而且和液体的容重有关。在高含沙水流或海水中，水的容重增大，物体所受到的浮力也相应增大。浮力的计算，在工程设计中往往是很重要的。

物体在铅垂方向除受浮力外，还受到重力 G 的作用。当 $G>P_z$ 时，物体将下沉，一直

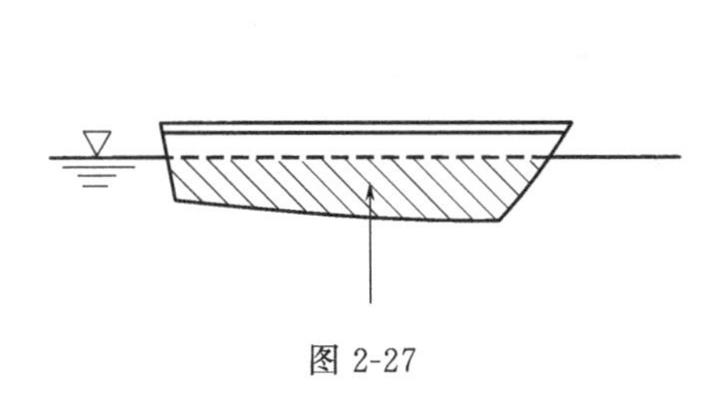
图 2-27

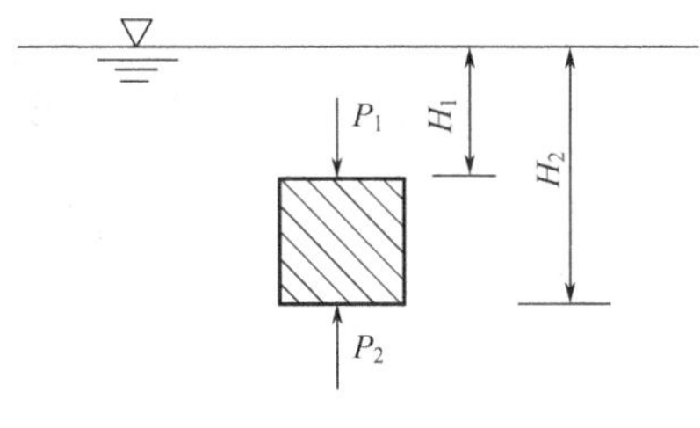

图 2-28

沉到底部为止，称为沉体；当 $G=P_z$ 时，物体可以在液体中任何深度保持平衡，因而可以潜没于水中，称为潜体；当 $G<P_z$ 时，物体浮在水面之上，使浮力减小到与重力相平衡，称为浮体。有关浮体及浮体平衡与稳定的内容，请参考其他书籍。

习　题

2-1　物理学中的真空和水力学中的真空有何不同？

2-2　物理学中的大气压和水力学中的大气压有何不同？

2-3　液体的势能和固体的势能有何不同？

2-4　位置高度和测压高度有何不同？

2-5　测压管高度和测压管水头有何不同？

2-6　压力中心 D，受压面形心 C 和压强分布图的形心 O 有何不同？

2-7　$P=\Omega b$ 中 Ω 和 $P=p_C A$ 中 A 有何不同？

2-8　基本方程 $z+\frac{p}{\gamma}=C$ 的几何意义和物理意义是什么？

2-9　静水压强分布图应绘成绝对压强分布图还是相对压强分布图？为什么？

2-10　使用图解法和解析法求静水总压力时，对受压平面的形状各有无限制？为什么？

2-11　“只有当受压面为水平面时，压力中心才与受压面的形心相重合”对吗？试举例说明。

2-12　试分析图 2-29 中静水压强分布图错在哪里？

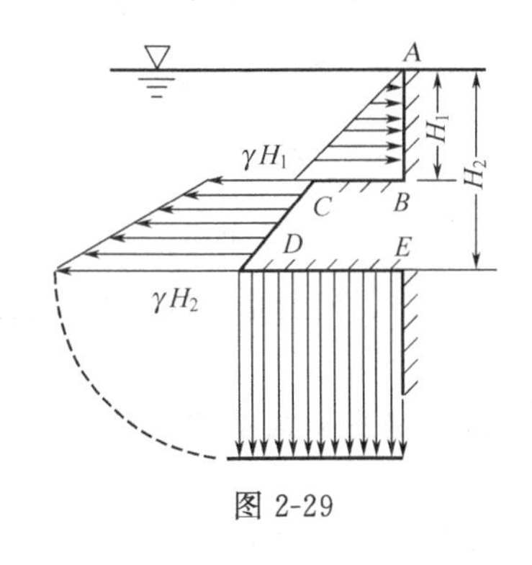

图 2-29

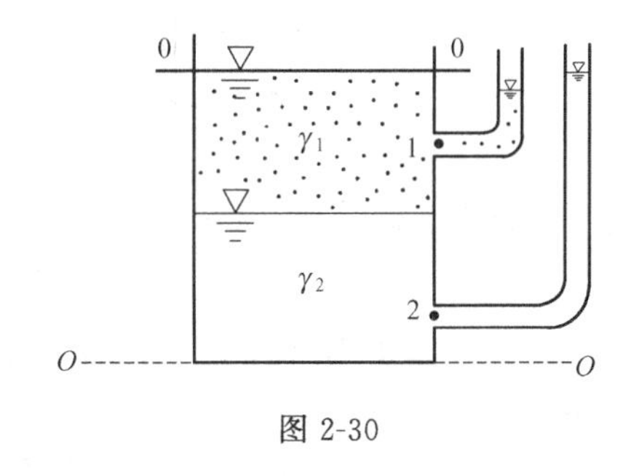

图 2-30

2-13　如图 2-30 所示两种液体盛在同一容器中，且 $\gamma_1<\gamma_2$，在容器侧壁装了两根测压管，试问：①图 2-30 中所标明的测压管中水位对吗？应该哪个高？和原水面是否齐平？为什么？②标出 1、2 点的测压管高度和测压管水头。

2-14　长为 l、宽为 b 的平板，如图 2-31 所示以四种不同位置放在静水中，试问：

① 图 2-31（a）、图 2-31（b）中板上所受的静水总压力是否相等？为什么？

② 图 2-31（c）、图 2-31（d）中二板上的静水总压力作用点离水面沿斜板方向的距离是

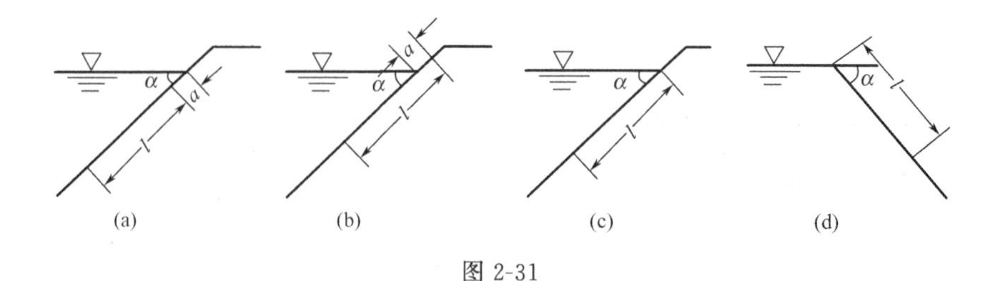

图 2-31

否相等？为什么？

2-15 如图 2-32 所示的几个不同形状的容器，放置在桌面上，容器内的水深 h 是相等的，容器底面积 A 亦相等。问：

① 容器底面的静水压强是否相同？静水压强的大小与容器形状有无关系？

② 容器底面所受的静水总压力是否相等？它与容器所盛水的总重量有无关系？

③ 桌面上所受的压强与总压力和水对容器底部作用的压强与总压力是否相同？

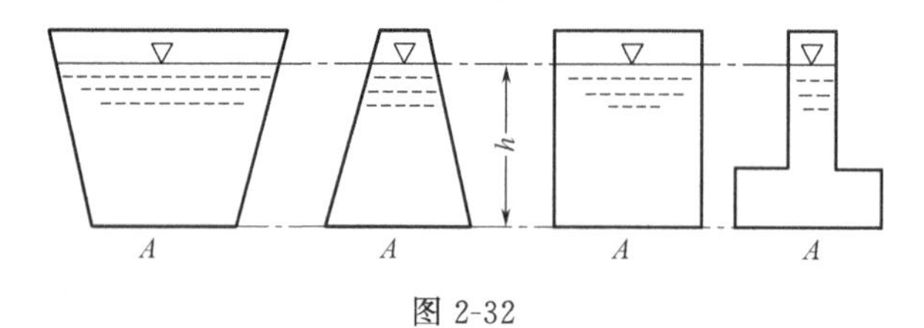

图 2-32

2-16 半径为 r 的两个半球面（若不考虑球壁厚度），在如图 2-33 所示的装置情况下，所受的铅直总压力如何求解？它们所受的铅直总压力是否相同？

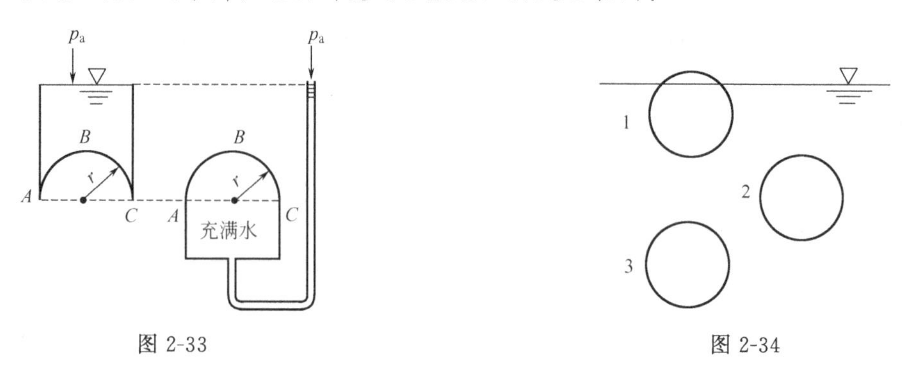

图 2-33　　图 2-34

2-17 半径为 r 的三个球体 1、2、3，当处于图 2-34 的位置时，问所受的浮力是否相同？为什么？

2-18 容器底面积为 $2m^2$，当容器水深 $h=1m$ 时，问：桶底面的静水压强是多少？桶底所受的静水总压力为多少？

2-19 某蓄水池深为 14m，试确定护岸 AB 上 1、2 两点的静水压强的数值，并绘出方向（图 2-35）。

2-20 试算出如图 2-36 所示的容器壁面上 1～5 各点的静水压强大小（以各种单位表示），并绘出静水压强的方向。

2-21 测得液体某点的绝对压强为 200mm 水银柱高，问：其绝对压强用千帕表示，为多少？若以真空值和相对压强表示，其数值为多少？

2-22 已知某容器（图 2-37）中 A 点的相对压强为 0.8 工程大气压，设在此高度上安装测压

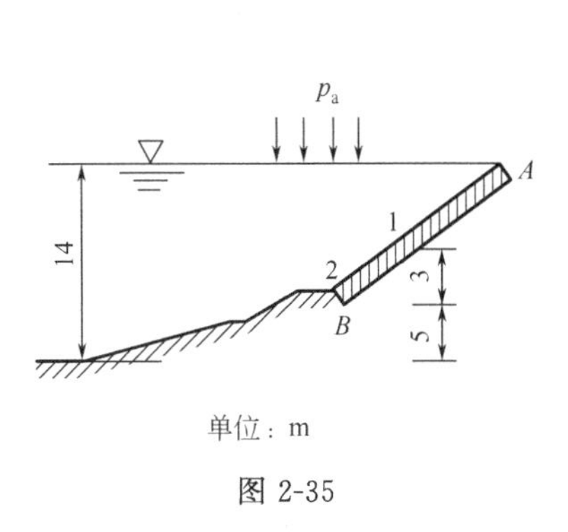

图 2-35

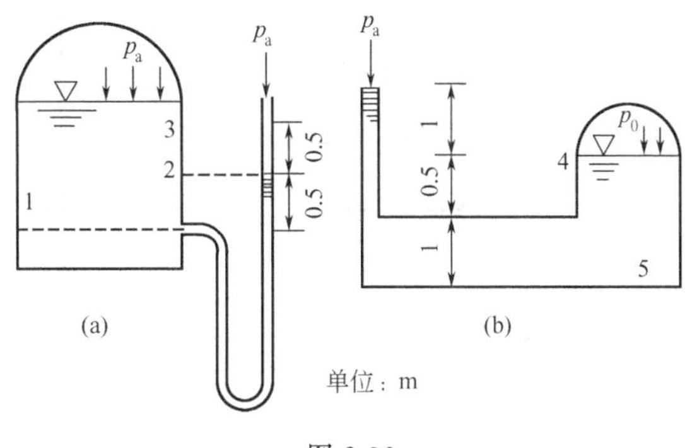

图 2-36

管，问至少需要多长的玻璃管？如果改装水银测压计，问水银柱高度 h_p 为若干（已测得 $h'=0.2\text{m}$）？

2-23　测量某容器中 A 点的压强值，如图 2-38 所示。已知：$z=1\text{m}$，$h=2\text{m}$，求 A 点的相对压强，并用绝对压强和真空高度（若 $p_A<p_a$ 时）表示。

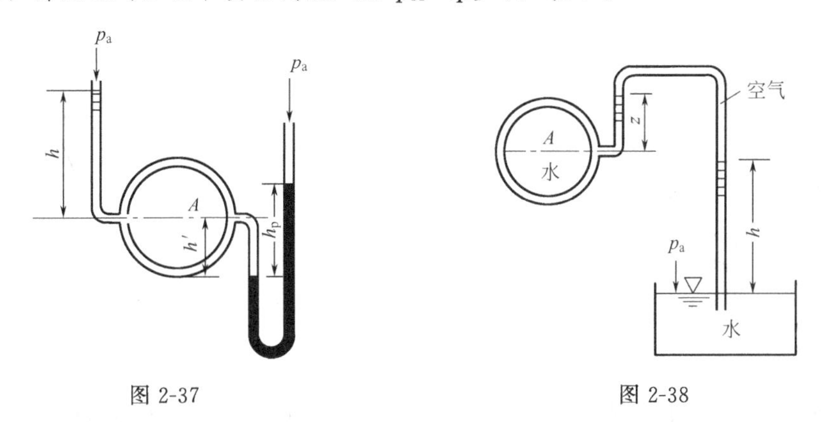

图 2-37　　　　图 2-38

2-24　用水银比压计测量两容器中 1、2 两点的压强值。已知比压计读数 $h=350\text{mm}$，1、2 两点位于同一高度上，试计算 1、2 两点的压强差（图 2-39）。

2-25　当压强差相当小时，为提高测量精度，有时采用斜管式比压计（图 2-40）。若用斜管式比压计测量两容器中心 A、B 两点压强差，读得 $h'_m=5\text{cm}$、$\theta=30°$，试计算 B、A 两点的压差？若将此比压计直立起来（$\theta=90°$），问读得的两管水面差应为多少？

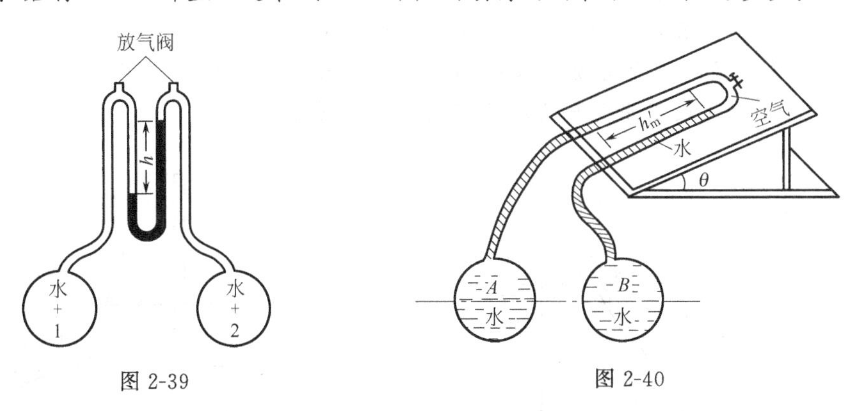

图 2-39　　　　图 2-40

2-26　试绘制下列挡水面 $ABCD$ 上的压强分布图（图 2-41）。

2-27　有一混凝土坝，坝上游水深 $h=24\text{m}$，求每米宽坝面所受的静水总压力及压力中

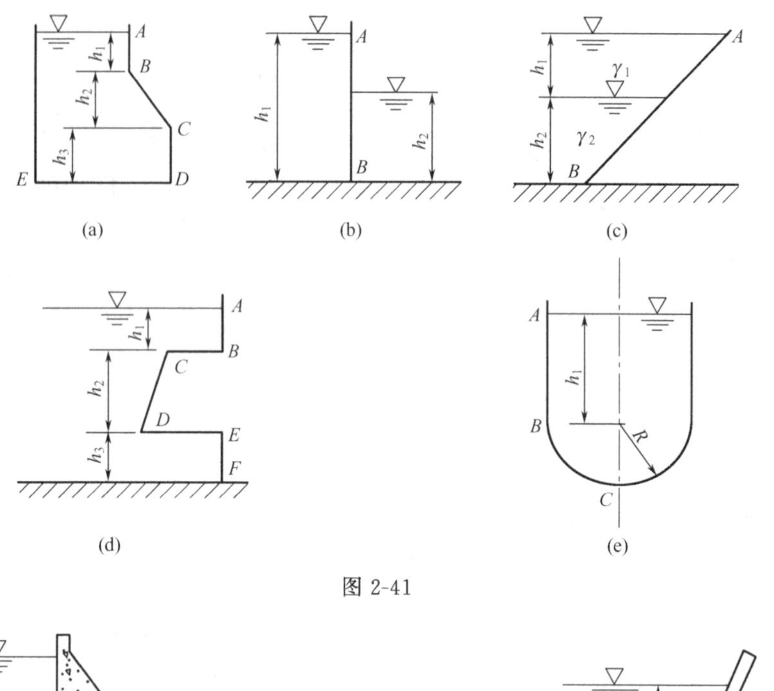

图 2-41

图 2-42

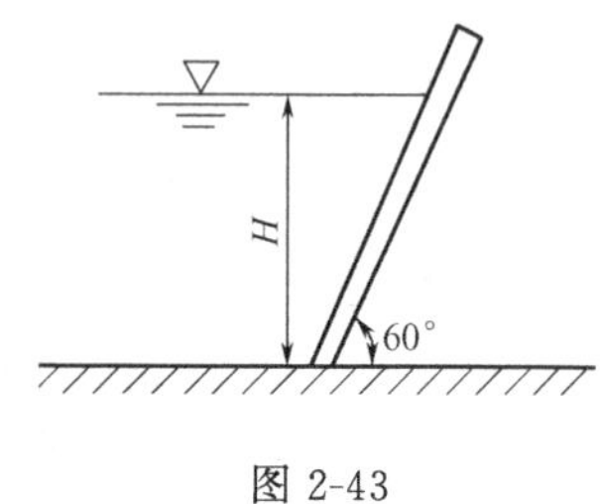

图 2-43

心（图 2-42）。

2-28　渠道上有一平面闸门（图 2-43），宽 $b=4.0\mathrm{m}$，闸门在水深 $H=2.5\mathrm{m}$ 下工作。求：当闸门斜放 $\alpha=60°$时受到的静水总压力；当闸门铅直时所受的静水总压力。

2-29　图 2-44 为一平板闸门，闸门宽 $b=4\mathrm{m}$，闸门顶部水深 $h_1=2\mathrm{m}$，闸门下游水面与闸门顶部同高，水深 $h_2=4\mathrm{m}$，闸门与水平面的夹角 $\alpha=60°$，闸门 AB 绕 A 点转动，B 点有一铅直方向的拉绳。求：

① 闸门刚被拉动时的拉力 F；

② 闸门拉至水平位置时的拉力（不计闸门厚度和重量）。

2-30　在渠道侧壁上，开有圆形放水孔，放水孔直径 $d=0.5\mathrm{m}$，孔顶至水面深度 $h=2\mathrm{m}$。试求放水孔闸门上的静水总压力及作用点位置（图 2-45）。

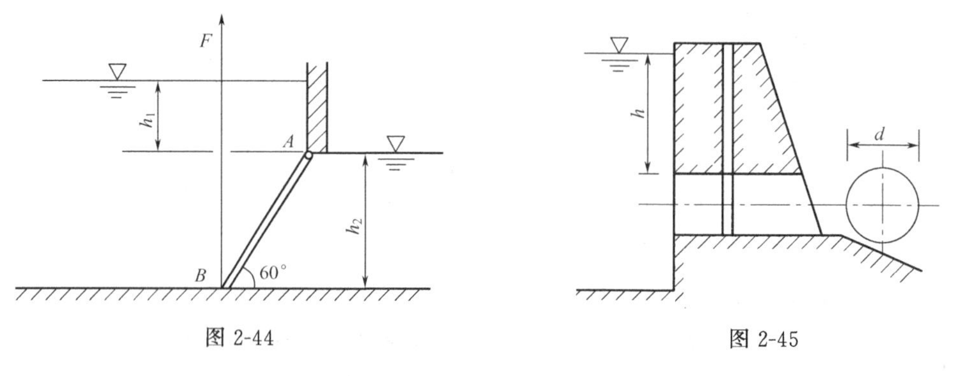

图 2-44　　图 2-45

2-31　试绘制下列各种柱面的压力体剖面图及其在铅直投影面上的压强分布图（图 2-46）。

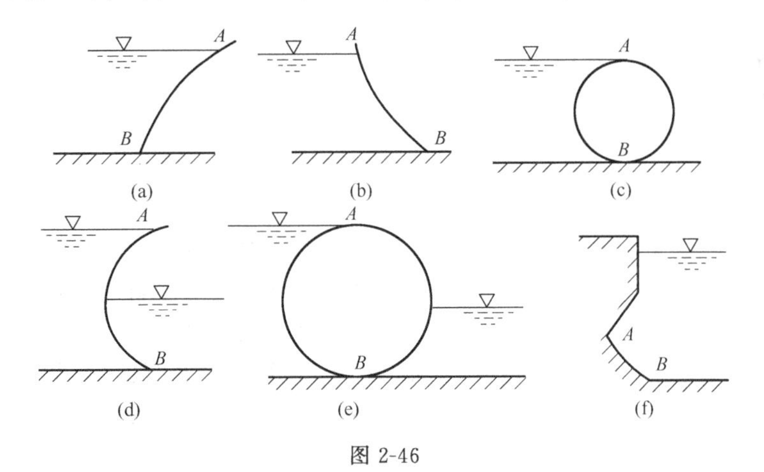

图 2-46

2-32　有一弧形闸门 AB（图 2-47），半径 $R=2.0\mathrm{m}$ 的圆柱面的 1/4，闸门宽 $b=4\mathrm{m}$，圆柱面挡水深 $h=2.0\mathrm{m}$。求作用在 AB 面上的静水总压力和压力中心。

2-33　有一扇形闸门（图 2-48），已知：$h=3\mathrm{m}$，$\alpha=45°$，闸门宽 $b=1\mathrm{m}$。求作用在扇形闸门上的静水总压力及压力中心。

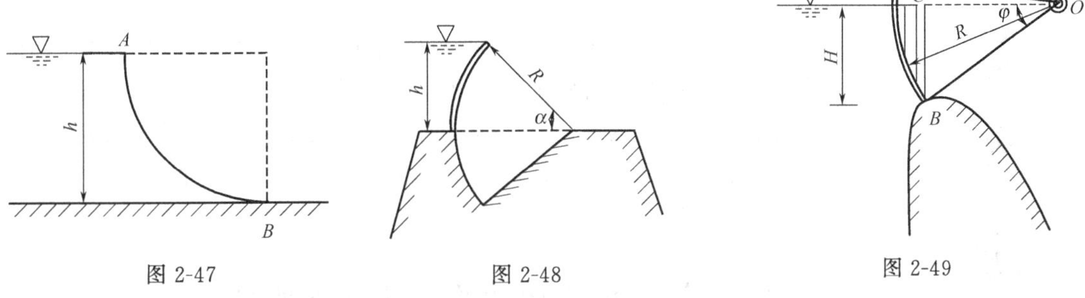

图 2-47　　图 2-48　　图 2-49

2-34　某弧形闸门 AB，宽 $b=4\mathrm{m}$，圆心角 $\varphi=45°$，半径 $R=2\mathrm{m}$，闸门的转轴与水面齐平（图 2-49）。求作用在闸门上的静水总压力及压力中心。

2-35　直径为 0.4m 的圆球浮标，半浮在水上，问这个圆球浮标的重量是多少？

第三章

水流运动的基本原理

提要

本章重点介绍描述水体运动的方法和有关水流运动的基本概念，讨论并建立水流运动的连续性方程、能量方程和动量方程。为今后应用这些规律解决特定边界条件下的水流运动，打下良好的基础。

实际工程中的水流运动状态尽管千差万别，但理论和实践都证明，它们依然遵循着物质作机械运动的普遍规律，即质量守恒定律、动能定理和动量定理。这三大定律在物理学或理论力学中已经介绍，水力学中将运用三大定律讨论并建立水流运动的连续性方程、能量方程和动量方程。

第一节　水流运动的一些基本概念

一、描述水流运动的两种方法

研究水流运动时，把表征水体运动的各种物理量称为水流的运动要素，常遇到的运动要素有流速、压强等。这些运动要素都是随空间坐标位置和时间连续变化着的。因此，要想从理论上研究液体运动规律，首先要解决的问题就是用什么样的方法来描述液体的运动。

水力学中描述水流运动有两种方法，即质点系法和流场法。

（一）质点系法

这种方法就是像物理学中研究固体运动那样，把液体中各质点作为研究对象，跟踪每个质点，考察分析质点所经过的轨迹以及运动要素的变化规律，把每个液体质点的运动情况综合起来获得整个液体运动的规律。

利用质点系法研究液体运动实质上与研究一般固体力学方法相同，它着眼于液体中的各个质点，这种方法初看起来，概念清晰，简单易懂，是以往学习物理中所熟悉的方法。但液体与固体不同，一是液体存在着易流性和黏滞性，在运动的过程中质点会不断变形；二是处于不同空间位置的质点具有不同的运动规律，要研究每个质点的运动情况，几乎是无法做到的，即便是同一质点，其运动轨迹非常复杂，用该方法分析水流运动时，还会遇到许多较难解决的数学问题。另外，从实用上讲，大多数情况下并不需要知道各质点的来龙去脉，而仅需了解某一固定区域的流动状况，所以这种方法在水力学上一般采用的不多。只有每一质点都具有近似相同运动规律的波浪运动才应用这种方法。水力学中目前普遍采用较为简便实用的流场法。

（二）流场法

流场法，不再跟踪每个质点，而是把注意力集中于考察分析水流中的水质点在通过固定空间点时速度、压强的变化情况来获得整个液体运动的规律。

由于流场法是以流动的空间作为研究对象，所以通常把液体流动所占据的空间称为流场。显然处于运动中的全部液体质点，在同一时刻占据着流场中各自的空间点。不同的液体质点具有各自的速度、压强、密度等水力要素，所以这些水力要素是空间点位置坐标(x,y,z)的函数。对于同一空间点，不同时刻将由具有不同水力要素的液体质点所占据，所以它们也是时间 t 的函数。这样在整个流场中，液体运动的任一个水力要素都可以表示为空间坐标（x,y,z）和时间 t 的函数。

通过考察不同液体质点通过固定空间点的运动情况来了解整个流动空间的流动情况。即着眼于研究各种运动要素的分布场。例如，水文工作者在研究河道中水流的运动规律时，不是去跟踪每个水流质点，而是在某一空间位置设水文站，通过实测水文站测水流断面上各点的流速，得到流速分布即可得到水流的流量；通过实测不同时刻水位的高低就可以了解河道中的水流处于涨水或降水过程；通过实测甲、乙两个不同水文站的流速就可以看出水流沿河道纵向上的变化情况。

由于流场法着眼于研究液流空间固定点的运动要素，避免了研究复杂的质点运动所带来的困难，所以在水力学中得到了广泛应用。这种研究方法不同于物理学和理论力学中的研究方法，以后各章均采用这种方法。

（三）迹线与流线

用质点系法描述液体运动是研究个别液体质点在不同时刻的运动情况，由此引出了迹线的概念。所谓迹线就是指液体质点在运动过程中不同时刻所占据位置的连线，也就是液体质点运动的轨迹线。

用流场法描述液体运动要考察同一时刻液体质点在不同空间点的运动情况，由此引出了流线的概念。所谓流线就是指某一瞬时在流场中绘出的一条空间曲线，在该曲线上所有液体质点在该时刻的流速矢量都与这一曲线相切。由此可见，流线能够表示出某时刻各点的流动方向。

流线可用下述方法绘制：设想某瞬时，在流场中任取一点 a，该液体质点的流速矢量为 u_1（图 3-1），再在该矢量上取距点 a 很近的点 b，点 b 的流速矢量为 u_2…继续做下去，就构成一条折线 $abcde$…，若折线上相邻各点的距离趋近于零，则折线 $abcde$ 将成为一条曲线，此曲线即为流线。

根据流线的概念，可知流线有以下特征。

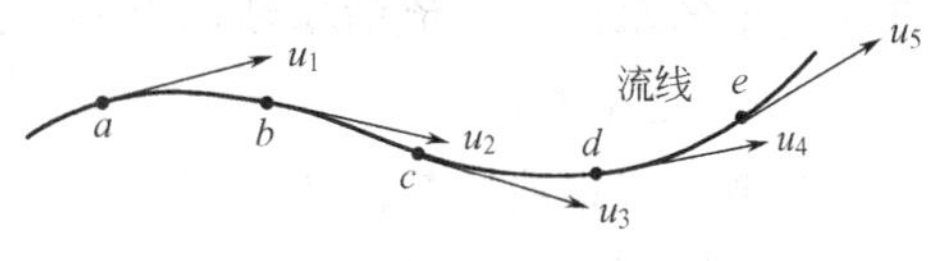

图 3-1

① 流线上所有各点的切线方向就代表了该点的流动方向。

② 一般情况下，流线既不能相交，也不能转折，

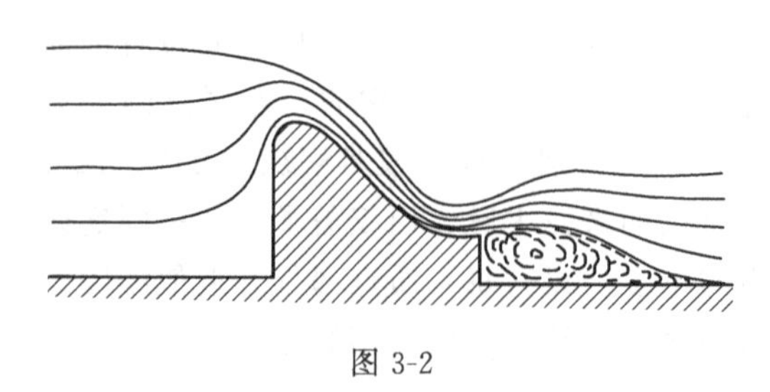

图 3-2

而只能是一条连续光滑的曲线。这是因为如果有两条流线相交，则在交点处，流速就会有两个方向；如果流线为折线，则在转折点处，同样将出现有两个流动方向的矛盾现象，所以流线只能是一条光滑曲线。

③ 流线上的液体质点只能沿着流线运动。这是因为水质点的流速是与流线相切的，在流线上不可能有垂直于流线的速度分量，所以液体质点不可能有横越流线的流动。

某一瞬时，在运动液体的整个空间绘出的一系列流线所构成的图形称为流线图，它可形象地描绘出该瞬时整个液流的流动趋势。

从图 3-2 和图 3-8 所示的流线图可以看出流线图具有以下特点。

① 流线分布的疏密程度与液流横断面面积的大小有关，对于不可压缩液体断面小的地方流线密，断面大的地方流线疏。流线的疏密程度反映了流速的大小。

② 流线的形状与固体边界形状有关，离边界越近，边界的影响越大，流线形状愈接近边界的形状。在边界较平顺处，紧靠边界的流线的形状与边界形状相同；在边界形状变化急剧的地方，由于惯性的作用，边界附近的质点不可能完全沿着边界流动，因此流线与边界相脱离，并在主流和边界之间形成漩涡区。漩涡区的大小，则决定于边界变化的急剧程度和边界是收缩还是扩散等情况。

必须注意，不能把流线和质点运动的迹线混为一谈，流线是一条同一时刻由许多质点组成的并与各质点的流速方向相切的线，迹线则是一个质点在某一时段内流动的路线，这是两个完全不同的概念，但在恒定流状态下的流线和迹线重合。

二、流管、微小流束、总流、过水断面

（一）流管

在流场中任取一封闭曲线，通过封闭曲线上各点画出许许多多条流线所构成的管状结构称为流管。根据流线特征，流线不能相交，流管内液体质点只能通过流管的两端面流动而不能穿越流管壁流动。

（二）微小流束

充满以流管为边界的一束液流称为微小流束（图 3-3）。微小流束横断面面积很微小，它上面各点的运动要素在同一时刻一般可认为是相等的。由于微小流束的外包面是流管，所以微小流束侧壁与束外液体无能量、质量和动量的交换，由于液体不可压缩，从微小流束流入和流出的质量、能量和动量应一样。

（三）总流

在已给定的流动边界内，无数微小流束组成的整个水流，称为总流。任何一个具有一定大小尺寸边界的实际液流都是总流，如工程中和日常生活中常常遇到的自来水管、渠道及天然河道中的水流。总流的横断面上各点的流速和压强，一般是不相等的。

（四）过水断面

与微小流束或总流流线正交的液流横断面称为过水断面。过水断面可为平面，也可为曲面；在流线相互平行时，过水断面为平面，否则过水断面则为曲面（图 3-4）。

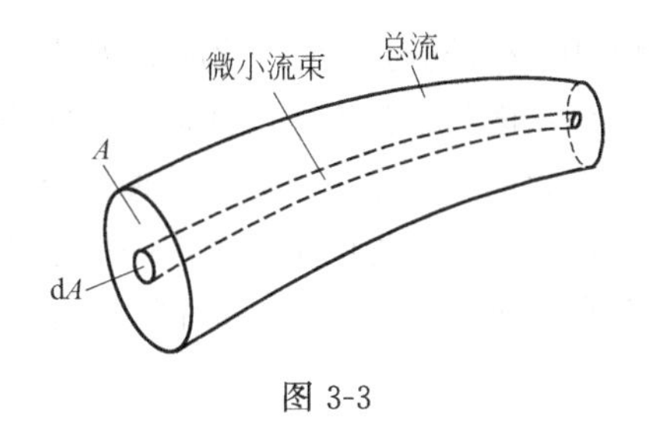

图 3-3

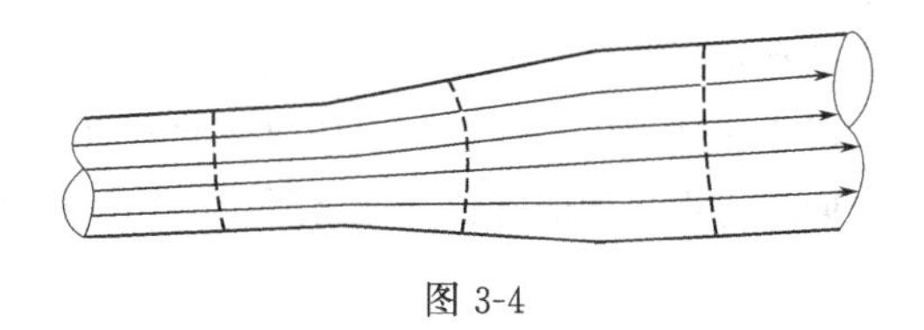
图 3-4

三、水流的运动要素

（一）流量

单位时间内通过某一过水断面的液体体积称为流量，用 Q 表示。其单位为米^3/秒（m^3/s）或升/秒（L/s）。

假设在总流中任取一微小流束，其过水断面面积为 dA，流速为 u。则经过 dt 时间后，通过 dA 流过的水体体积为 $udtdA$。则该微小流束的流量为

$$dQ=\frac{udtdA}{dt}=udA$$

设总流的过水断面面积为 A，则总流的流量应等于无数个微小流束的流量之和，即

$$Q=\int_Q dQ=\int_A u dA$$

若流速 u 在过水断面上的分布已知，则可通过积分求得通过该过水断面的流量。

（二）断面平均流速

在总流中，过水断面上各点流速 u 一般并不一定相同，且断面流速分布不易确定。为使研究方便，实际工程中通常引入断面平均流速的概念。

如图 3-5（a）所示，因过水断面上的流速不等，各为 u_1，u_2，u_3，…，若将各点的流速截长补短，如图 3-5（b）所示，使过水断面上各点的流速都均匀分布且等于 v（图 3-5），按这一流速计算所得的流量 vA 与按各点的真实流速计算所得的流量 $\int_A u dA$ 若相等，则流速 v 定义为该断面的平均流速。即

$$Q=\int_A u dA=vA \tag{3-1}$$

所以

$$v=\frac{\int_A u dA}{A}=\frac{Q}{A} \tag{3-2}$$

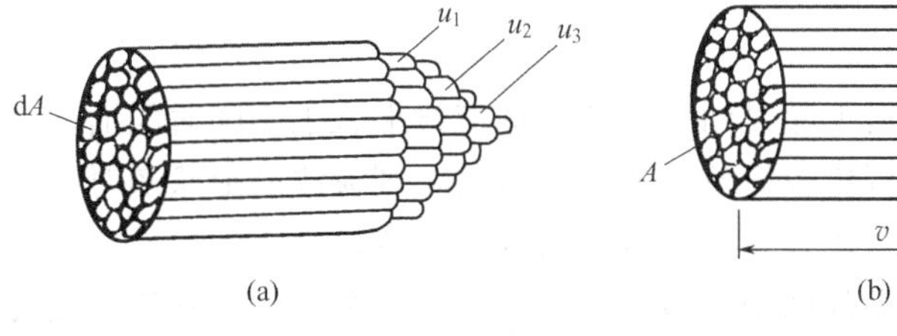

图 3-5

可见，总流的流量 Q 等于断面平均流速 v 与过水断面面积 A 的乘积。

（三）动水压强

液体静止时质点间无相对运动，不产生内摩阻力，因此，其任意一点各方向的压强与受

压面的方位无关。但对于实际液体的运动，由于黏滞力与压应力同时存在，此时，液体中任意点上的压强称为动水压强。动水压强的大小一般将不再与作用面的方位无关，即从各方向作用于一点的动水压强并不相等。但动水在各个方向的变化受黏滞力的影响很小，而且从理论上可以证明，对于实际液体，任意一点任取彼此垂直三个方向上动水压强的平均值是一个不随三个彼此垂直方向选取而变化的常数。通常所说的实际液体某点的动水压强即指三个方向压强的平均值。

四、水流运动的类型

实际水流的流动情况较为复杂，为了便于研究，常按照水流的运动要素的大小和方向是否随时间和空间点位置改变，根据一定的水流特征，将水流运动分成下列几种类型，分别进行研究，寻求其运动规律，从而把复杂的水流运动加以简化。

（一）恒定流与非恒定流

根据液流的运动要素是否随时间变化，可将液流分为恒定流与非恒定流。

液体运动时，任何空间点上所有的运动要素都不随时间而改变，这种水流称为恒定流。换句话说，恒定流情况下，任一空间点上，无论哪个液体质点通过，其运动要素均不随时间而变化，它只是空间坐标的连续函数，就流速和动水压强而言可表示为

$$
\begin{aligned}
u_x &= u_x(x,y,z) \\
u_y &= u_y(x,y,z) \\
u_z &= u_z(x,y,z) \\
p &= p(x,y,z)
\end{aligned} \tag{3-3}
$$

液体运动时，任何空间点上有运动要素随时间发生了变化，这种水流称为非恒定流。例如，在水箱侧壁上开有孔口，当箱内水面保持不变（即 H 为常数）时，孔口泄流的形状、尺寸及运动要素均不随时间而变，这就是恒定流（图 3-6）。反之，箱中水位由 H_1 连续下降到 H_2，此时，泄流的形状、尺寸、运动要素都随时间而变化，这就是非恒定流（图 3-7）。

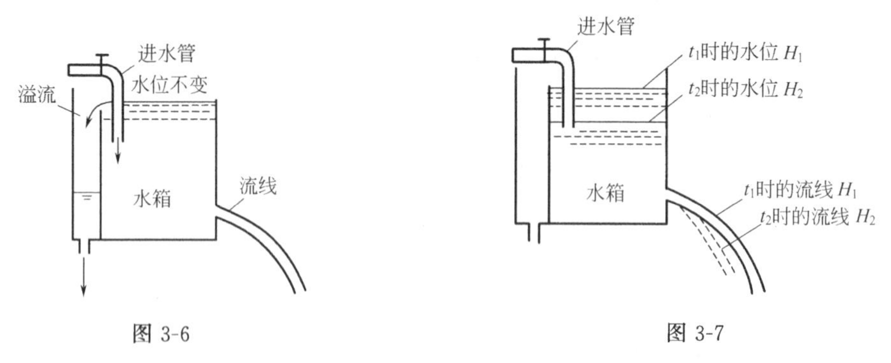

图 3-6　　　　图 3-7

恒定流时由于运动要素不随时间而改变，则流线形状也不随时间而变化，此时，流线与迹线重合，水流运动的分析比较简单。非恒定流时，则流线的形状随时间变化，此时流线与迹线不重合，水流运动的规律复杂。本章只研究恒定流。

自然界的水流，严格讲都属于非恒定流。但为了计算方便，常将运动要素随时间变化不大的水流，如河道中在非汛期的水流，水库水位变化不大的各引水管道中的水流等，都可近似看成是恒定流。

（二）均匀流与非均匀流

在恒定流中，可根据液流的运动要素是否沿程变化将液流分为均匀流与非均匀流。

同一流线上液体质点流速的大小和方向均沿程不变，流线是一组互相平行直线的水流，称为均匀流。液体在直径不变的长直管中的流动，或在断面形状、尺寸沿程不变的长直渠道中的流动均为均匀流。例如，宽窄水深都沿程不变的顺直人工渠道中的水流就是均匀流。在均匀流中过水断面为平面，沿程各断面上的流速分布是不变的，断面平均流速相等。

当液流流线上各质点的运动要素沿程发生变化，流线不是彼此平行的直线时，或流线间有夹角、或流线有弯曲称为非均匀流。非均匀流的过水断面不是平面而是曲面，流速分布沿程变化。液体在收缩管、扩散管或弯管中的流动，以及液体在断面形状、尺寸改变的渠道中的流动均为非均匀流。例如，天然河道中的水流，由于河道宽窄沿程变化，水的深浅也沿程变化，就是典型的非均匀流。

（三）渐变流与急变流

在非均匀流中，根据流线的不平行程度或弯曲程度，可将其分为渐变流与急变流。渐变流是指流线间的夹角很小、流线接近于平行直线的流动（图 3-8）。此时，各流线的曲率很小（即曲率半径 R 较大），它的极限情况就是流线为平行直线的均匀流。

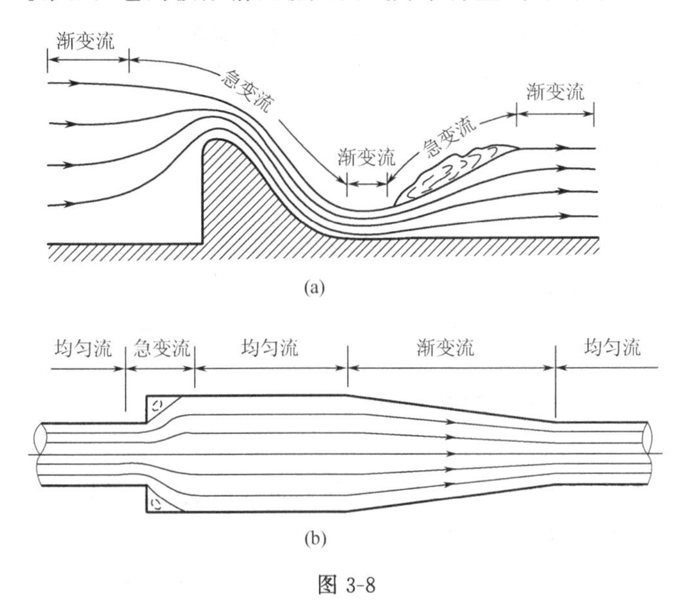

图 3-8

由于渐变流中流线近似平行，近似直线，故可认为渐变流过水断面近似为平面。

急变流是指流线的曲率较大或流线之间的夹角较大的流动。此时，流线已不再是一组平行的直线，因此过水断面为曲面。管道转弯、断面扩大或收缩使水面发生急剧变化处的水流均为急变流，如图 3-8 所示。水流是渐变流还是急变流，与水流固体边界的纵向形状有密切的关系。在纵向边界的突变处，水流一定是急变流。如河渠（或管道）的转弯段，过水断面扩大或收缩段，以及河渠中泄水建筑物附近的上、下游段等，其水流都是急变流。而在过水断面略有变化，但变化不大的地方，其水流往往是渐变流，如离溢流坝、进水闸上游一定距离以外的河渠水流。

（四）有压流、无压流、射流

根据液流在流动过程中有无自由表面，可将其分为有压流与无压流。

液体沿流程整个周界都与固体壁面接触，且无自由表面的流动称为有压流。它主要是依靠压力作用而流动，其过水断面上任意一点的动水压强一般与大气压强不等，例如自来水管和有压涵管中的水流均为有压流。

若液体沿流程一部分周界与固体壁面接触，另一部分与空气接触，且具有自由表面的流动称为无压流。它主要是依靠重力作用而流动，因无压流液面与大气相通，故又可称为重力流或明渠流，例如河渠中的水流和无压涵管中的水流均为无压流。

水流从管道末端的喷嘴射出的水流称为射流，射流四周均与大气相接触。

（五）一元流、二元流、三元流

在工程实际中，实际水流的运动一般极为复杂，它的运动要素是空间位置坐标和时间的函数（对于恒定流，则仅是空间位置坐标的函数）。根据液流运动要素所依据的空间自变量的个数，可将液流分为一元流、二元流和三元流。

如果水流运动要素只与一个空间自变量有关，这种水流称为一元流。例如微小流束，因它的运动要素只与流程坐标有关，故微小流束为一元流。对于总流，严格的讲都不是一元流，但若把过水断面上与点的坐标有关的运动要素（如流速、压强等）进行断面平均，如用断面平均流速去代替过水断面上各点的流速，这时总流也可视为一元流。

如果水流运动要素与两个空间自变量有关，这种水流称为二元流。例如一矩形断面顺直明渠，当渠宽很大，比水深大得多，两侧边界影响可忽略不计时，其运动要素（如点流速）仅在沿程方向和水深方向变化。

如果水流运动要素与三个空间自变量有关，这种水流称为三元流。严格来讲，任何实际水流都是三元流，如天然河道中的水流。

从理论上讲，只有按三元流来分析水流现象才符合实际，但此时水力计算较为复杂，难于求解。因而在实际工程中，常结合具体水流运动特点，采用各种平均方法（如最常见的断面平均法），将三元流简化为二元流或一元流，由此而引起的误差，可通过修正系数来加以校正。

第二节　恒定总流连续性方程

水流运动和其他物质运动一样，也必须遵循质量守恒定律。恒定流连续性方程，实质上就是质量守恒定律在水流运动中的具体体现。

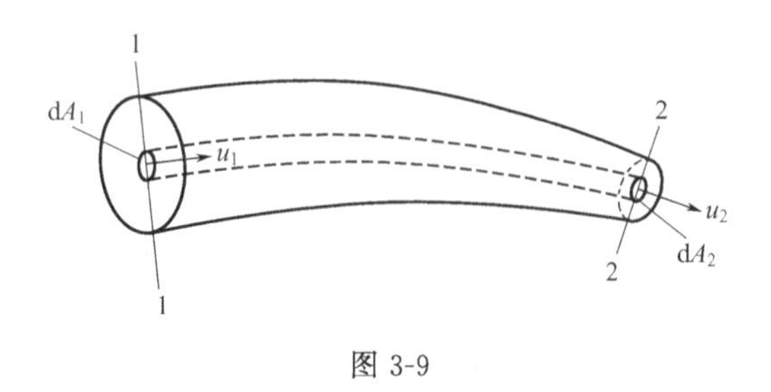

图 3-9

在恒定流中任取一段微小流束作为研究对象（图 3-9）。设微小流束上游过水断面 1—1 的面积为 dA_1，流速为 u_1；2—2 断面过水断面面积为 dA_2，流速为 u_2。考虑到：

① 在恒定流条件下，微小流束的形状与位置不随时间而改变；

② 液体一般可视为不可压缩的连续介质，其密度为常数；

③ 液体质点不可能从微小流束的侧壁流入或流出。

根据质量守恒定律，在 dt 时段内，流入 1—1 断面的水体的质量应等于流出 2—2 断面的水体质量，即

$$\rho u_1 dA_1 dt = \rho u_2 dA_2 dt$$

消去 ρdt 得

$$u_1 dA_1 = u_2 dA_2$$

或

$$u_1 dA_1 = u_2 dA_2 = dQ = 常数 \tag{3-4}$$

式（3-4）为恒定流微小流束的连续性方程。

总流是无数个微小流束的总和，将微小流束的连续性方程在总流过水断面上积分，便可得到总流的连续性方程，即

$$\int_Q \mathrm{d}Q = \int_{A_1} u_1 \mathrm{d}A_1 = \int_{A_2} u_2 \mathrm{d}A_2$$

引入断面平均流速后成为

$$Q = v_1 A_1 = v_2 A_2 = \text{常数} \tag{3-5}$$

或

$$\frac{v_2}{v_1} = \frac{A_1}{A_2} \tag{3-6}$$

式（3-5）即为恒定总流的连续性方程。式中 v_1 与 v_2 分别表示过水断面 A_1 及 A_2 的断面平均流速。连续性方程表明：

① 对于不可压缩的恒定总流，流量沿程不变；

② 如果沿流程过水断面变化，则对于任意两个过水断面，断面大的地方流速小，断面小的地方流速大，断面平均流速的大小与过水断面面积成反比。

上述总流的连续性方程是在流量沿程不变的条件下建立的，若沿程有流量汇入或分出，则连续性方程在形式上需作相应的变化。当有流量汇入时（图 3-10），其连续性方程为

$$Q_1 + Q_3 = Q_2$$

当有流量分出时（图 3-11），其连续性方程为

$$Q_1 = Q_2 + Q_3$$

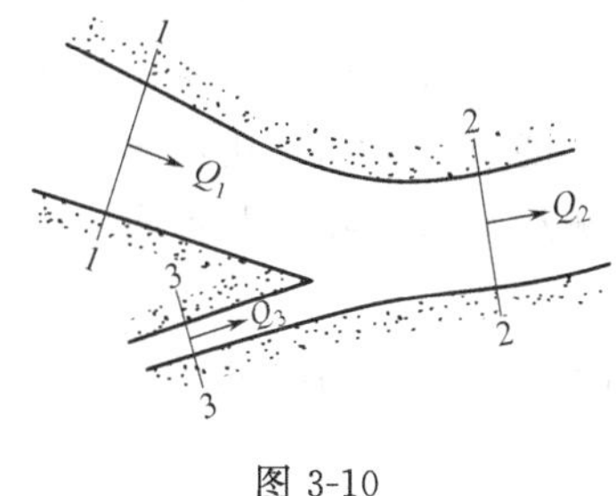

图 3-10

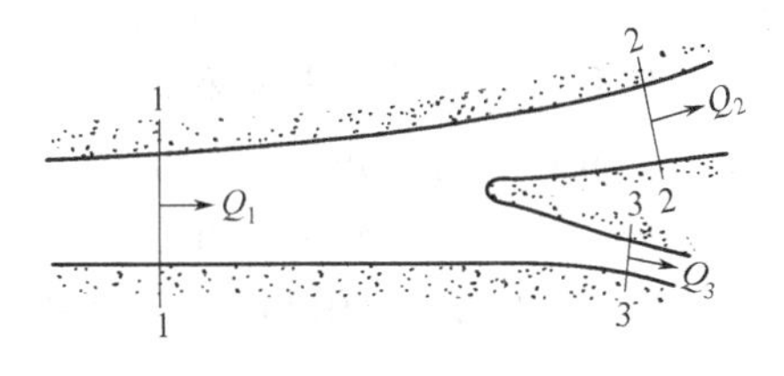

图 3-11

【例 3-1】 有一变直径圆管（图 3-12），已知 1—1 断面直径 $d_1 = 200\text{mm}$，断面平均流速 $v_1 = 0.5\text{m/s}$，2—2 断面直径 $d_2 = 100\text{mm}$。试求：（1）2—2 断面的断面平均流速 v_2；（2）计算管中流量 Q。

解： ① 求流速 v_2。

根据恒定总流连续性方程

$$v_1 A_1 = v_2 A_2$$

而

$$A_1 = \frac{\pi}{4} d_1^2 \qquad A_2 = \frac{\pi}{4} d_2^2$$

于是

$$v_2 = v_1 \frac{d_1^2}{d_2^2} = 0.5 \times \left(\frac{0.2}{0.1}\right)^2 = 2(\text{m/s})$$

② 求管中流量。

$$Q = v_1 A_1 = v_1 \times \frac{\pi}{4} d_1^2 = 0.5 \times \frac{3.14}{4} \times 0.2^2 = 0.0157\ (\text{m}^3/\text{s})$$

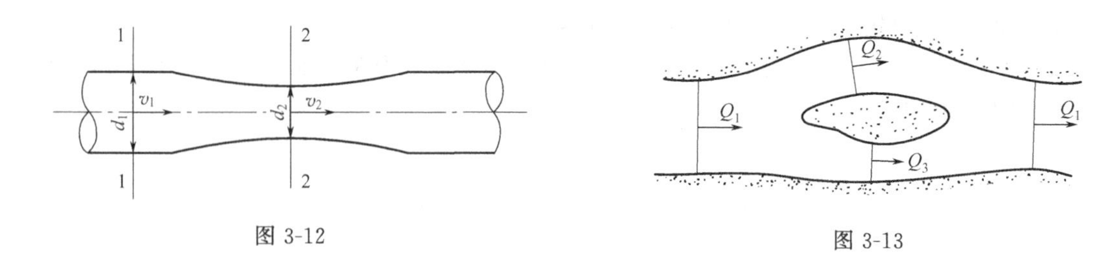

图 3-12　　图 3-13

【例 3-2】 如图 3-13 所示，某河段在枯水期出现一江心滩地，河道分南北两汊道。在断面 2—2 和断面 3—3 实测得下列资料：断面 2—2 过水断面面积为 2560m²，断面平均流速为 0.97m/s；断面 3—3 过水断面面积为 3490m²，断面平均流速为 0.62m/s。试求总流量 Q_1 及南北汊道各通过的流量与总流量的百分比（简称分流比）。

解：按照连续性原理得　$Q_1=Q_2+Q_3$ 或 $Q_1=v_2A_2+v_3A_3$

总流量　$Q_1=0.97\times2560+0.62\times3490=2483.2+2163.8=4647$ （m³/s）

南汊道流量占总流量百分比　$\dfrac{Q_3}{Q_1}\times100\%=\dfrac{2163.8}{4647}\times100\%=46.6\%$

北汊道流量占总流量百分比　$\dfrac{Q_2}{Q_1}\times100\%=\dfrac{2483.2}{4647}\times100\%=53.4\%$

第三节　恒定总流的能量方程

在重力作用下，任何物体作机械运动时，都具有动能和势能两种机械能。物体的动能和势能可以相互转化，如做自由落体运动的物体在下落过程中，其动能不断增加，势能逐渐减小。同时，物体在运动过程中部分机械能也可能转化为热能而消失，即通常所说的机械能损失。但不论能量怎样转化，其总和是不变的，这就是物体的能量守恒和转化定律。液体在作机械运动时，同样也应当遵循这一定律。只是液体在作机械运动时，除位置势能（重力引起的）和动能外，还有压力势能存在。

下面将讨论反映能量守恒和转化定律的恒定总流能量方程。先研究微小流束的能量方程式。

一、微小流束的能量方程

由物理学动能定理可知：运动物体动能的增量等于同一时段内作用于运动物体上各外力对物体做功的代数和。即

$$\sum M=\frac{1}{2}mu_2^2-\frac{1}{2}mu_1^2$$

式中　$\sum M$——所有外力对物体做功的总和；

u_1——物体处于起始位置时的速度；

u_2——在外力作用下，物体运动到新位置时的速度；

m——运动物体的质量。

下面就根据动能定律来分析恒定流微小流束的能量方程。

在实际液体恒定总流中选取断面 1—1 与断面 2—2 之间的水体作为研究对象，并从中取出一股微小流束。设微小流束在过水断面 1—1 与过水断面 2—2 的面积分别为 dA_1 和 dA_2，其断面形心点的位置高度分别为 z_1 和 z_2，动水压强分别为 p_1 和 p_2，相应的流速为 u_1 和 u_2。对

于微小流束，过水断面上各点的流速与动水压强可认为是相等的。假设经过 dt 时段，微小流束由原来的 1—2 位置移动到了新的位置 1′—2′，则 1—1 断面与 2—2 断面所移动的距离分别为

$$dl_1 = u_1 dt \qquad dl_2 = u_2 dt$$

由图 3-14 可见，1′—2 是 dt 时段内运动液体始终占有的流段。这段微小流束水体虽有液体质点的流动和替换，但由于所选取的微小流束为恒定流，1′—2 段水体的形状、体积和位置都不随时间发生变化。所以，要研究微小流束从 1—2 位置移动到 1′—2′位置时，只需研究微小流束从 1—1′段移动到 2—2′位置的运动就可以了。

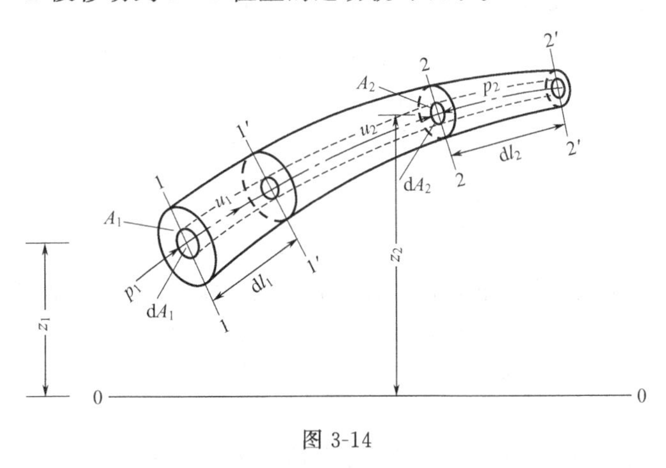

图 3-14

（一）动能的增量

在恒定流条件下，共有流段 1′—2 的质量和各点的流速不随时间而变，因而其动能也不随时间变化，所以微小流束段动能的增量就等于流段 2—2′段动能与 1—1′段动能之差。

根据质量守恒原理，流段 2—2′与 1—1′的质量相等，即 $m = \rho dV = \rho dQdt = \frac{\gamma}{g} dQdt$，于是动能的增量可表示为

$$\frac{1}{2}mu_2^2 - \frac{1}{2}mu_1^2 = \frac{\gamma dQdt}{2g}(u_2^2 - u_1^2) = \gamma dQdt\left(\frac{u_2^2}{2g} - \frac{u_1^2}{2g}\right)$$

（二）外力做功

对微小流束做功的力有动水压力、重力和微小流束在运动过程中所受到的摩擦阻力。

1. 压力做功

作用于微小流束上的动水压力有两端断面上的动水压力和微小流束侧表面上的动水压力。由于微小流束侧表面上的动水压力与水流运动方向垂直，故不做功。

作用于过水断面 1—1 上的动水压力 $p_1 dA_1$ 与水流运动方向相同，故为正功；作用于过水断面 2—2 上的动水压力 $p_2 dA_2$ 与水流运动方向相反，故为负功。于是压力所做的功为

$$p_1 dA_1 dl_1 - p_2 dA_2 dl_2 = p_1 dA_1 u_1 dt - p_2 dA_2 u_2 dt = dQdt(p_1 - p_2)$$

2. 重力作用

微小流束段 1—1′和 2—2′的位置高度差为 $z_1 - z_2$，重力对共有段 1′—2 不做功。于是液体从 1—1′移动到 2—2′时重力所做的功为

$$G(z_1 - z_2) = \gamma V(z_1 - z_2) = \gamma dQdt(z_1 - z_2)$$

3. 阻力做功

对于实际液体，由于黏滞性的存在，液体运动时必须克服内摩擦阻力，消耗一定的能

量，故阻力所做的功为负功。设阻力对单位重量液体所做的功为 h'_w，则对于所研究的微小流束由 1—1′位置移动到 2—2′位置，阻力所做的功为

$$-\gamma \mathrm{d}Q\mathrm{d}th'_{\mathrm{w}}$$

所以，外力对微小流束所做的功应为以上三项外力做功的代数和，即

$$\gamma \mathrm{d}Q\mathrm{d}t(z_1-z_2)+\mathrm{d}Q\mathrm{d}t(p_1-p_2)-\gamma \mathrm{d}Q\mathrm{d}th'_{\mathrm{w}}$$

根据动能定理，则有

$$\gamma \mathrm{d}Q\mathrm{d}t(z_1-z_2)+\mathrm{d}Q\mathrm{d}t(p_1-p_2)-\gamma \mathrm{d}Q\mathrm{d}th'_{\mathrm{w}}=\gamma \mathrm{d}Q\mathrm{d}t\left(\frac{u_2^2}{2g}-\frac{u_1^2}{2g}\right)$$

将以上各项同时除以 $\gamma \mathrm{d}Q\mathrm{d}t$，得单位重量液体功和能之间的关系式。

$$z_1-z_2+\frac{p_1}{\gamma}-\frac{p_2}{\gamma}-h'_{\mathrm{w}}=\frac{u_2^2}{2g}-\frac{u_1^2}{2g}$$

整理得

$$z_1+\frac{p_1}{\gamma}+\frac{u_1^2}{2g}=z_2+\frac{p_2}{\gamma}+\frac{u_2^2}{2g}+h'_{\mathrm{w}} \tag{3-7}$$

这就是恒定流微小流束的能量方程，式（3-7）是由瑞士的物理学家和数学家伯诺里在 1738 年首次推导出来的，故又称为恒定流微小流束的伯诺里方程。式（3-7）说明：1—1 断面的单位总能量应等于 2—2 断面的单位总能量和单位重量水体由断面 1—1 流到断面 2—2 时的能量损失之和。

许多工程实际问题，不是微小流束能量方程能解决的，如确定总流的断面平均流速或动水压强的大小，因此需要将微小流束的能量方程推广到总流上去应用。为求得总流的能量方程，又必须先了解总流过水断面上的压强分布特性。

二、恒定总流中动水压强的分布规律

一般情况下，实际液体中某点的动水压强与受压面方向有关，过水断面动水压强的分布规律与静水压强的分布规律也有所不同。但在某些特殊情况下，如均匀流和渐变流中，却可以认为动水压强具有与静水压强同样的特性，即实际液体中某点的动水压强与受压面方向无关，且过水断面上动水压强的分布符合静水压强直线分布规律。

（一）均匀流中过水断面上的动水压强分布规律

均匀流的特点是流线为平行的直线，过水断面是平面。由于均匀流不产生加速度，所以也没有惯性力。均匀流中所受到的外力只有动水压力、重力和水流阻力，水流阻力与流线平行，所以在垂直流线的过水断面上，水流质点仅仅只受到动水压力和重力的作用。这与液体在静止状态时的受力情况相同，通过建立力学平衡关系可知，过水断面上动水压强的分布规律也与静水压强一样，是按直线规律分布的。即过水断面上的动水压强也满足

$$p=\gamma h$$

或

$$z+\frac{p}{\gamma}=C \tag{3-8}$$

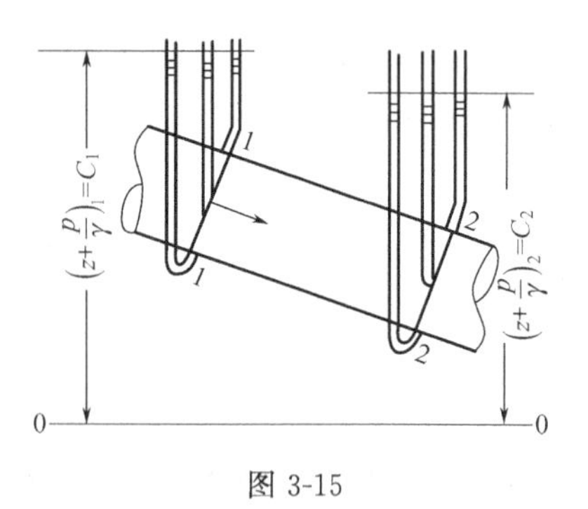

图 3-15

式（3-8）表明，均匀流过水断面上的动水压强分布规律与静水压强分布规律相同，即在同一过水断面上各点相对于同一基准面的测压管水头（或单位势能）为一常数，但对于不同的过水断面，测压管水头是不相同的（图 3-15）。

同样，作用于均匀流过水断面上的动力压力也可按平面壁静水总压力的计算公式计算，即

$$P=p_C A$$

（二）渐变流段内过水断面上的动水压强分布规律

对于渐变流，由于流线间的夹角很小，流线近似成平行直线，沿流动方向的加速度近似为零，惯性力的影响可忽略，此时沿渐变流过水断面仅有压力和重力的作用，这与液体静止时和均匀流时的受力情况完全一致。因此，可以认为渐变流断面上各点的动水压强也符合静水压强分布规律，或同一过水断面上各点的测压管水头（单位势能）为一常数。

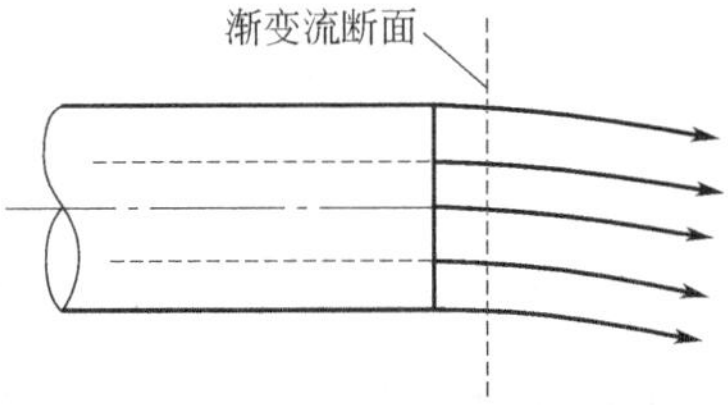

渐变流断面

图 3-16

但应注意，上述关于均匀流或渐变流过水断面上动水压强分布规律的结论，只适用于有一定固体边界约束（如管壁和渠壁）的水流。当液体从管道末端流入大气时，出口附近的液流也符合均匀流或渐变流的条件（图 3-16），但因该断面周界均与大气相通，断面周界上各点的动水压强为零，因而此种情况下过水断面上的动水压强分布不符合静水压强分布规律。

（三）急变流段内动水压强的分布规律

在急变流中，因流线的曲率较大，液体质点作曲线运动而产生的离心惯性力的影响已不能忽略，因此，过水断面上动水压强的分布规律将不再服从静水压强分布规律。

对于一上凸曲面边界的急变流（图 3-17），因离心力的方向与重力方向相反，因而使过水断面上的动水压强比相同水深的静水压强小。反之，对于一下凹曲面边界的急变流（图 3-18），因离心力的方向与重力方向相同，因而使过水断面上的动水压强比相同水深的静水压强大。图 3-17 与图 3-18 中的虚线部分均表示静水压强分布，实线部分均表示实际的动水压强分布。

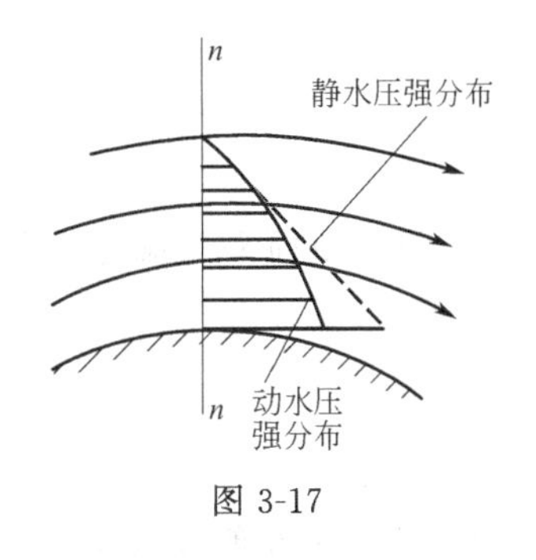

图 3-17

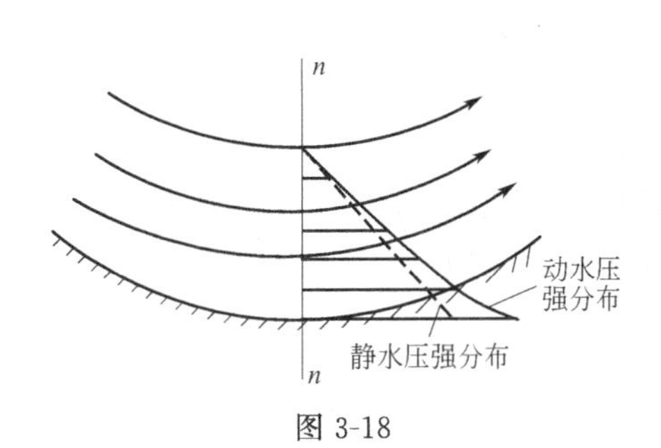

图 3-18

三、恒定总流的能量方程

微小流束的能量方程只能解决微小流束内部或边界流线上两点之间的问题，要解决工程实际问题，还需在微小流束能量方程的基础上，推导出恒定总流的能量方程。

实际总流是由无数的微小流束组成的，将微小流束能量方程中的各项同乘以单位时间内通过微小流束液体的重量 $\gamma \mathrm{d}Q$，可得单位时间内微小流束两过水断面的能量关系。

$$\left(z_1+\frac{p_1}{\gamma}+\frac{u_1^2}{2g}\right)\gamma \mathrm{d}Q=\left(z_2+\frac{p_2}{\gamma}+\frac{u_2^2}{2g}+h_{\mathrm{w}}'\right)\gamma \mathrm{d}Q \tag{3-9}$$

如对式（3-9）进行积分，就可得到单位时间内通过总流两过水断面的总能量之间的关系式

$$\int_Q \left(z_1+\frac{p_1}{\gamma}+\frac{u_1^2}{2g}\right)\gamma \mathrm{d}Q=\int_Q \left(z_2+\frac{p_2}{\gamma}+\frac{u_2^2}{2g}+h'_{\mathrm{w}}\right)\gamma \mathrm{d}Q \tag{3-10}$$

式（3-10）可变为

$$\gamma\int_Q \left(z_1+\frac{p_1}{\gamma}\right)\mathrm{d}Q+\gamma\int_Q \frac{u_1^2}{2g}\mathrm{d}Q=\gamma\int_Q \left(z_2+\frac{p_2}{\gamma}\right)\mathrm{d}Q+\gamma\int_Q \frac{u_2^2}{2g}\mathrm{d}Q+\gamma\int_Q h'_{\mathrm{w}}\mathrm{d}Q \tag{3-11}$$

式（3-11）各项积分可归纳为三种类型，现分别加以分析。

1. 势能类积分

$$\gamma\int_Q \left(z+\frac{p}{\gamma}\right)\mathrm{d}Q$$

它表示单位时间内通过总流过水断面的液体势能的总和。若所取的总流过水断面为均匀流或渐变流，则断面上各点的单位势能$\left(z+\frac{p}{\gamma}\right)$=常数，则

$$\gamma\int_Q \left(z+\frac{p}{\gamma}\right)\mathrm{d}Q=\gamma\left(z+\frac{p}{\gamma}\right)\int_Q \mathrm{d}Q=\left(z+\frac{p}{\gamma}\right)\gamma Q \tag{3-12}$$

2. 动能类积分

$$\gamma\int_Q \frac{u^2}{2g}\mathrm{d}Q=\gamma\int_A \frac{u^2}{2g}u\,\mathrm{d}A=\frac{\gamma}{2g}\int_A u^3\,\mathrm{d}A$$

它表示单位时间内通过总流过水断面动能的总和。一般情况下，总流过水断面上各点的流速是不相等的，且分布规律不易确定，所以直接积分该项较困难。这时，可考虑用断面平均流速 v 代替断面上各点的流速 u 来表示动能，即用 $\frac{\gamma}{2g}\int_A v^3\,\mathrm{d}A$ 来代替 $\frac{\gamma}{2g}\int_A u^3\,\mathrm{d}A$ 。因为 $u=v\pm\Delta u$，v 是断面上各点流速 u 的平均值，$u^3>v^3$。根据数学上有关平均值的性质，可证明：$\int_A u^3\,\mathrm{d}A>\int_A v^3\,\mathrm{d}A$ 。如引入一个大于 1 的修正系数 α，则有

$$\int_A u^3\,\mathrm{d}A=\alpha\int_A v^3\,\mathrm{d}A=\alpha v^3 A$$

于是动能类积分为

$$\frac{\gamma}{2g}\int_A u^3\,\mathrm{d}A=\frac{\gamma}{2g}\alpha v^3 A=\frac{\alpha v^2}{2g}\gamma Q \tag{3-13}$$

式中，α 称为动能修正系数，表示过水断面上实际流速积分与按断面平均流速积分计算所得结果之比，即

$$\alpha=\frac{\int_A u^3\,\mathrm{d}A}{v^3 A}$$

α 值取决于总流过水断面上的流速分布情况，流速分布愈均匀，α 值愈接近于 1。均匀流或渐变流时，一般可取=1.05～1.10。实际工程中为计算方便，常取=1.0。

3. 能量损失类积分

$$\gamma\int_Q h'_{\mathrm{w}}\mathrm{d}Q$$

它表示单位时间内总流从 1—1 过水断面流到 2—2 过水断面间的机械能损失的总和。h'_{w}为单位重量水体从 1—1 到 2—2 断面的能量损失，因各微小流束中单位重量水体的能量损失并不相等，设 h_{w} 为总流单位重量液体在这两断面间的各微小流束中平均机械能损失，则

$$\gamma\int_Q h'_{\mathrm{w}}\mathrm{d}Q=h_{\mathrm{w}}\gamma Q \tag{3-14}$$

将上述各分类积分结果式（3-12）、式（3-13）、式（3-14）代入式（3-11）得

$$\left(z_1+\frac{p_1}{\gamma}\right)\gamma Q+\frac{\alpha_1 v_1^2}{2g}\gamma Q=\left(z_2+\frac{p_2}{\gamma}\right)\gamma Q+\frac{\alpha_2 v_2^2}{2g}\gamma Q+h_w\gamma Q$$

再将各项除以 $\gamma \mathrm{d}Q$，得

$$z_1+\frac{p_1}{\gamma}+\frac{\alpha_1 v_1^2}{2g}=z_2+\frac{p_2}{\gamma}+\frac{\alpha_2 v_2^2}{2g}+h_w \tag{3-15}$$

式（3-15）即为不可压缩液体恒定总流的能量方程（伯诺里方程）。它反映了水流在恒定流动过程中，各种机械能发生转化时所具有的共同规律：水从任一渐变流断面流到另一渐变流断面的过程中，它所具有的机械能的形式可以相互转化；但在前一断面处具有的三种机械能的总和，应等于在后一断面处所具有的三种机械能的总和，加上沿流程摩阻力引起的能量损失。实质上，它就是自然界普遍遵循的能量转化和守恒原理，在水力学这个特殊领域里的表现形式。它是水力学中最基本、最常用的公式之一。

四、能量方程的意义

（一）恒定总流的能量方程与微小流束能量方程的区别

实际液体恒定总流能量方程与微小流束能量方程相比，形式上很类似，但二者又存在差别：①总流方程中反映整个水流的能量变化，而不只是某一股微小流束的能量变化；②由于各股微小流束的动能和势能各不相同，故反映总流在某断面的机械能是取各断面的平均值，即单位重量液体的平均势能和平均动能；③总流能量方程中用断面平均流速 v 代替了微小流束过水断面上的点流速 u，相应地引入了动能修正系数 α 来加以修正；④以两流段间平均水头损失 h_w 代替了微小流束的水头损失 h'_w。

（二）能量方程的意义

能量方程中的各项都代表着一种形式的能量，而且都具有单位能量的意义，所以水力学中常常把单位重量水体所具有的机械能称为水头。因此，总流能量方程式中各项的意义如下。

z 代表总流过水断面上单位重量液体所具有的单位位能，几何上称为位置高度或位置水头；$\frac{p}{\gamma}$代表总流过水断面上单位重量液体所具有的单位压能，几何上称为测压管高度或压强水头；$z+\frac{p}{\gamma}$代表总流过水断面上单位重量液体所具有的单位势能，几何上称为测压管水头，通常又称 $z+\frac{p}{\gamma}=H_p$；$\frac{\alpha v^2}{2g}$代表总流过水断面上单位重量液体所具有的单位动能，几何上称为流速水头；$H=z+\frac{p}{\gamma}+\frac{\alpha v^2}{2g}$代表总流过水断面上单位重量液体的总能量，即总机械能，几何上称为总水头；h_w 代表总流单位重量液体从一个过水断面流向另一过水断面克服水流阻力做功。沿流程的单位能量损失，即机械能损失，几何上称为水头损失。

以上各项水头的单位都是长度单位，一般用 m 来表示。

设 H_1 和 H_2 分别表示总流中任意两过水断面上液流所具有的总水头，根据能量方程式有

$$H_1=H_2+h_w$$

或

$$H_1-H_2=h_w \tag{3-16}$$

可见，因为水流在流动过程中要产生能量损失，所以，水流只能从总机械能大的地方流向总

机械能小的地方。

对于理想液体，$h_w=0$，则 $H_1=H_2$，即总流中任何过水断面上总水头保持不变。

静止状态是运动流速为 0 的特殊情况，又没有水头损失，则式（3-15）可简化为 $z_1+\frac{p_1}{\gamma}=z_2+\frac{p_2}{\gamma}$即为静水压强基本方程，它表示静止液体中总机械能守恒，亦即单位势能守恒。

（三）能量方程的图示

为了形象地反映总流中各种能量的变化规律，可以把能量方程用图形描绘出来。因为单位重量液体所具有的各种机械能都具有长度的单位，于是可用水头为纵坐标，按一定比例尺把沿流程各过水断面的 z、$\frac{p}{\gamma}$及$\frac{\alpha v^2}{2g}$分别绘于图上（图 3-19）。z 值在总流过水断面上各点是变化的，一般选取断面形心点的 z 值来标绘，相应的$\frac{p}{\gamma}$亦选用形心点动水压强来标绘。把表示各断面的$\left(z+\frac{p}{\gamma}\right)$值的点子连接起来可以得到一条测压管水头线（如图 3-19 中实线所示），把表示各断面 $H=z+\frac{p}{\gamma}+\frac{\alpha v^2}{2g}$的点子连接起来可以得到一条总水头线（如图 3-19 中虚线所示），任意两断面之间的总水头线的降低值，即为该两断面间水头损失 h_w。

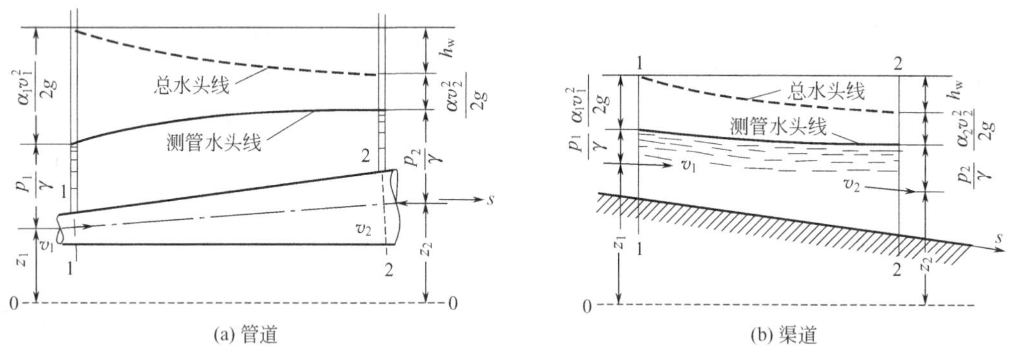

(a) 管道　　(b) 渠道

图 3-19

由能量方程的物理意义不难得出，实际液体总流的总水头线必定是一条逐渐下降的线（直线或曲线），因为总水头总是沿程减小的；而测压管水头线则可能是下降的线（直线或曲线），也可能是上升的线（直线或曲线），甚至可能是一条水平线，这要看总流的几何边界变化情况而作具体分析。

总水头线沿流程的下降情况可用单位流程上的水头损失，即水力坡度 J 来表示。若总水头线为直线时，有

$$J=\frac{H_1-H_2}{l}=\frac{h_w}{l} \tag{3-17}$$

当总水头线为曲线时，水力坡度为变值，在某一断面处可表示为

$$J=\frac{dh_w}{dl}=-\frac{dH}{dl} \tag{3-18}$$

因为总水头增量 dH 一定为负值，为使水力坡度为正值，所以式（3-18）中要加负号。

对于河渠中的渐变流，其测压管水头线就是水面线。

能量方程的这种图示方法常运用于长距离有压输水管道的水力设计中，用来帮助分析管路中的压强分布及对应的实际水流的变化规律。

第四节　能量方程的应用条件及应用举例

一、能量方程的应用条件及注意事项

（一）能量方程的应用条件

总流能量方程应用广泛，能够解决很多工程实际问题，但在推导过程中引入了一些限制条件，故能量方程在应用时需满足以下条件。

① 水流必须是恒定流。

② 液体为不可压缩液体，即 ρ=常数。

③ 建立能量方程时，两个计算过水断面应满足均匀流或渐变流条件（只受重力这一质量力作用，无惯性力存在），但两个过水断面之间的水流，也可为急变流。

④ 两个过水断面间，无流量的分出与加入。

⑤ 两个过水断面间，水流没有能量的输出与输入。

但因总流能量方程中各项均指单位重量液体的能量，所以在水流有分支或汇合的情况下，仍可分别对每一支水流建立能量方程式。对于汇流情况（图 3-20）可建立断面 1—1 与 3—3 和断面 2—2 与 3—3 的能量方程，即

$$z_1+\frac{p_1}{\gamma}+\frac{\alpha_1 v_1^2}{2g}=z_3+\frac{p_3}{\gamma}+\frac{\alpha_3 v_3^2}{2g}+h_{w1-3}$$

$$z_2+\frac{p_2}{\gamma}+\frac{\alpha_2 v_2^2}{2g}=z_3+\frac{p_3}{\gamma}+\frac{\alpha_3 v_3^2}{2g}+h_{w2-3}$$

对于分流情况（图 3-21）可建立断面 1—1 与 2—2 和断面 1—1 与 3—3 的能量方程，即

$$z_1+\frac{p_1}{\gamma}+\frac{\alpha_1 v_1^2}{2g}=z_2+\frac{p_2}{\gamma}+\frac{\alpha_2 v_2^2}{2g}+h_{w1-2}$$

$$z_1+\frac{p_1}{\gamma}+\frac{\alpha_1 v_1^2}{2g}=z_3+\frac{p_3}{\gamma}+\frac{\alpha_3 v_3^2}{2g}+h_{w1-3}$$

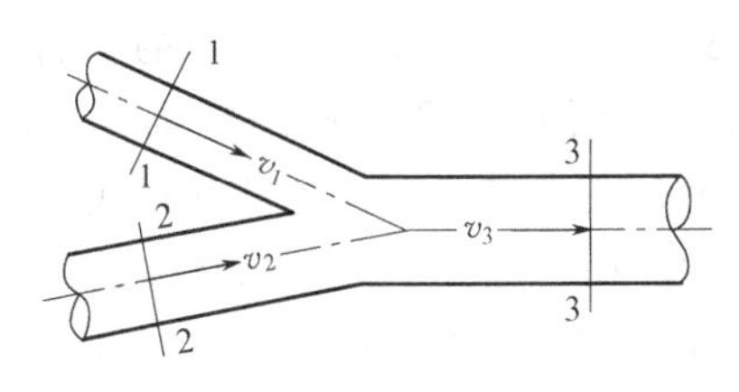

图 3-20

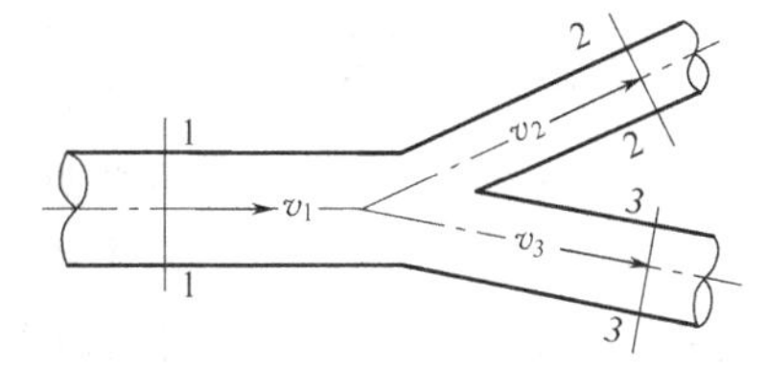

图 3-21

若有能量输入（如水泵）或输出（水轮机），则能量方程可改写为

$$z_1+\frac{p_1}{\gamma}+\frac{\alpha_1 v_1^2}{2g}\pm H_t=z_2+\frac{p_2}{\gamma}+\frac{\alpha_2 v_2^2}{2g}+h_w \tag{3-19}$$

式中　H_t——两断面间输入（取正号）或输出（取负号）的单位能量。

（二）能量方程应用注意事项

为了更好地应用能量方程进行有关的水力计算，还应注意以下几点。

(1) 选基准面　基准面原则上可任意选取，但必须为水平面，同时应考虑到方便计算。另外，对于应用方程计算的两个不同的过水断面必须选取同一基准面。

（2）选计算断面　计算断面必须满足均匀流或渐变流条件，还应注意要把计算断面选在已知条件较多，含有待求未知量的断面上。

（3）选计算点　由于计算断面选在了均匀流或渐变流断面上，此时断面上各点的 $z+\frac{p}{\gamma}=C$，而且动能$\frac{\alpha v^2}{2g}$为断面上的平均值，所以计算点原则上也可任意选取。但考虑到计算方便，一般情况下，管流选管轴中心为代表点；而明渠则选自由表面上的点为代表点。

（4）选压强计算标准　方程中的动水压强 p_1 和 p_2 可采用绝对压强作为计算标准，也可采用相对压强作为计算标准，但同一能量方程的两个断面必须采用同一计算标准。考虑到计算方便，一般多采用相对压强。

（5）选动能修正系数 α 值　严格来讲，方程两边的 α_1 与 α_2 通常并不相等，也不等于 1.0。但因它们的数值相差不大，对均匀流或渐变流，为计算方便，大多数情况下取 $\alpha_1=\alpha_2=1.0$。

应用能量方程时还应具体问题具体分析，若方程中同时也出现较多的未知量，应考虑与其他方程联立求解。

二、能量方程的应用举例

运用恒定流能量方程可以分析和解决许多具体问题，下面分别以孔口出流、文德里流量计和毕托管测流速为例来加以说明。

（一）孔口出流

如图 3-22 所示，在水箱侧壁上开一小孔，液体将从孔口流入大气中，这种水流现象称为孔口出流。若水箱内水面保持不变，则水流为恒定流，应用总流的能量方程可计算通过孔口的流速和流量。

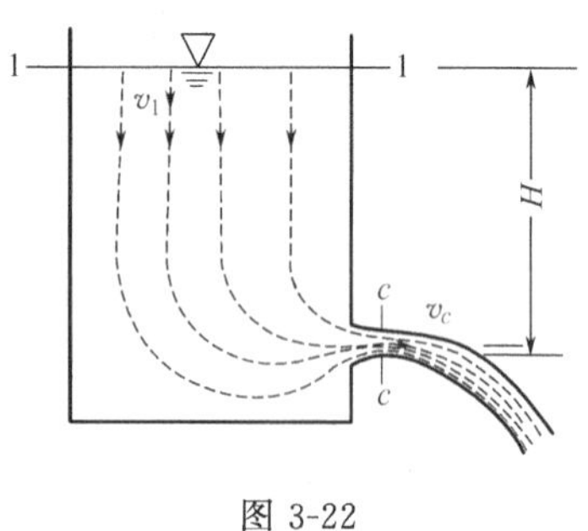

图 3-22

设孔口的面积为 A，孔口水头为 H（孔口中心点至上游水面的高度）。水箱中水质点以不同的流速向孔口汇流，由于惯性作用，流线向孔口弯曲，经孔口流出后水流断面发生收缩，在距离孔口上游壁面约$\frac{1}{2}d$（d 为孔口直径）的断面 c—c 处，断面收缩到最小。随后由于空气阻力的影响，流速变小，水流逐渐扩散。断面 c—c 称为收缩断面，该断面上流线近似平行，可认为是渐变流。在列能量方程式时，要选两个符合渐变流条件的断面。按孔口出流的具体情况，一个断面宜选在上游水面 1—1 处，其流速令为 v_1，断面 1—1 的压强为大气压强；另一断面选在收缩断面 c—c 处，由于水股四周均为大气压，可以认为断面 c—c 上各点压强都等于大气压强，令其流速为 v_c。

今以通过孔口中心的水平面 0—0 为基准面，对断面 1—1 和 c—c 列能量方程得

$$z_1+\frac{p_1}{\gamma}+\frac{\alpha_1 v_1^2}{2g}=z_c+\frac{p_c}{\gamma}+\frac{\alpha_c v_c^2}{2g}+h_{w1-c}$$

因为 $z_1=H$，$z_c=0$，$\frac{p_1}{\gamma}=0$，$\frac{p_c}{\gamma}=0$；且 $A_1\gg A_c$，$v_1\ll v_c$，可以认为$\frac{\alpha_1 v_1^2}{2g}\approx 0$；暂不计水头损失 h_{w1-c}，将以上条件代入，则能量方程简化为

$$H=\frac{\alpha_c v_c^2}{2g}$$

令 $\alpha_c=1$，得

$$v_c=\sqrt{2gH} \tag{3-20}$$

如果断面 $c—c$ 的面积等于孔口断面面积，即 $A_c=A$，则孔口通过的流量为

$$Q=A_c v_c=A\sqrt{2gH}$$

由于实际液流有能量损失，故断面 $c—c$ 的实际流速比式（3-20）算出的要小些。另外，水流由孔口到断面 $c—c$，断面面积有收缩，实际的 A_c 小于 A。所以孔口实际通过的流量比由式（3-20）算得的要小。因此，需要在式（3-20）乘上一个修正系数 μ，即

$$Q=\mu A\sqrt{2gH} \tag{3-21}$$

式（3-21）就是计算孔口出流的流量公式。式中，μ 为流量系数，μ 值主要和孔口的形状、位置有关，完全收缩的薄壁小孔口 $\mu\approx0.60\sim0.62$。

【例 3-3】 在水箱侧壁有一圆形薄壁孔口泄流到大气中，孔口直径 $d=10\text{cm}$，孔口形心点水头 $H=1.2\text{m}$，试求孔口出流的流量。

解：取 $\mu=0.62$，由式（3-21）得

$$Q=\mu A\sqrt{2gH}=0.62\times\frac{3.14\times0.1^2}{4}\times\sqrt{2\times9.8\times1.2}$$
$$=0.0236(\text{m}^3/\text{s})=23.6(\text{L/s})$$

（二）文德里流量计

文德里流量计是一种量测有压管道中液体流量大小的装置。它是由上游收缩段、中间断面最小的喉管段和下游扩散段三部分组成（图 3-23）。在测量某管道中通过的流量时，把文德里流量计连接在管段当中，两端的直径要求和管道的直径相等，并在断面 1—1 和 2—2 处各安装一根测压管（也可直接设置差压计）。当液体流经文德里管的喉管段时，由于管径收缩引起动能增大，而压能相应减小。因而，在测得两测压管水面高差 Δh 后，再根据能量方程即可计算出管中的流量，其原理如下。

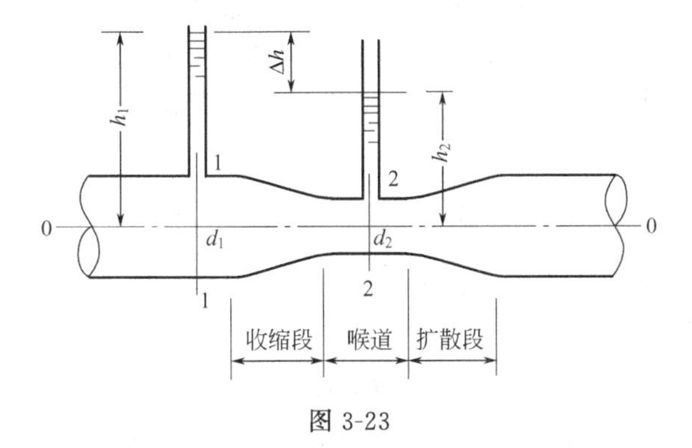

图 3-23

假定水管是水平放置的，以管轴线所在的平面 0—0 为基准面，建立断面 1—1 和断面 2—2 的能量方程，暂不考虑水头损失影响。

$$z_1+\frac{p_1}{\gamma}+\frac{\alpha_1 v_1^2}{2g}=z_2+\frac{p_2}{\gamma}+\frac{\alpha_2 v_2^2}{2g}$$

因　$z_1=z_2=0$，$\frac{p_1}{\gamma}=h_1$，$\frac{p_2}{\gamma}=h_2$，设 $\alpha_1=\alpha_2=1.0$

则

$$h_1-h_2=\frac{v_2^2}{2g}-\frac{v_1^2}{2g} \tag{3-22}$$

式中　h_1-h_2——两断面的测压管水头差 Δh。

设断面 1—1 和断面 2—2 处管道直径分别为 d_1、d_2，根据连续性方程可知

$$v_1A_1=v_2A_2$$

$$v_2=v_1\frac{A_1}{A_2}=v_1\left(\frac{d_1}{d_2}\right)^2$$

将 v_2 与 v_1 的关系式代入式（3-22），得

$$\Delta h=\frac{v_1^2}{2g}\left[\left(\frac{d_1}{d_2}\right)^4-1\right]$$

或

$$v_1=\frac{1}{\sqrt{\left(\frac{d_1}{d_2}\right)^4-1}}\sqrt{2g\Delta h}=\frac{d_2^2}{\sqrt{d_1^4-d_2^4}}\sqrt{2g\Delta h}$$

所以通过文德里流量计的流量为

$$Q=A_1v_1=\frac{\pi d_1^2d_2^2}{4\sqrt{d_1^4-d_2^4}}\sqrt{2g\Delta h}$$

令

$$K=\frac{\pi d_1^2d_2^2}{4\sqrt{d_1^4-d_2^4}}\sqrt{2g}$$

则

$$Q=K\sqrt{\Delta h} \tag{3-23}$$

显然，当管道直径 d_1 及喉管直径 d_2 确定以后，K 为一定值，可以预先计算出。因此，只要测得两测压管的水面高差 Δh，便很快能得出流量 Q 值。

由于实际液体存在水头损失，将会促使流量减小，因而在式（3-23）中应引入一系数加以修正，则实际流量公式为

$$Q=\mu K\sqrt{\Delta h} \tag{3-24}$$

流量系数 μ 表示实际流量与理论流量的比值，一般为 0.95～0.98，当量测需要精度较高时，μ 值应再经过率定确定。当文德里管倾斜放置时，仍可按此公式进行计算。

如果在文德里流量计 1—1 断面和 2—2 断面处直接安装水银差压计（图 3-24），由差压计原理可知

$$\frac{p_1}{\gamma}-\frac{p_2}{\gamma}=\frac{\gamma_m-\gamma}{\gamma}\Delta h=12.6\Delta h$$

式中　Δh——水银差压计两支水银面高差。

此时文德里流量计的流量为

$$Q=\mu K\sqrt{12.6\Delta h} \tag{3-25}$$

【例 3-4】 如图 3-24 所示，文德里管进口直径 $d_1=100$mm，喉管直径 $d_2=50$mm，若已知文德里管的流量系数 $\mu=0.98$，水银差压计读数 $\Delta h=4.5$cm。试求管道中水的实际流量 Q。

解：根据已知条件，可计算出该文德里管的常数为

$$K=\frac{\pi d_1^2d_2^2}{4\sqrt{d_1^4-d_2^4}}\sqrt{2g}=\frac{3.14\times0.1^2\times0.05^2}{4\times\sqrt{0.1^4-0.05^4}}\times\sqrt{2\times9.8}=0.00897\ (\mathrm{m^{5/2}/s})$$

则

$$Q=\mu K\sqrt{12.6\Delta h}=0.98\times0.00897\times\sqrt{12.6\times0.045}$$
$$=0.00662\ (\mathrm{m^3/s})=6.62\ (\mathrm{L/s})$$

（三）毕托管测流速

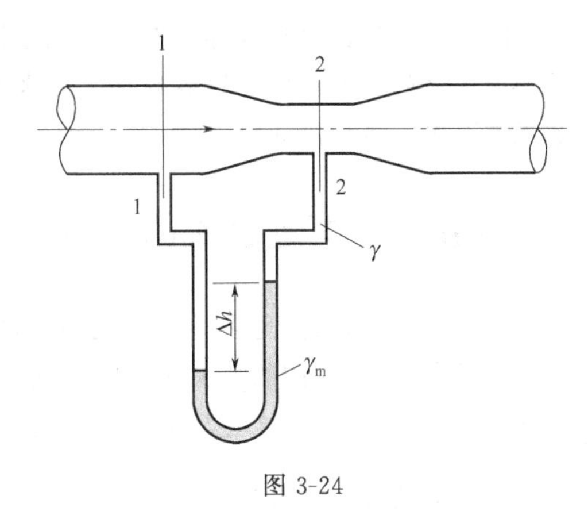

图 3-24

毕托管是一种广泛应用于量测渠道和管道中水流流速的仪器。现分析毕托管测流速的原理。

在运动液体中，放置一根弯成直角的两端开口的细管，即测速管［图 3-25（a）］。它的前端对准来流，且置于测定点 B 处，另一端垂直向上。这时，B 点水流受弯管的阻挡，流速变为零，动能全部转化为压能，使得测速管中水面上升高度为$\frac{p_B}{\gamma}$（即 B 点的相对压强水头）。这时 B 点称为液流的滞止点（或驻点）。在过 B 点的同一水平流线的上游，取一与 B 点极为接近的 A 点，流速为 u，并在 A 点附近位置的管壁上另装一测压管，从中即可测出 A 点的测压管高度为$\frac{p_A}{\gamma}$，列出 A、B 两点的能量方程（A、B 两点相距很近，可忽略两者间能量损失），可得

$$\frac{p_A}{\gamma}+\frac{u^2}{2g}=\frac{p_B}{\gamma}$$

即

$$\frac{u^2}{2g}=\frac{p_B}{\gamma}-\frac{p_A}{\gamma}=\Delta h$$

则

$$u=\sqrt{2g\Delta h} \tag{3-26}$$

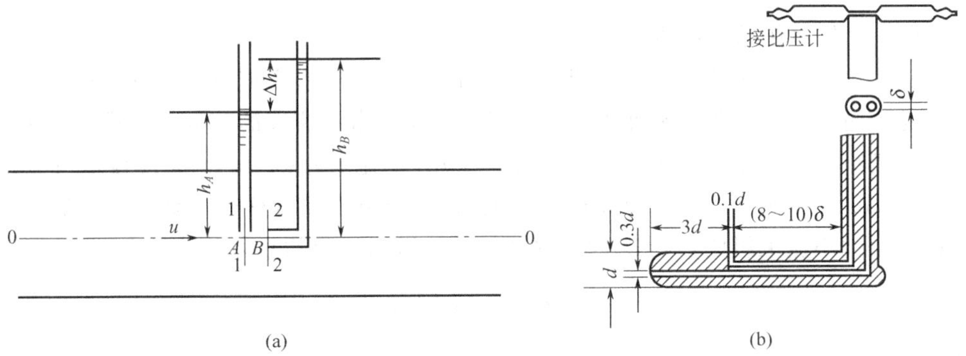

(a)　　(b)

图 3-25

实际工程中采用的毕托管并不是用上述两根管进行两次测量，而是把两根管子并入同一根弯管当中［图 3-25（b）］，其中与前端迎流孔相通的是测速管，与侧面测压孔（一般有 4～8 个）相通的是测压管。考虑到前端孔与侧面孔的位置不同，因而测得的不是同一点上的能量，以及考虑到毕托管放入液流中所产生的扰动影响，所以使用时应引入修正系数 μ，即

$$u=\mu\sqrt{2g\Delta h} \tag{3-27}$$

μ 称为毕托管的修正系数。它可由试验测定，一般 μ 约为 0.98～1.0，在毕托管说明书上都给出了修正系数 μ 值。当毕托管使用过久或测量精度要求较高时，μ 值应重新率定。

例如，用毕托管测某点流速，若测得两管的水面差 $\Delta h=15\text{cm}$，此毕托管的 μ 值为 1.0，则该点的流速为 $u=\mu\sqrt{2g\Delta h}=1.0\times\sqrt{19.6\times0.15}=1.71$（m/s）。

除毕托管外，测速仪器还有光电流速仪、红外线流速仪等。这些仪器的共同缺点是必须把测速仪器放入液流中，这就破坏了原来的流动状态，近年来国内外也使用对水流无干扰的激光测速仪，进行流速测量。

第五节　恒定总流的动量方程

动量方程是动量定理在水流运动中的表达式，它可以解决急变流中水流对边界的作用力问题，如闸前水流对闸门的动水总压力，弯管中水流对弯管的作用力，以及河道弯段中水流对凹岸的侧向作用力等。由于这些力处于急变流段，无法用能量方程来解决，只能求助于动量方程。

一、动量方程的推导

由物理学知道，动量是指运动物体的质量和其速度的乘积，其速度的方向就是动量的方向，所以动量是一个有大小、方向的矢量。

单位时间内物体动量的改变应等于作用在该物体上所有外力的合力。这就是物理学中的动量定理。其数学表达式为

$$\sum \vec{F}=\frac{m\vec{v}_2-m\vec{v}_1}{\Delta t} \tag{3-28}$$

式中　$\sum \vec{F}$——作用在物体上所有外力的合力；

$\vec{v}_2$——物体受力后的运动速度；

$\vec{v}_1$——物体受力前的运动速度；

Δt——外力作用在物体上的时段长。

为了能用上述动量定理来建立水流运动的动量方程，先讲水流中的动量表示方法。

由于总流过水断面上各点流速不同，所以首先研究微小流束的动量表示式。若在总流中任取一微小流束，并取某一过水断面，其面积为 dA，流速为 u，经过 dt 时段流过该过水断面的水体积 $u\mathrm{d}t\mathrm{d}A=\mathrm{d}Q\mathrm{d}t$，质量为 $\rho\mathrm{d}Q\mathrm{d}t$，则该微小流束水体所具有的动量为 $\rho\mathrm{d}Q\mathrm{d}t\cdot u$。总流由无限多个微小流束组成，则 $\mathrm{d}t$ 时段内通过总流过水断面的水体的动量为

$$\int_Q \rho\mathrm{d}Q\mathrm{d}t\cdot u=\rho\mathrm{d}t\int_A u^2\mathrm{d}A \tag{3-29}$$

积分 $\int_A u^2\mathrm{d}A$ 显然应大于用平均流速表示的相应量 v^2A，故应乘以改正系数才能使二者相等，即

$$\int_A u^2\mathrm{d}A=\beta v^2 A$$

代入式（3-29），则得总流的动量表示式

$$\int_A \rho\mathrm{d}Q\mathrm{d}t\cdot u=\beta\rho Q\mathrm{d}t\cdot v \tag{3-30}$$

式中　β——称为动量修正系数，它与流速分布不均匀程度有关，一般在渐变流中 $\beta=1.02\sim1.05$，通常在计算时均近似采用 $\beta=1.0$。

知道了水流中的动量表示方法，下面就具体来推导水流中的动量方程。

在某一恒定总流中，取过水断面 1—1 和 2—2 之间的流段（称为脱离体）来分析，如图 3-26 所示。此流段的水体在外力作用下，经过 $\mathrm{d}t$ 时段之后，从 1—2 位置移动到 1′—2′位

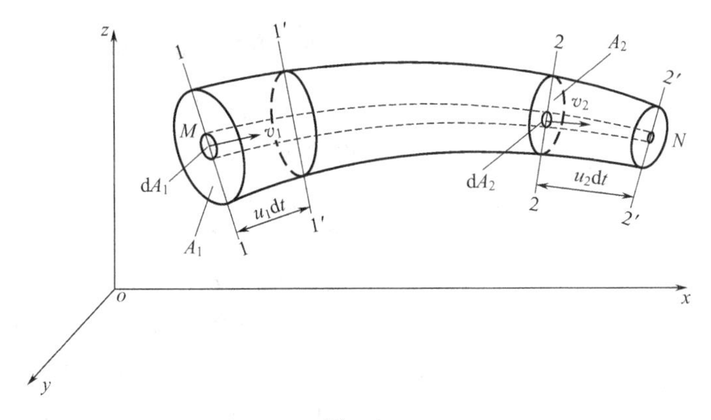

图 3-26

置，其动量发生了改变。从图 3-26 中可以看出，1′—2 这段水体是所研究流段运动前后所共有的，在 dt 时段内，虽然占有 1′—2 位置的水流质点总是在变，但因为水流是不可压缩、不能膨胀的连续介质的恒定流，其占据 1′—2 位置的水体质量和该位置上各点流速都不会改变，因而 1′—2 段水流的动量也不变。则所研究流段水流的运动前、后的动量增加量应该等于 2—2′段和 1—1′段的动量差。

根据上述实际总流中动量的表示方法，则 1—1′水体的实际动量为 $\beta_1\rho Q\mathrm{d}t\cdot\vec{v}_1$，2—2′水体的实际动量为 $\beta_2\rho Q\mathrm{d}t\cdot\vec{v}_2$，1—2 流段水流在 dt 时段内的动量增加量为

$$\beta_2\rho Q\mathrm{d}t\cdot\vec{v}_2-\beta_1\rho Q\mathrm{d}t\cdot\vec{v}_1=\rho Q\mathrm{d}t(\beta_2\vec{v}_2-\beta_1\vec{v}_1)$$

将上述动量的增加量代入动量定理表达式（3-28），整理后得

$$\sum\vec{F}=\rho Q(\beta_2\vec{v}_2-\beta_1\vec{v}_1) \tag{3-31}$$

式（3-31）就是恒定总流的动量方程式，它是一个矢量方程。为便于计算，常将它写成坐标投影式。对于平面问题，它可写成 x 和 y 两个轴向的动量方程式，即

$$\begin{cases}\sum\vec{F}_x=\rho Q(\beta_2 v_{2x}-\beta_1 v_{1x})\\ \sum\vec{F}_y=\rho Q(\beta_2 v_{2y}-\beta_1 v_{1y})\end{cases} \tag{3-32}$$

式中 $\sum\vec{F}_x$，$\sum\vec{F}_y$——所有外力在 x、y 轴方向的投影的代数和；

v_{1x}，v_{2x}——两过水断面的平均流速在 x 轴上的投影；

v_{1y}，v_{2y}——两过水断面的平均流速在 y 轴上的投影；

β_1，β_2——两过水断面的动量改正系数，一般取 $\beta_1=\beta_2=1$。

动量方程中的外力 $\sum\vec{F}$ 一般包括以下几种外力：

① 两过水断面上的动水压力；

② 脱离体的水重；

③ 除两过水断面以外的固体边界作用于脱离体上的反力 R'，它与脱离体的水流对边界的作用力 R 是大小相等、方向相反的。而水流对边界的作用力 R，就是通常要求的未知力。

利用动量方程可以在不需要知道水头损失的条件下求解某个未知外力。若这个未知力的方向已知，可用一个投影式求解；若未知力为平面问题中的一般方向，则应用式（3-32）的两个投影式求解（大小和方向）；若未知力为空间某一方向，则求解该力就需要 x、y、z 三个轴的投影式。求解时，除这个待求的未知力外，其余的外力和流速的大小、方向都应该是已知的或用别的方法可以求出的，否则该未知力也就无法求解了。

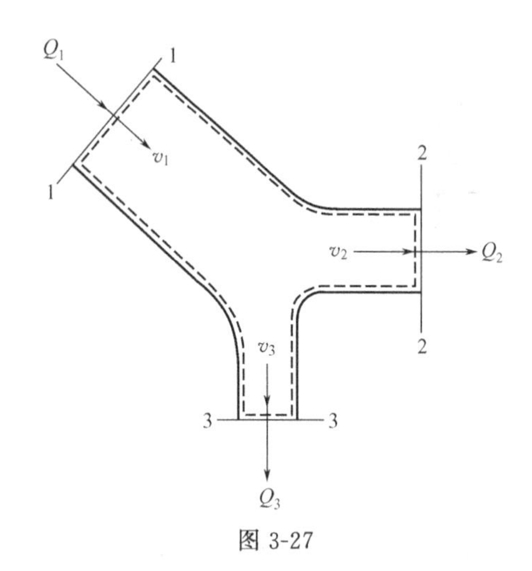

图 3-27

二、动量方程式的适用条件

1. 应注意的条件

上面给出的动量方程，是在一定条件下推导出来的，因此在应用时应注意以下条件。

① 液流为恒定流，流量沿程不变；

② 液体为连续、不可压缩的液体；

③ 所选的两个过水断面必须为渐变流断面，但两个断面间的水流可以为急变流。

实际上，动量方程也可以推广应用于沿程水流有分支或汇合的情况。例如，对某一分叉管路（图 3-27），可以把管壁以及上、下游过水断面所组成的封闭段作为脱离体（图 3-27 中虚线所示）来应用动量方程，此时，对该脱离体建立动量方程应为

$$\rho Q_2\beta_2\vec{v}_2+\rho Q_3\beta_3\vec{v}_3-\rho Q_1\beta_1\vec{v}_1=\sum\vec{F} \tag{3-33}$$

式中　$\vec{v}_1$，$\vec{v}_2$，$\vec{v}_3$——1—1，2—2，3—3 三个过水断面上的平均流速；

$\sum F$——作用于脱离体上的合外力。

2. 应注意的问题和解题步骤

动量方程在实际工程中应用十分广泛，为了便于求解，应注意以下几个问题。

（1）选脱离体　根据问题需要，选取液流某一包含已知条件和待求量的流段作为脱离体，流段上、下游的过水断面为渐变流断面。

（2）选坐标轴　坐标轴原则上可任意选取，但应考虑到计算方便。标出坐标轴的方向，以便确定外力和速度的方向。

（3）分析外力　分析并标出作用在脱离体上的所有外力，一般包括两端的动水压力 P_1、P_2，重力 G 和反力 R。

通常 R 方向不确定可先假定某一方向，若求得该力为正值，表明假定方向正确，否则，该力的实际方向与假定方向相反。

（4）标注矢量　把所有的矢量（包括流速和力）标注在脱离体上，并向坐标轴投影。矢量投影与坐标轴方向一致取正，反之则取负。

（5）选修正系数 β　取 $\beta_1=\beta_2=1.0$。

（6）计算动量增量　计算动量增量时，一定是流出的动量减去流入的动量。切记不可颠倒。

（7）联立其他方程求解　动量方程只能求解一个未知量，若方程中多于一个未知量时，一般需和连续性方程、能量方程联立求解。

三、动量方程的应用举例

（一）水流对溢流坝面的水平总作用力

本问题中已确定了力的方向是水平的，因而只要用一个投影式即可求解。

【例 3-5】　矩形断面河道中修建一溢流坝，如图 3-28（a）所示。已知坝宽 $b=20\text{m}$，过流量 $Q=180\text{m}^3/\text{s}$，上游水深 $H=12\text{m}$，下游水深 $h_t=3\text{m}$，略去摩擦阻力，求作用在坝面上动水总压力的水平分力。

解：溢流坝坝面形状为曲面，水流流过溢流坝面时，流线弯曲剧烈，作用在坝面上的动水压力存在于上游面、坝顶和下游面三部分，其动水总压力的水平分力只能用动量方程来求。

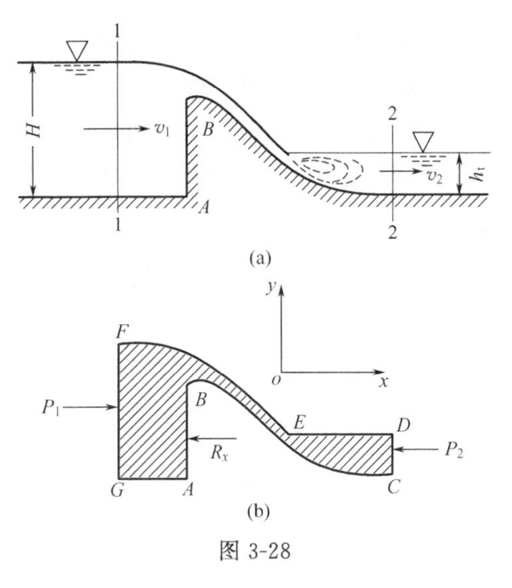

图 3-28

1. 取脱离体

在坝上、下游的渐变流段内取过水断面 1—1 和 2—2，将两过水断面之间的水体 $GABCDEF$ 取出作为脱离体。

2. 选定坐标

选坐标 xoy，并将坐标轴 x 平行于水平面，如图 3-28（b）所示。

3. 分析、计算脱离体上所受外力

作用在脱离体上的外力如下。

作用在两过水断面上的动力压力 P_1 和 P_2，其大小可按静水总压力公式求

$$P_1=\gamma h_C A_1=\frac{1}{2}\gamma H^2 b=\frac{1}{2}\times 9.8\times 12^2\times 20=1.411\times 10^4 \text{ (kN)}$$

$$P_2=\gamma h_C A_2=\frac{1}{2}\gamma h_t^2 b=\frac{1}{2}\times 9.8\times 3^2\times 20=882 \text{ (kN)}$$

P_1 与 x 轴方向一致，取正号；P_2 与 x 轴方向相反，取负号。

坝体对水流的反作用力 R 的水平分力为 R_x，设 R_x 的方向与 x 轴方向相反，为负。

坝上游河床（GA 段）的摩擦阻力很小，可以忽略不计。

4. 标注矢量

所有的流速和外力的方向均标在图 3-28 上。

5. 列 x 轴方向的动量方程

根据上述各外力分析及方向的确定，且流速方向与 x 轴方向一致，则动量方程为

$$\sum F_x=P_1-P_2-R_x=\rho Q(\beta_2 v_2-\beta_1 v_1)$$

取 $\beta_2=\beta_1=1$，则坝体的水平分力 R_x 为

$$R_x=P_1-P_2-\rho Q(v_2-v_1)$$

用流量和过水断面积算出平均流速

$$v_1=\frac{Q}{bH}=\frac{180}{20\times 12}=0.75 \text{ (m/s)}$$

$$v_2=\frac{Q}{bh_t}=\frac{180}{20\times 3}=3.0 \text{ (m/s)}$$

将流速 v_1、v_2 和动水压力 P_1、P_2，以及流量和水的密度值代入 R_x 的表达式，得

$$\begin{aligned}R_x&=P_1-P_2-\rho Q(v_2-v_1)\\&=1.411\times 10^4-882-1\times 180\times(3-0.75)=1.282\times 10^4 \text{ (kN)}\end{aligned}$$

水流对坝体作用力 R' 的水平分力 R'_x 与坝体对水流反作用力的水平分力 R_x 是大小相等、方向相反的，则

$$R'_x=1.282\times 10^4 \text{ (kN)}$$

方向与 x 轴方向一致。

（二）弯管内水流对管壁的作用力

【例 3-6】 有一水平放置的弯管，由直径 $d_1=300\text{mm}$ 渐变到 $d_2=200\text{mm}$，弯管转角$\theta=60°$（图 3-29），断面 1—1 处的压强为 $p_1=35\text{kN/m}^2$（相对压强），当通过弯管流量 $Q=150\text{L/s}$ 时，不计水头损失，求水流对弯管的作用力。

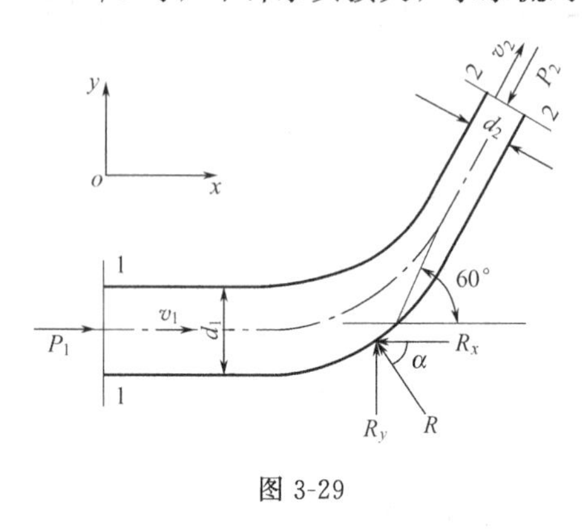

图 3-29

解：1. 取脱离体

选取符合渐变流条件的 1—1 断面与 2—2 断面间的水体作为脱离体。

2. 建立直角坐标系 xoy

3. 分析作用在脱离体内液体上的力

其中包括过水断面 1—1 和 2—2 上的动水压力 P_1 和 P_2；脱离体内水体重力 G，因弯管水平放置，故重力沿 x 轴和 y 轴没有分力；弯管对水流的作用力 R，此力为待求量，它实际上是水流对弯管作用力 R 的反作用力，二者大小相等，方向相反。假定 R_x 与 R_y 方向，如计算结果为正值，说明假设方向是正确的，否则表示实际方向与假定方向相反。

4. 标注矢量并向坐标轴投影

5. 列动量方程

分别列出 x 轴方向和 y 轴方向的动量方程，并取动量修正系数 $\beta_1=\beta_2=1.0$。

① x 轴方向的动量方程为

$$P_1-P_2\cos60°-R_x=\rho Q(v_2\cos60°-v_1)$$

由连续性方程求得

$$v_1=\frac{Q}{A_1}=\frac{150\times10^{-3}}{\frac{\pi}{4}\times0.3^2}=2.12\ (\text{m/s})$$

$$v_2=\frac{Q}{A_2}=\frac{150\times10^{-3}}{\frac{\pi}{4}\times0.2^2}=4.78\ (\text{m/s})$$

为确定 P_2，再以管轴线为基准面，列 1—1 断面和 2—2 断面能量方程，并取动能修正系数 $\alpha_1=\alpha_2=1.0$，即

$$0+\frac{p_1}{\gamma}+\frac{v_1^2}{2g}=0+\frac{p_2}{\gamma}+\frac{v_2^2}{2g}$$

$$\frac{p_2}{\gamma}=\frac{p_1}{\gamma}+\frac{v_1^2}{2g}-\frac{v_2^2}{2g}=\frac{35}{9.8}+\frac{2.12^2}{2\times9.8}-\frac{4.78^2}{2\times9.8}=2.64\ (\text{m})$$

则

$$p_2=2.64\times9.8=25.87\ (\text{kN/m}^2)$$

所以

$$P_1=p_1A_1=p_1\ \frac{\pi d_1^2}{4}=35\times\frac{3.14\times0.3^2}{4}=2.47\ (\text{kN})$$

$$P_2=p_2A_2=p_2\ \frac{\pi d_2^2}{4}=25.87\times\frac{3.14\times0.2^2}{4}=0.81\ (\text{kN})$$

$$\begin{aligned}R_x&=P_1-P_2\cos60°-\rho Q(v_2\cos60°-v_1)\\&=2.47-0.81\times0.5-1\times0.15\times(4.78\times0.5-2.12)\end{aligned}$$

$$=2.067-0.04=2.03\ (\mathrm{kN})$$

② y 轴方向的动量方程为

$$-P_2\sin60^\circ+R_y=\rho Q(v_2\sin60^\circ-0)$$

所以

$$\begin{aligned}R_y&=P_2\sin60^\circ+\rho Qv_2\sin60^\circ\\&=0.81\times0.866+1\times0.15\times4.78\times0.866\\&=0.703+0.621=1.32\ (\mathrm{kN})\end{aligned}$$

③ 合力为

$$R=\sqrt{R_x^2+R_y^2}=\sqrt{2.03^2+1.32^2}=2.42\ (\mathrm{kN})$$

R_x、R_y 都为正值，说明所设的 R 方向正确。

④ 合力方向为

$$\alpha=\arctan\frac{R_y}{R_x}=\arctan\frac{1.32}{2.03}=33.02^\circ$$

所以水流对弯管的作用力 $R'=R$，方向与 R 相反，与 x 轴方向的夹角为 33.02°。

（三）射流对固定平板的冲击力

1. 作用在固定平面板上的冲击力

射流垂直冲击平面板后，沿板面向四周散开，转了一个 90°的方向，如图 3-30 所示。在射流转向以前取断面 1—1，完全转向以后取断面 2—2。注意，这个断面在板面上是个圆环，它应截断全部散射的水流。以断面 1—1 至 2—2 之间的水流为隔离体，取射流轴线为 x 轴。

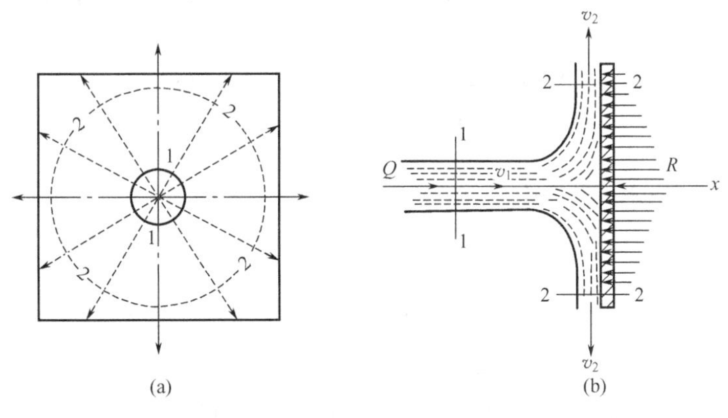

图 3-30

分析作用于隔离体的外力：射流四周及冲击后水流的表面都是大气压，断面 1—1 和 2—2 上的相对压强都为零；板的表面是光滑的，可不计板面的阻力和空气阻力；射流的方向是水平的，可以不考虑重力作用；只有平板的反力 R（事实上是板上各处对水流反作用的合力，见图 3-30）。

动量变化在 x 轴上 $\rho Q(\beta_2 v_2\cos90^\circ-\beta_1 v_1)$。

应用动量方程在 x 轴上投影式，得

$$-R=\rho Q(\beta_2 v_2\cos90^\circ-\beta_1 v_1)$$

如取 $\beta_1=1.0$，则

$$R=\frac{\gamma Q}{g}v_1 \tag{3-34}$$

射流对平板的冲击力 R' 与 R 大小相等，方向相反。

2. 作用在固定凹面板上的冲击力

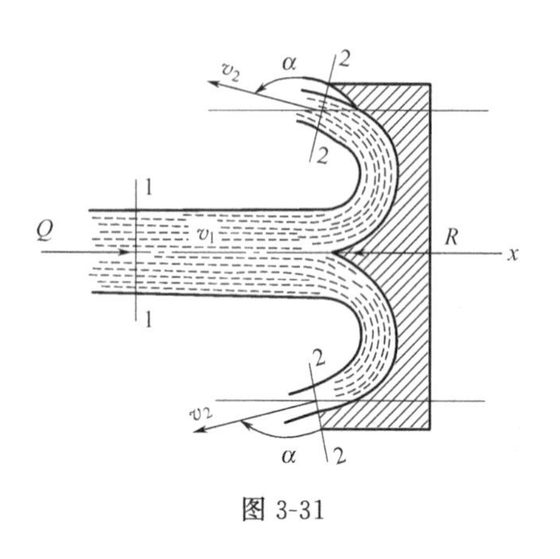

图 3-31

射流冲击凹面板后散开时转了一个 α 角度，如图 3-31。同样，取射流转向以前的断面 1—1 及完全转向后的断面 2—2，断面 2—2 截断全部散射的水流。以断面 1—1 至 2—2 间的水流为隔离体，应用动量方程在 x 轴上的投影式，得

$$-R=\rho Q(\beta_2 v_2\cos\alpha-\beta_1 v_1)$$

因忽略板面摩擦阻力，对流速的影响，即 $v_2=v_1$。如取 $\beta_1=\beta_2=1.0$，则得

$$R=\frac{\gamma Q}{g}v_1(1-\cos\alpha) \tag{3-35}$$

冲击力 R' 与 R 大小相等，方向相反。

水力采煤和水力施工，就是利用水枪在高压下喷射出来的水流冲击煤和岩土，冲击作用力的计算，就可以应用式（3-34）。射流作用力的分析，也是冲击式水轮机转动的理论基础。从式（3-35）可以看到，射流对凹面板的作用力大于对平面板的作用力。冲击后转的方向 α 愈大时，作用力也愈大（注意：$\angle\alpha>90°$ 时，$\cos\alpha$ 为负值）。因此，冲击式水轮机的叶片（水斗）做成一个凹面，以增大水流的作用力。

习　题

3-1　如图 3-32 所示，水流通过由两段等截面及一段变截面组成的管道，如果上游水位保持不变。试问：

① 当阀门 T 开度一定，各段管中是恒定流还是非恒定流？

② 当阀门逐渐关闭，这时管中为恒定流还是非恒定流？

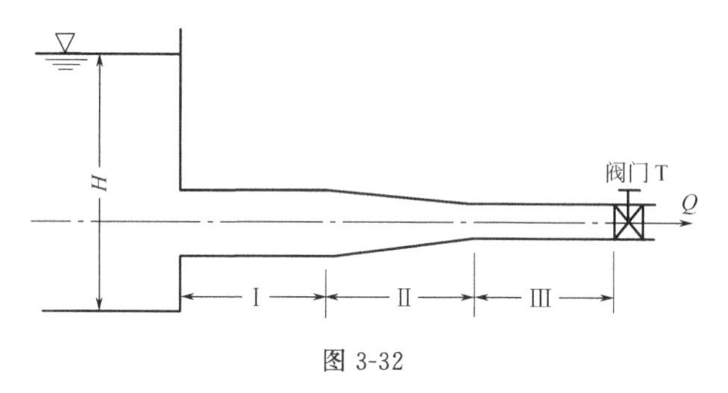

图 3-32

3-2　有人认为均匀流和渐变流一定是恒定流，急变流一定是非恒定流，这种说法对否，并说明理由。

3-3　有一变直径圆管，已知 1—1、2—2 断面的直径分别是 d_1 和 d_2，问两断面平均流速之比为 1∶2 时，其直径成什么比例？

3-4　拿两张薄纸，平行提到手中，当用嘴顺纸间间隙吹气时，问薄纸是保持不动、相互靠拢、还是向外张开？为什么？

3-5　在火车站站台上等车，在火车马上就要进站的时候？为什么广播员要乘客站在候车黄线以外，以保安全。

3-6　如图 3-33 所示，两轮船在水中航行，水上航运规定，两船距离不能相距过近，这是为什么？

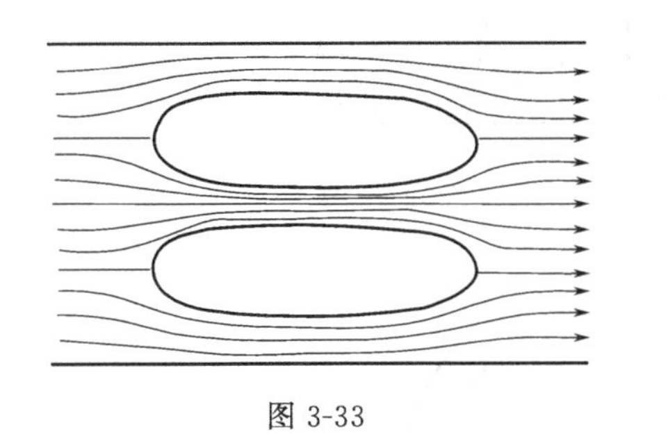

图 3-33

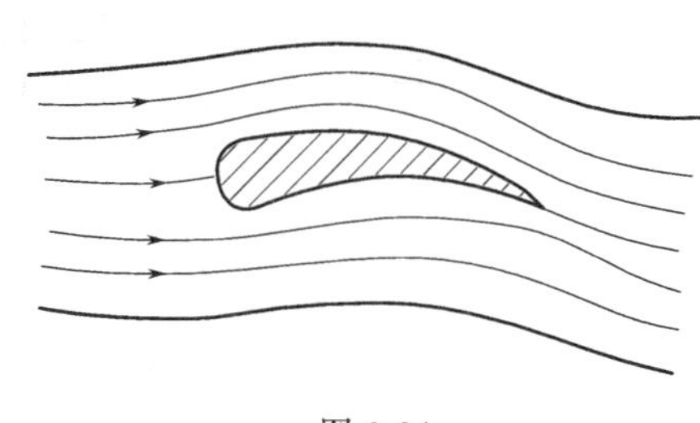

图 3-34

3-7　飞机的机翼的剖面如图 3-34 所示，当飞机快速穿过空气时，会产生一个什么方向的力？

3-8　对水流流向问题有如下一些说法，“水一定是从高处向低处流”，“水一定从压强大的地方向压强小的地方流”，“水一定是从流速大的地方向流速小的地方流”，这些说法是否正确？为什么？正确的说法应该是怎样？

3-9　如图 3-35 所示隧洞，在出口处装一闸门，其底面是水平的，直径均为 d。试问：

① a、b、c 三点压强是在闸门关闭时大，还是开门时大？

② 开门后试比较三点压强的大小，并说明原因。

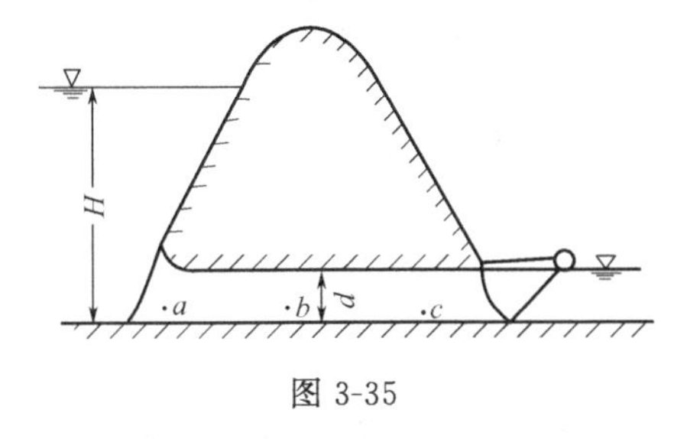

图 3-35

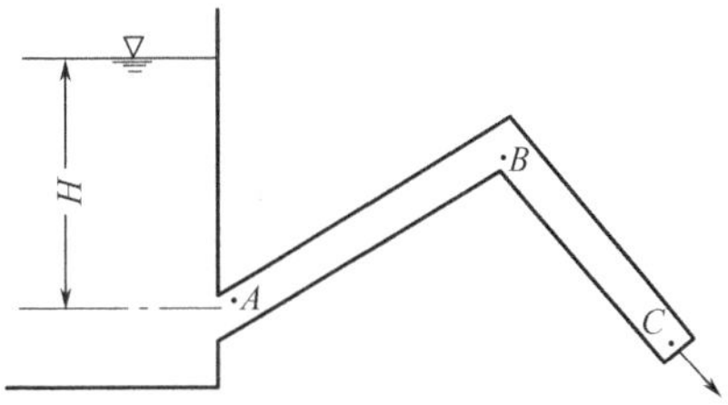

H
B
A
C

图 3-36

3-10　有一等直径的弯管如图 3-36 所示。试问：

① 水流由低处流向高处的 AB 管段中，断面平均流速 v 是否会沿程减小？

② 在由高处流向低处的 BC 段中，断面平均流速 v 是否会沿程增大？为什么？

3-11　图 3-37 所示的装置中，如果当 H 不断升高，A 点流速不断加大，Δh 会如何改变？是否有可能被吸入 AB 管中？

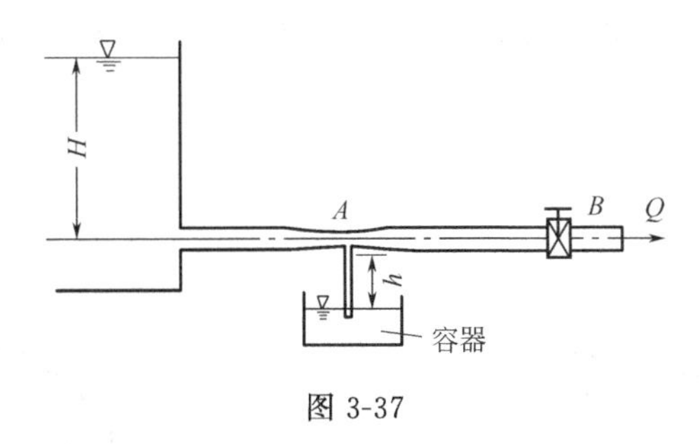

图 3-37

3-12　如图 3-38 所示四种管流。试问：

① 图 3-38（a）、图 3-38（b）管路是否均受轴向力作用？为什么？

② 图 3-38（c）、图 3-38（d）管路是否均受动水总压力作用？哪一个受的作用力大？为什么？

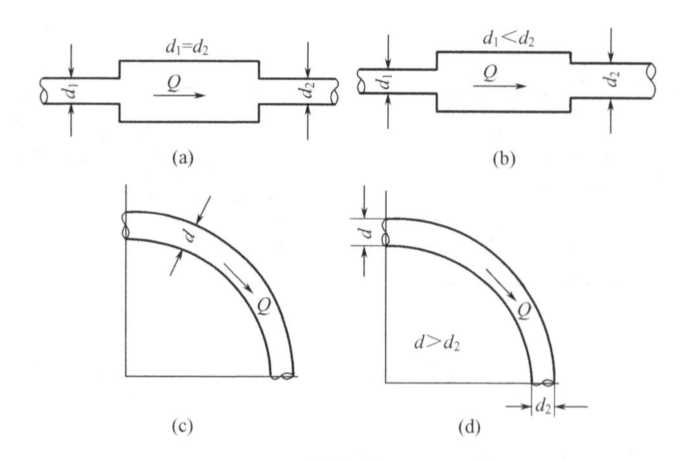

图 3-38

3-13　有如图 3-39 所示三种形式的叶片，受流量为 Q、流速为 v 的射流冲击。试问：哪一种情况叶片上受的冲力最大？哪一种受的冲力最小？为什么？

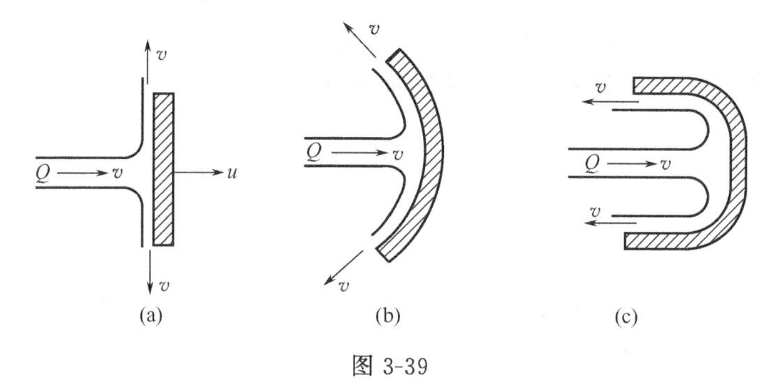

图 3-39

3-14　有一压力管中的水流（图 3-40）。已知 $d_1=200\text{mm}$，$d_2=150\text{mm}$，$d_3=100\text{mm}$。第三段管中的平均流速 $v_3=2\text{m/s}$。试求管中的流量 Q 及第一、第二两段管中的平均流速 v_1、v_2。

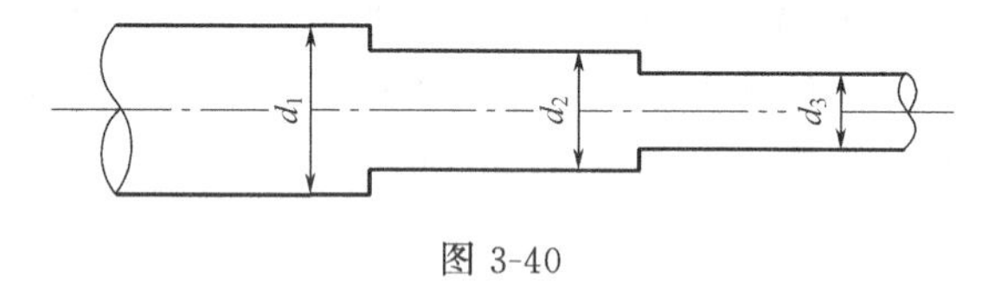

图 3-40

3-15　某主河道的总流量 $Q_1=1890\text{m}^3/\text{s}$，上游两个支流的断面平均流速为 $v_3=1.30\text{m/s}$，$v_2=0.95\text{m/s}$。若两个支流过水断面面积之比为 $A_2/A_3=4$，求两个支流的断面面积 A_2 及 A_3（图 3-41）。

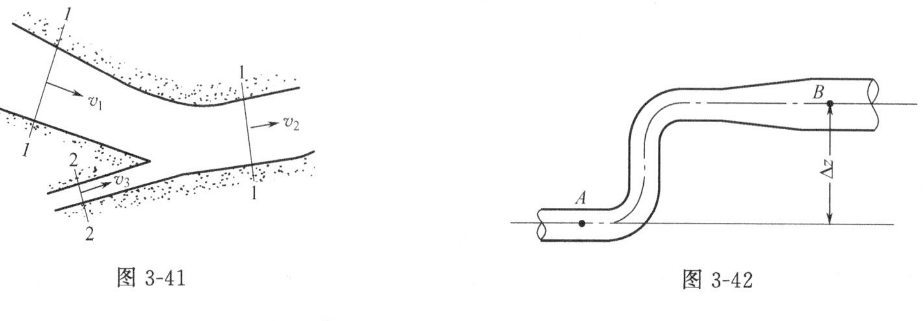

图 3-41　　　　图 3-42

3-16　一变直径的管段 AB（图 3-42），$d_A=0.2\text{m}$，$d_B=0.4\text{m}$，高差 $\Delta z=1.5\text{m}$，今测得 $p_A=30\text{kN/m}^2$，$p_B=40\text{kN/m}^2$，B 点处断面平均流速 $v_B=1.5\text{m/s}$。求 A、B 两断面的总水头差及管中水流流动方向。

3-17　某水管（图 3-43），已知管径 $d=100\text{mm}$，当阀门全关时，压力计读数为 0.5 大气压，而当阀门开启后，保持恒定流，压力计读数降至 0.2 个大气压，若压力计前段的总水头损失为 $2\times\frac{v^2}{2g}$。试求管中的流速和流量。

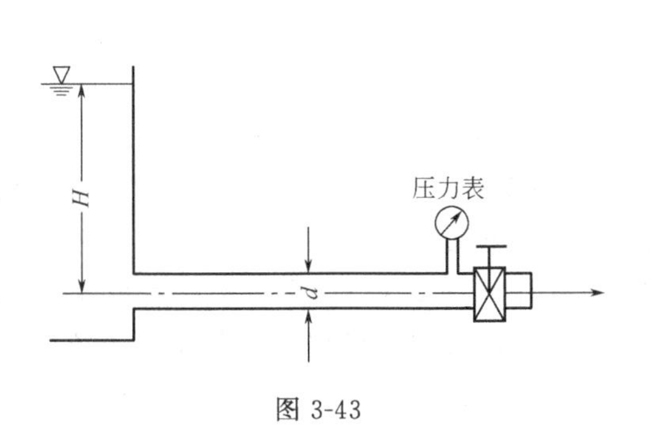

图 3-43

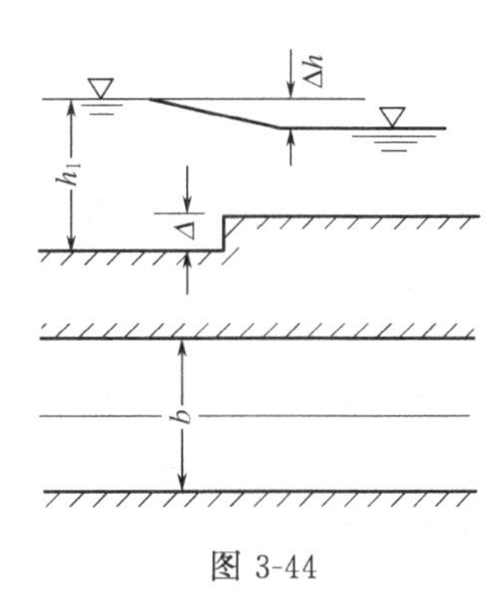

图 3-44

3-18　矩形断面平底的渠道，其宽度 $b=27\text{m}$，河床在某断面处抬高 $\Delta=0.3\text{m}$，抬高前的水深 $h_1=1.8\text{m}$，抬高后水面降低 $\Delta h=0.12\text{m}$（图 3-44）。若水头损失 h_w 为尾渠流速水头的一半，问流量 Q 等于多少？

3-19　有一铅直输水管（图 3-45），上游为一水池，出口接一管嘴，已知管径 $D=10\text{cm}$，出口直径 $d=5\text{cm}$，流入大气，其他尺寸见图 3-45。若不计水头损失，求管中 A、B、C 三点的压强。

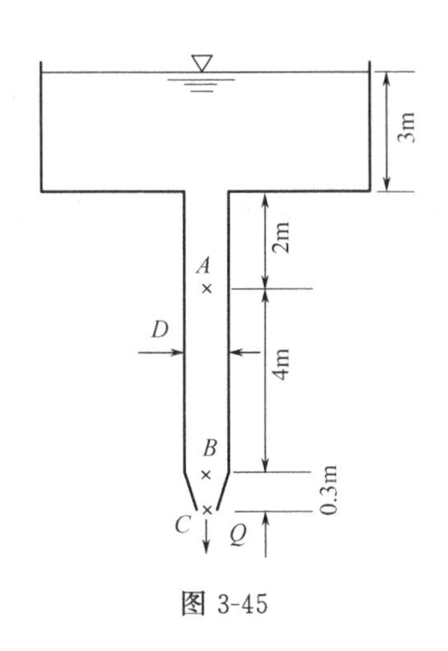

图 3-45

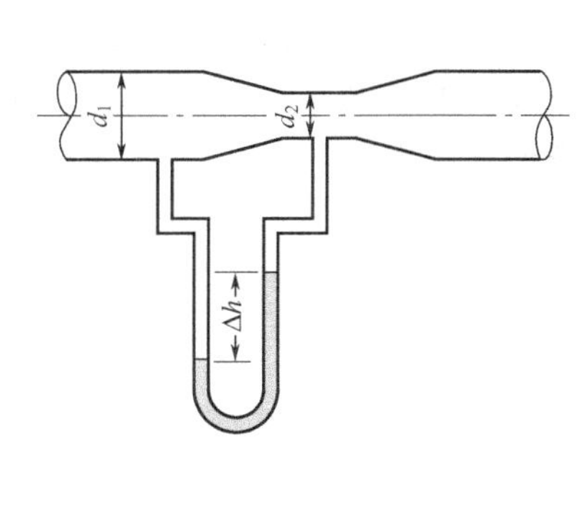

图 3-46

3-20　有一文德里管路（图 3-46），已知管径 $d_1=15\text{cm}$，文德里管喉部直径 $d_2=10\text{cm}$，水银比压计高差 $\Delta h=20\text{cm}$，实测管中流量 $Q=60\text{L/s}$。试求文德里流量计的流量系数 μ。

3-21　一引水管的渐缩弯段（图 3-47），已知入口直径 $d_1=250\text{mm}$，出口直径 $d_2=200\text{mm}$，流量 $Q=150\text{L/s}$，断面 1—1 的相对压强 $p_1=196\text{kN/m}^2$，管子中心线位于水平面内，转角 $\alpha=90°$。若不计水头损失，试求固定此弯管所需的力。

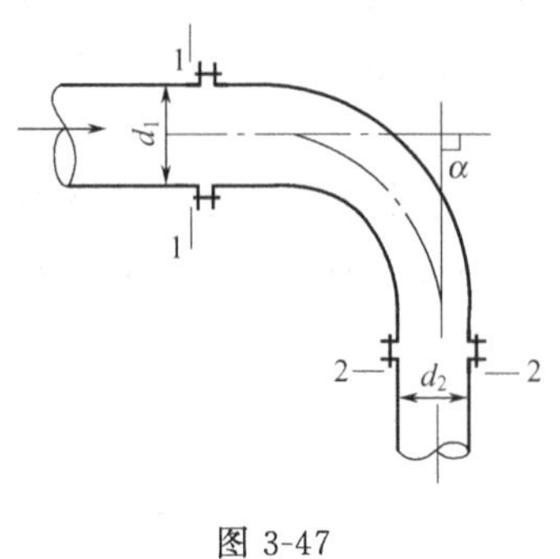

图 3-47

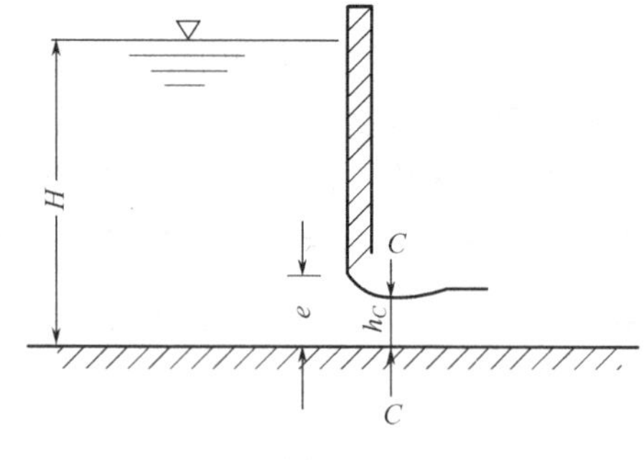

图 3-48

3-22　矩形断面的平底渠槽上，装置一平板闸门（图 3-48），已知闸门宽度 $b=2\text{m}$，闸前水头 $H=4\text{m}$，闸门开度 $e=0.8\text{m}$，闸孔后收缩断面水深 $h_C=0.62e$。当泄流量 $Q=8\text{m}^3/\text{s}$ 时，若不计摩擦力，试求作用于平板闸门上的动水总压力。

3-23　有一管道出口处的针形阀门全开时为射流（图 3-49），已知出口直径 $d_2=15\text{cm}$，流速 $v_2=30\text{m/s}$，管径 $d_1=35\text{cm}$。若不计水头损失，当测得针阀的拉杆受拉力 $F=4900\text{N}$ 时，试求：①连接管道出口段的螺栓所受的水平总力为若干？②所受的是拉力还是压力？

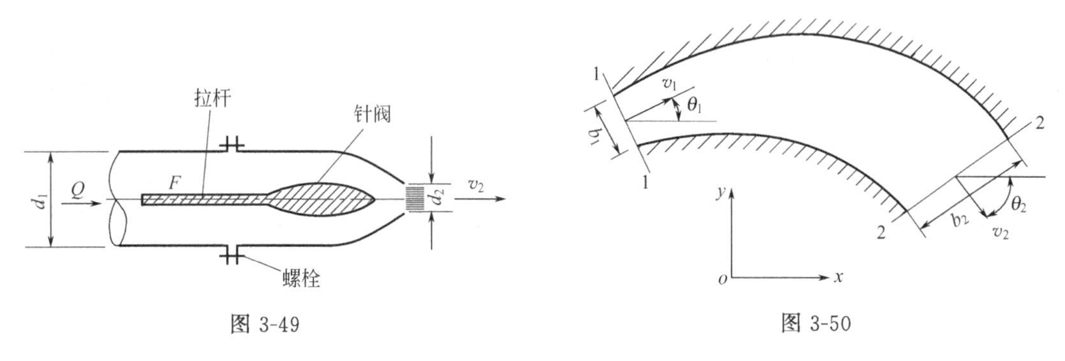

图 3-49　　　　图 3-50

3-24　某矩形断面平底弯曲渠段（图 3-50），渠道由 $b_1=2.0\text{m}$ 的底宽断面 1，渐变为断面 2，其底宽为 $b_2=3.0\text{m}$。当通过渠道流量 $Q=4.2\text{m}^3/\text{s}$ 时，两断面水深分别为 $h_1=1.5\text{m}$，$h_2=1.2\text{m}$，两断面的平均流速 v_1、v_2 与 x 轴的夹角分别为 $\theta_1=30°$ 和 $\theta_2=60°$。试求水流对渠段侧壁的水平冲力。

第四章

水流型态与水头损失

提要

前面已经讨论了水流运动的基本原理，认识了恒定总流的能量转换规律，由于未涉及液流内部的运动机理，因而，总流能量方程中水头损失的计算问题仍没有得到解决。本章就从水流的物理特征出发，先弄清产生水头损失的原因以及它与水流型态的关系，进一步讨论水头损失的变化规律，然后介绍水头损失的计算方法。

第一节　水头损失的类型及边界的影响

一、产生水头损失的原因及水头损失的分类

实际液体具有黏滞性，在流动过程中，相对运动的相邻流层间就会产生内摩擦力。液体流动过程中要克服这种摩擦阻力，损耗一部分液流的机械能，转化为热能而散失。

可以将水流阻力和水头损失分成两类。

① 在固体边界顺直的输水管道、隧洞和河渠中，水流的边界形状和尺寸沿水流方向不变或基本不变，水流的流线近似为平行的直线，其水流属于均匀流或渐变流。在各流层间的内摩擦力，均匀地分布在水流的流程中，克服沿程摩擦阻力而产生的水头损失，是沿程都有，并随流程的长度而增加，所以叫做沿程水头损失，常用 h_f 表示。

② 当流动边界的形状和尺寸沿程发生急剧变化时（如突然扩大、突然缩小、转弯、阀门等处，见图 4-1），由于水流惯性的作用，流线弯曲，水流脱离边界流动，形成旋涡。局部流段内的水流产生了比摩擦力大得多的附加阻力，额外消耗了大量的机械能，通常称这种附加的阻力为局部阻力，克服局部阻力而造成单位重量水体的机械能损失为局部水头损失，常用 h_j 表示。局部水头损失是在边界发生改变处的一段流程内产生的，为了计算方便，常将局部水头损失看成是集中在

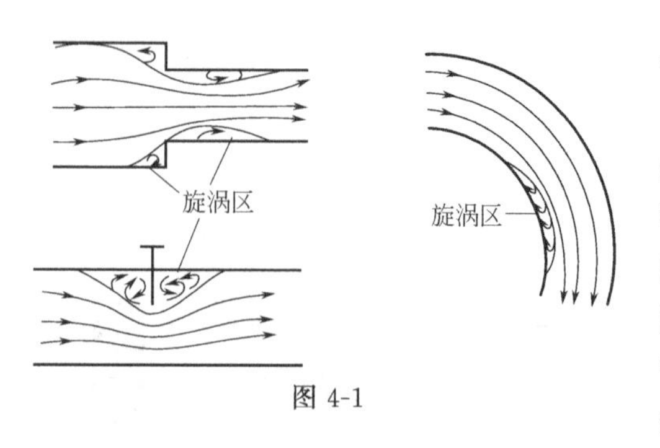

图 4-1

一个概化断面上产生的水头损失。

实际水流中，整个流程既存在着各种局部水头损失又有各流段的沿程水头损失，某一流段沿程水头损失与局部水头损失的总和称为该流段的总水头损失，如其相邻两局部水头损失互不影响，则全流程（图 4-2）总水头损失 h_w 就等于各局部水头损失和各流段的沿程水头损失之和，即

$$h_w = \sum h_f + \sum h_j \tag{4-1}$$

式中 $\sum h_f$——整个流程中各均匀流段或渐变流段的沿程水头损失之和；

$\sum h_j$——整个流程中各种局部水头损失之和。

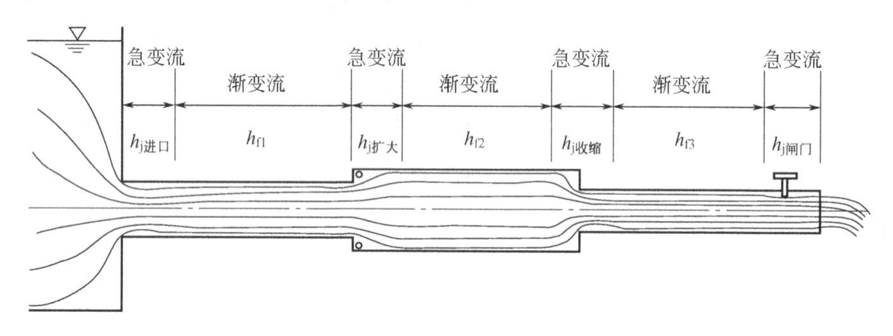

图 4-2

二、液流边界几何条件对水头损失的影响

产生水头损失的根源是实际液体具有黏滞性，但固体边界纵横向的几何条件（即边界轮廓的形状和尺寸）对水头损失也有很大影响。

（1）液流边界横向轮廓的形状和尺寸对水头损失的影响　液流边界横向轮廓的形状和尺寸对水流的影响可用过水断面的水力要素来表示，如过水断面的面积 A、湿周 χ 及水力半径 R 等。其中，湿周是过水断面上液流与固体边界接触的周界长度，常用 χ 表示。湿周不同，水流与边界接触的周界长度不同；湿周愈大，水流的阻力及水头损失愈大。例如，两个过水断面面积相等、形状不同的断面，一为正方形，一为扁长矩形，水流条件也相同，但扁长矩形渠槽中的液流的湿周要长些，所受到的阻力就要大些，因而水头损失也要大些。

两个过水断面的湿周相等，而形状不同，过水断面面积一般是不相等的。当通过同样大小的流量时，水流阻力和水头损失也不相等，因为面积较小的过水断面，液流通过的流速较大，相应地水流阻力及水头损失也较大。

所以，过水断面的面积 A 和湿周 χ 都是影响水流水头损失的过水断面几何要素，但用其中的任何一个单独来表示过水断面的水力特征对水流的影响，都是不全面的，只有把两者相互结合起来才较为全面。常用过水断面的面积 A 与湿周 χ 的比值（称为水力半径）来表示，即

$$R = \frac{A}{\chi} \tag{4-2}$$

水力半径是过水断面的一个非常重要的水力要素，单位为米（m）或厘米（cm）。例如，直径为 d 的圆管，当充满液流时，$A = \frac{\pi d^2}{4}$，$\chi = \pi d$，故水力半径 $R = \frac{A}{\chi} = \frac{d}{4}$。

(2) 液流边界纵向轮廓对水头损失的影响　根据边界纵向轮廓的不同，有两种不同的液流：均匀流与非均匀流。

均匀流中沿程各过水断面的水力要素及断面平均流速都是不变的，所以均匀流时只有沿程水头损失。非均匀渐变流时局部水头损失较小，非均匀急变流时两种水头损失都有。

第二节　水流运动的两种流态

早在 19 世纪初期，人们在长期的工程实践中，发现在不同的自然条件下，运动的水流内部存在着两种截然不同的流动型态。在不同的流态下，水流的运动形式、断面流速分布规律、水头损失的大小等，都不相同。这一现象，促使英国物理学家雷诺（Reynolds）于 1883 年进行了实验，并揭示这个问题的本质。

一、雷诺试验

图 4-3 为雷诺试验装置的示意图。试验过程中，使水箱内水位保持不变，保证试验时试验管段内的水流为恒定均匀流。

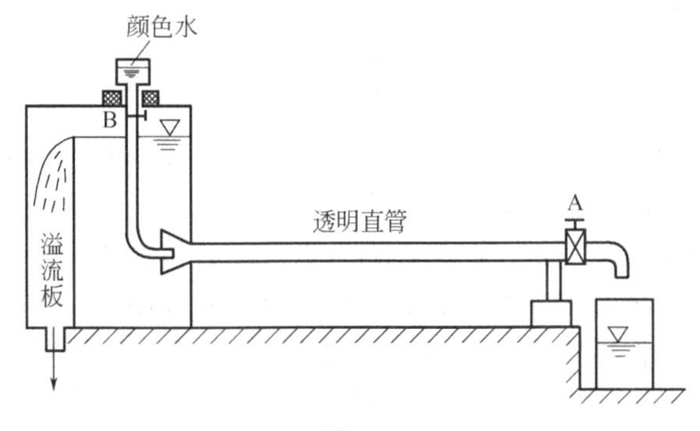

图 4-3

试验开始时，先将试验管末端的阀门 A 慢慢开启，使试验段管中水流的流动速度较小，然后打开装有颜色液体的细管上的阀门 B，此时，在试验段的玻璃管内出现一条细而直的鲜明的着色流束，此着色流束并不与管内不着色的水流相混杂，如图 4-4（a）所示。

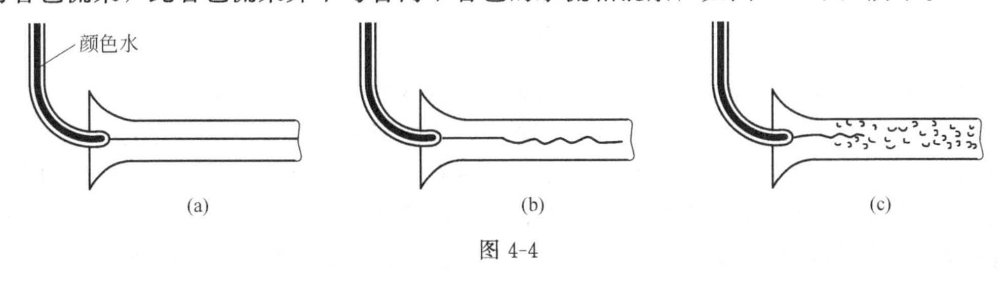

图 4-4

将阀门 A 逐渐开大，试验管段中水流的流速也相应地逐渐增大，此时可以看到，玻璃管中的着色流束开始颤动，并弯曲成波形，如图 4-4（b）所示。随着阀门 A 的继续开大，着色的波状流束先在个别地方出现断裂，失去了着色流束的清晰形状。最后在流速达到某一定值时，着色流束便完全破裂，形成旋涡，并很快地扩散到整个试验管子，而使管中水流全部着色，如图 4-4（c）所示，这种现象说明水流质点已经是相互混掺了。

上述试验表明：在管中流动的水流，当其流速不同时，水流具有两种不同的流动型态。

当流速较小时，各流层的水流质点是有条不紊、互不混掺地分层流动，水流的这种流动型态称为层流。当水流中的流速较大时，各流层中的水流质点已形成旋涡，在流动中互相混掺，这种流动型态的水流为紊流。

若玻璃管中的流速由大慢慢地变小，则玻璃管中的水流也会由紊流状态变为层流状态。试验结果表明，由紊流转变成为层流时的流速要比由层流转变成紊流时的流速要小得多。

二、水流型态的判别

为了鉴别层流与紊流这两种水流型态，把两类水流型态转换时的流速称为临界流速。其中，层流变紊流时的临界流速较大，称上临界流速；而紊流变层流时的临界流速较小，称下临界流速。当流速大于上临界流速时，水流为紊流状态。当流速小于下临界流速时，水流为层流状态。当流速介于上、下两临界流速之间时，水流可能为紊流，也可能为层流，应根据管道的初始条件和受扰动的程度确定。

当改变试验时的水温、玻璃管直径或实验液体种类时，测出临界流速的数值相应发生改变。对不同液体，在不同温度下，流经不同管径的管道进行试验，结果表明，液体流动型特征及流态的转变，可以用液体流速 v 和管径 d 的乘积与液体运动黏滞性系数 ν 的比值比较全的反映。因此称 $\frac{vd}{\nu}$ 为雷诺数，用 Re 表示，即

$$Re=\frac{vd}{\nu} \tag{4-3}$$

试验表明，同一形状的边界中流动的各种液体，流动型态转变时的雷诺数是一个常数，称为临界雷诺数。紊流变层流时的雷诺数称为下临界雷诺数。层流变紊流的雷诺数称为上临界雷诺数。下临界雷诺数比较稳定，而上临界雷诺数的数值极不稳定，随着流动的起始条件和实验条件不同，外界干扰程度不同，其值差异很大。实践中，只根据下临界雷诺数判别流态。把下临界雷诺数称为临界雷诺数，以 Re_K 表示。实际判别液体流态时，当液流的雷诺数 $Re<Re_K$ 时，为层流；当液流的雷诺数 $Re>Re_K$ 时，则为紊流。

因此，雷诺数是判别流动型态的判别数，对于同一边界形状的流动，在不同液体、不同温度及不同边界尺寸的情况下，临界雷诺数是一个常数。不同边界形状下流动的临界雷诺数大小不同。

实验测得圆管中临界雷诺数 $Re_K=2000\sim3000$。常取 2320 为判别值。

在明槽流动中，雷诺数常用水力半径 R 作为特征长度来替代直径 d，Re 须写为

$$Re=\frac{vR}{\nu} \tag{4-4}$$

明槽流动中，由于槽身形状有差异，临界雷诺数常取 580 为判别值。

水利工程中所遇到的流动绝大多数属于紊流，即使流速和管径皆较小的生活供水，管流通常也是紊流。水利工程中层流是很少发生的，只有在地下水流动及水库、沉砂池和高含沙的浑水中，或在泥沙颗粒分析和其他实验中，才可能遇到层流。

【例 4-1】 试判别下述液流的流动型态。①输水管管径 $d=0.1\text{m}$，通过流量 $Q=5\text{L/s}$，水温 20℃；②输油管管径仍为 $d=0.1\text{m}$，通过流量同样为 $Q=5\text{L/s}$，油温仍为 20℃，已知油的运动黏滞系数 $\nu=4\times10^{-5}\text{m}^2/\text{s}$。

解：① 输水管 $d=0.1\text{m}$，则

$$A=\frac{\pi}{4}d^2=0.785\times10^{-2}\ (\text{m}^2)$$

$$v=\frac{Q}{A}=\frac{5\times10^{-3}}{7.85\times10^{-3}}=0.637\ (\text{m/s})$$

由表 1-1 查得当水温为 20℃时，$\nu=1.003\times10^{-6}$ （m^2/s）

则
$$Re=\frac{vd}{\nu}=\frac{0.637\times0.1}{1.003\times10^{-6}}=63509>Re_K=2320$$

因此，输水管内水流为紊流。

② 输油管 $d=0.1m$，$A=7.85\times10^{-3}m^2$

$$v=\frac{Q}{A}=\frac{5\times10^{-3}}{7.85\times10^{-3}}=0.637\ (m/s)$$

$$Re=\frac{vd}{\nu}=\frac{0.637\times0.1}{4\times10^{-5}}=1593<Re_K=2320$$

同样的管径，通过同样的流量，温度又都是 20℃，输油管内液流为层流。

【例 4-2】 某试验室的矩形试验明槽，底宽为 $b=0.2m$，水深 $h=0.1m$，今测得其断面平均流速很小，$v=0.02m/s$，室内的水温为 20℃，试判别槽内水流的流态。

解：1. 计算明槽过水断面的水力要素

$$A=bh=0.2\times0.1=0.02\ (m^2)$$
$$\chi=b+2h=0.2+2\times0.1=0.4\ (m)$$
$$R=\frac{A}{\chi}=\frac{0.02}{0.4}=0.05\ (m)$$

2. 判别水流的流态

由水温为 20℃，查表 1-1 得 $\nu=1.003\times10^{-6}m^2/s$，则

$$Re=\frac{vR}{\nu}=\frac{0.02\times0.05}{1.003\times10^{-6}}=997$$

显然矩形明槽中的流速很小，但因为 $Re>580$，则明槽中的水流为紊流。

三、水流流动型态和水头损失关系

在雷诺试验装置中，将水平放置的玻璃管段两端各接一根测压管，测量管段两端断面 1—1 和 2—2 之间的沿程水头损失 h_f，如图 4-5 所示。

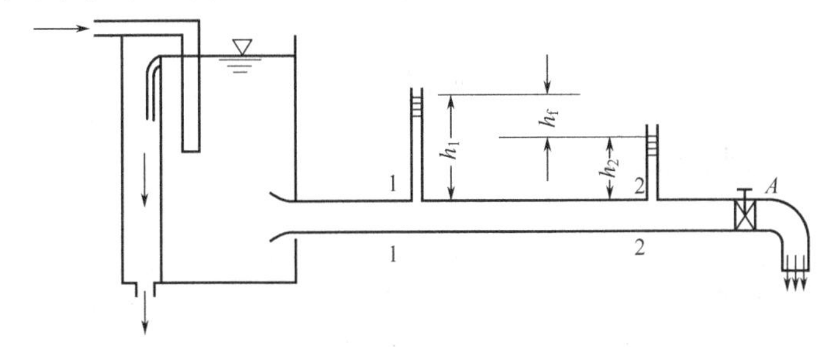

图 4-5

对过水断面 1—1 和 2—2 列能量方程，得

$$z_1+\frac{p_1}{\gamma}+\frac{\alpha_1 v_1^2}{2g}=z_2+\frac{p_2}{\gamma}+\frac{\alpha_2 v_2^2}{2g}+h_f$$

由图 4-5 可知，$z_1=z_2$，$\frac{\alpha_2 v_1^2}{2g}=\frac{\alpha_2 v_2^2}{2g}$，则简化为

$$h_f=\frac{p_1}{\gamma}-\frac{p_2}{\gamma}=h_1-h_2=\Delta h \tag{4-5}$$

式（4-5）表明，两测压管中的水位差即是两过水断面之间的沿程水头损失。

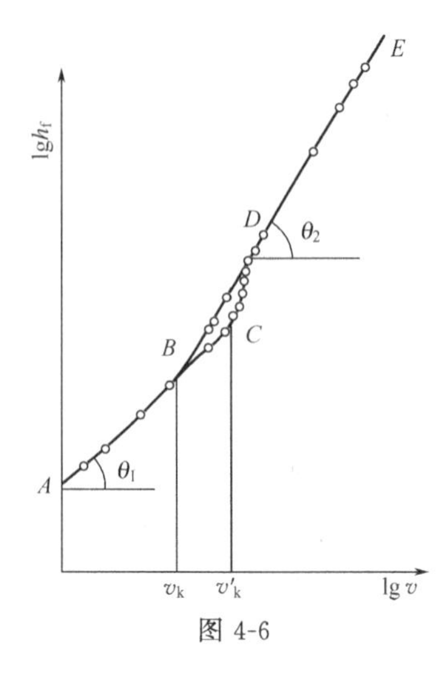

图 4-6

试验按层流转变为紊流和紊流转变为层流两种程序进行，改变管中流速，多次重复试验，将试验所得结果（不同流速时的沿程水头损失值）绘在双对数坐标纸上，纵坐标表示 $\lg h_f$，横坐标表示 $\lg v$，如图 4-6 所示。

图 4-6 的关系曲线说明：层流时，h_f 与 v 按 AB 直线变化，因为直线 AB 的倾角 $\theta_1=45°$，所以沿程水头损失与流速的一次方成正比。紊流时，沿程水头损失与流速的关系按 DE 直线变化，直线 DE 的倾角 $\theta_2>45°$，沿程水头损失与流速的 1.75～2.0 次方成正比。上述沿程水头损失与流速的关系，可用统一的指数形式的公式表示，即

$$h_f=kv^m \tag{4-6}$$

当水流为层流时，指数 $m=1$；当水流为紊流时，指数 $m=1.75\sim2.0$。

四、雷诺数的物理意义

雷诺数之所以可以反映、判别流态，是因为它表征了水流惯性力和黏滞力作用的对比关系。这一点可以通过量纲分析予以证明。雷诺数的量纲，可表示为

$$[Re]=\frac{[v][L]}{[\nu]}$$

水流惯性力作用可用惯性力表示，黏滞力作用可用黏滞力来表征。

惯性力
$$F=ma=\rho V\frac{\mathrm{d}u}{\mathrm{d}t}$$

其量纲为
$$[F]=[\rho][L]^3\frac{[v]}{[t]}$$

黏滞力
$$T=\mu A\frac{\mathrm{d}u}{\mathrm{d}y}$$

其量纲为
$$[T]=[\mu][L]^2\frac{[v]}{[L]}=[\mu][L][v]$$

惯性力和黏滞力量纲的比值为

$$\frac{[\text{惯性力}]}{[\text{黏滞力}]}=\frac{[F]}{[T]}=\frac{[\rho][L]^3\frac{[v]}{[t]}}{[\mu][L][v]}=\frac{[\rho][L]^2}{[\mu][t]}=\frac{[v][L]}{[\nu]}$$

上述量纲式与雷诺数的量纲相同，式中的特征长度 L，在管流中用管径 d 表示，在明渠中则用水力半径 R 表示。所以雷诺数的物理意义就是表征惯性力与黏滞力的对比关系。

当 Re 较小时，反映水流中黏滞力大而惯性力小，黏滞力对水流质点起控制作用，所以水流为成层流动，质点互不混掺。当 Re 较大，反映水流中黏滞力小而惯性力大，惯性力对水流起控制作用，依靠自身惯性流动，水流质点可以摆脱黏滞力控制并发生混掺而成紊流。

五、紊流的形成过程

当水流为层流时，液流内任一流层的上下面均有方向相反的摩阻切力，因而在流层上作用着摩阻力矩。当液流偶然受到外界的轻微干扰时，流层会发生微微的波动，如图 4-7（a）

所示。此时在波峰处，上部流线压紧，过流断面有所减小，流速增大，压强减小；在波峰下部则流速减小，压强增大，这样在波峰处产生了一个向着峰顶方向的压力。相反，在其邻近波谷处产生了一个向着波谷方向的压力。这两个垂直于流层的压力形成一个力矩，方向与摩阻力矩相同。在它们共同作用下，原有的波动和波幅出现加剧增大的趋势，促使波峰和波谷的上下压力及所产生的力矩继续增大。如图 4-7（b)、图 4-7（c）所示，在合力矩和流层扭曲的相互促进下，形成一系列微小的旋转的涡体。它们散布在液流中。

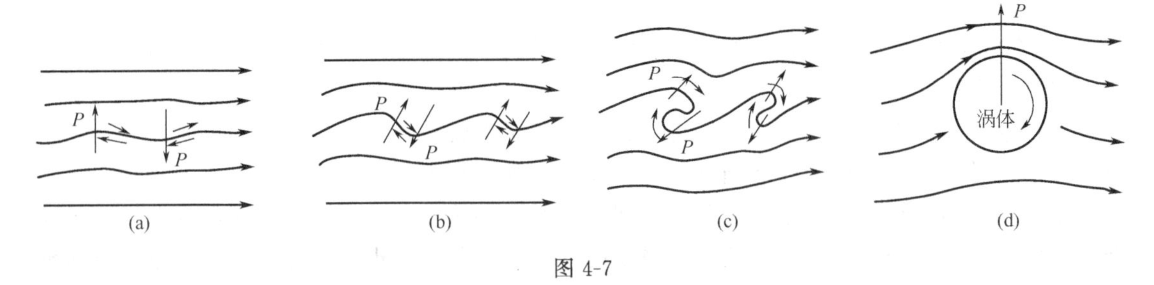

图 4-7

如图 4-7（d）所示，涡体旋转的过程中，旋转方向和上部流速方向一致，和下部流速方向相反，在涡体上部流速加大而压强变小，下部流速减小而压强增大，产生了上下的一个压差即升力 P，迫使涡体从一个流层进入另一个流层而混掺。旋涡的形成并不一定能使层流立即变成紊流，只有当旋涡本身的惯性作用比黏滞作用大到某一定程度的时候（$Re>Re_K$），旋涡才能发生向其他流层的混掺，形成紊流。

第三节　层流运动的特点

层流就是液体在流动过程中各流线之间质点互不混掺，各自沿着自己的流线方向规则地向前流动，这只有在 $Re<Re_K$ 情况下发生。由于雷诺数较小，黏滞力的作用占主导地位，黏滞力对质点的运动起控制作用。如果某一液体质点试图脱离它自己的流层，黏滞力就会阻滞它，因而各液体质点都必须规则地、有条不紊地沿着自己的流层呈线状流动。

运动液体在边壁处是贴附在固体表面上的，没有滑动，在横断面上存在流速梯度。流层间由于黏滞性产生的内摩擦力符合牛顿内摩擦定律。可以证明，层流运动时在过水断面上的切应力为直线分布，见图 4-8 和图 4-9，边壁处最大，管轴处或水面处为零；而断面流速分布呈抛物线型。对圆管中的层流，最大流速位于管轴上，断面平均流速为最大流速的一半，即 $v=\frac{1}{2}u_{\max}$。

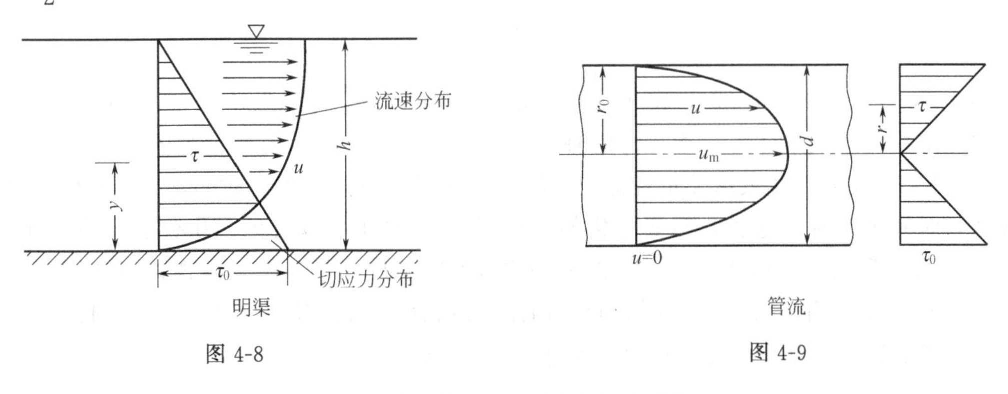

图 4-8　　图 4-9

如前所述，水利工程中层流是很少发生的，因此，对层流的切应力和流速分布本书不作详细介绍。

第四节　紊流运动

一、紊流的基本特征——脉动现象

自20世纪60年代以来，应用现代显示技术发现，水流在作紊流运动时，不断产生大小不等的液体涡团，这些无规则运动的涡团除了随着水流的总趋势向某一方向运动外，其自身还在不停地旋转、振荡，从一个流层进入另一个流层也就是发生混掺，水的各质点位置、形态和流速也随着旋转、振荡而不断地变化，非常紊乱没有规则的几何轨迹可寻。当这一系列大小不等的涡团连续地经过紊流中某一空间位置时，必然会反映出这些空间位置上瞬时运动要素（如流速、压强等）随时间而发生波动的现象，这种波动现象，称为脉动现象。脉动现象是紊流运动的基本特征。

图4-10是用专门仪器实测的恒定流［图4-10（a）］与非恒定流［图4-10（b）］时，某空间点在水流方向上的瞬时流速随时间而变化的曲线。对上述实测成果进行研究后可以发现，瞬时流速虽然表面看是不断变化的，但是它始终是围绕着某个平均值（如图4-10中的 AB、CD 线）上下波动。当所取的观测时段足够长时，瞬时速度在该时段的平均值线（AB 线）在所取时段是不变的，而 CD 线是变化的。

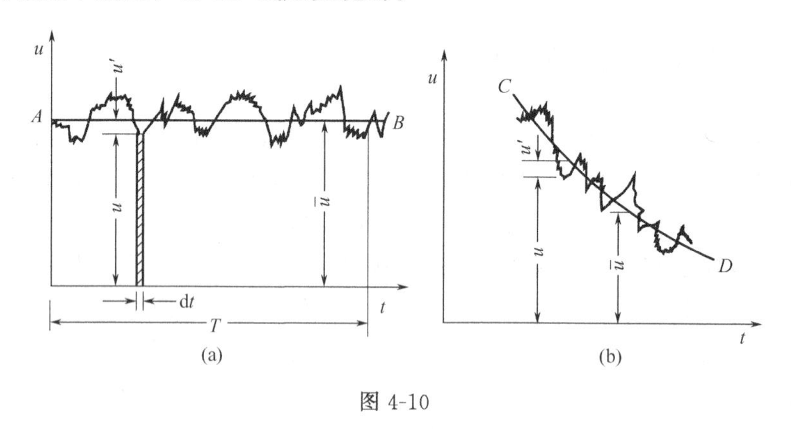

图4-10

设 u 为某空间固定点处水流在流动方向上的瞬时流速，研究观测时段为 T，则在该时段 T 内空间某固定点的时间平均流速为

$$\bar{u}=\frac{1}{T}\int_{0}^{T}u\mathrm{d}t \tag{4-7}$$

图4-10（a）中的 AB 线表示恒定流时的时间平均流速。从图4-10中可看出，恒定流时，时间平均流速线 AB 是一条与时间轴 t 平行的直线，它表示时均流速不随时间而变化。图4-10（b）中的 CD 线表示非恒定流时的时均值曲线，它是一条与时间轴 t 不平行的曲线，这表明，时间平均流速是随时间而变化的。从图4-10中还可以看出，积分表示瞬时流速曲线在 T 时段内所包围的面积，应等于时间平均流速线 AB 或 CD 在 T 时段内所包围的面积。因此，时段 T 就应有足够长，否则时间平均流速线 AB 或 CD 就不具有惟一性。因此在水文测验中要求流速仪在测点停留的时间不得小于100s（秒）。

瞬时流速 u 与时间平均流速 $\bar{u}$ 的差值，称为脉动流速，用 u'表示，即

$$u' = u - \bar{u}$$

瞬时流速可以看成是由时间平均流速和脉动流速两部分组成，亦即

$$u = \bar{u} + u' \tag{4-8}$$

脉动流速 u'是随时间而变化的，它时大时小，时正时负，但在 T 时段内的平均值为零，即

$$\bar{u}' = \frac{1}{T}\int_0^T u' \mathrm{d}t = 0 \tag{4-9}$$

紊流中其他运动要素在流速的脉动影响下，也将引起脉动，如动水压强 p，其脉动压强和时均压强可以表示为

$$p' = p - \bar{p} \tag{4-10}$$

$$\bar{p} = \frac{1}{T}\int_0^T p \mathrm{d}t$$

$$\bar{p}' = \frac{1}{T}\int_0^T p' \mathrm{d}t = 0 \tag{4-11}$$

既然紊流中各点瞬时流速总是不断改变的，那么按照前面论述的关于恒定流的概念来判断，紊流中真正的恒定流应该是不存在的，但对于运动要素的时均值（时均流速、时均压强）来讲，有不随时间变化和随时间变化两种情况，如图 4-10 中的 AB 和 CD 线。因此，在研究紊流运动时，各运动要素均采用时间平均值表示。以此来重新定义恒定流与非恒定流，通过观察其时均值是否随时间变化，将时均值随时间不变的叫恒定流，时均值随时间变化的叫非恒定流。

水流中的脉动现象对实际工程有较大的影响。表现在：①由于液体质点紊动和混掺，增加了质点之间的摩擦和碰撞，从而增大了水流阻力和水头损失；②由于质点的混掺作用，产生液流内部各质点的动量交换，造成断面流速分布均匀化；③水流紊动强烈时，能掀起河床中大量泥沙，造成挟沙水流，当紊动减弱时又使泥沙下沉，造成河床淤积；④动水压强的脉动，增大了水流对水工建筑物的瞬时荷载，压强脉动还会引起建筑物的振动，使建筑物遭到破坏。某些水工建筑物设计时，必须考虑脉动对水工建筑物的影响。所以仅仅研究时均运动是不够的。目前，水工建筑物和河渠中水流脉动的观测和研究，已在水工模型试验中广泛地展开，并已取得了许多成果。

二、紊流的切应力

在紊流运动中，流速按时均化方法分解为时均流速和脉动流速的叠加；根据紊流的混掺特性，相应的紊流切应力也应由两部分组成。紊流中的切应力 τ 可表示为黏滞切应力 τ_1 和附加切应力 τ_2 之和。即

$$\tau = \tau_1 + \tau_2 \tag{4-12}$$

紊流中的黏滞切应力与层流中的一样，也符合牛顿的内摩擦定律，即 $\tau_1 = \mu\frac{\mathrm{d}u}{\mathrm{d}y}$，其中$\frac{\mathrm{d}u}{\mathrm{d}y}$是用时间平均流速表示的流速梯度。紊流中的附加切应力 τ_2 是由于质点混掺，动量传递引起的。

附加切应力 τ_2 可用普朗特的动量传递理论来推导。该理论是假设水流质点在横向移动的过程中瞬时流速保持不变，因而其动量保持不变，而到达新位置后，动量就突然发生改变，与新位置上原有液体质点所具有的动量一样。因此，根据动量定理，液体质点的动量增量将产生附加切应力，由此可导出水流质点混掺时的附加切应力 τ_2 的公式

$$\tau_2=\rho l^2\left(\frac{du}{dy}\right)^2 \tag{4-13}$$

式中　ρ——液体的密度；

$\frac{du}{dy}$——用时间平均流速表示的流速梯度；

l——混掺长度，它是一个与水流质点的自由混掺位移长度成正比的物理量。

故紊流时的切应力公式为

$$\tau=\tau_1+\tau_2=\mu\frac{du}{dy}+\rho l^2\left(\frac{du}{dy}\right)^2 \tag{4-14}$$

两种切应力 τ_1 和 τ_2 在紊流总切应力中所占的比重，是随雷诺数 Re 的变化而改变的。当 Re 较小时，水流的紊动较弱，黏滞切应力占主导地位。当 Re 变得较大时，水流的紊动程度剧烈，附加切应力也变得很大并占主导地位。对于天然河渠中的水流，水流的紊动程度已发展得相当充分，其黏滞切应力相对于附加切应力来讲，已小到可以忽略不计的程度，则此时的紊流总切应力就几乎等于附加切应力，即

$$\tau=\tau_2=\rho l^2\left(\frac{du}{dy}\right)^2 \tag{4-15}$$

三、紊流中的黏性底层

在水流作紊流运动时，并不是整个水流都处于紊流状态，紧靠固体边界附近的地方，由于固体边界的影响，该处的流速很小而流速梯度很大；黏滞切应力很大，在紊流的总切应力中起主导作用。在紧靠固体边界表面处，水流始终存在着一层极薄的受黏滞力控制的流层，通常称该流层为黏性底层。在黏性底层以外的液流才是紊流，又称紊流流核区。此两液层之间还有一层极薄的过渡层，在这里不予研究。图 4-11（a）所示为紊流中流层分布的示意图。黏性底层中的水流处于层流状态，由于该底层很薄，层内的流速分布可近似地看作是直线规律分布，即流速梯度$\frac{du}{dy}$为一常数。由牛顿内摩擦定律 $\tau=\mu\frac{du}{dy}$可知，黏性底层内的切应力 τ 也是一个常数，它等于固体边界处的平均切应力 τ_0。

黏性底层的厚度 δ_0 随着水流紊动程度的加剧而减小。用 Δ 表示固体边界表面粗糙不平的凸出高度，通常称它为绝对粗糙度。当水流中的流速发生变化时，其雷诺数也随着发生变化，则黏性底层厚度 δ_0 也因雷诺数变化而变化。这样，黏性底层厚度 δ_0 与绝对粗糙度 Δ 比较，可将边界表面分成三种情况。

① 当雷诺数 Re 较小时，δ_0 比 Δ 大得多。这时，固体边界虽然高低不平，却被黏性底层所掩盖，水流像是在完全光滑的壁面上流动一样。水力学上把这种状态的壁面称为水力光滑面，如图 4-11（b）所示。

② 当雷诺数 Re 较大时，黏性底层的厚度极薄，δ_0 可以比 Δ 小很多，这时边壁的粗糙度完全暴露在黏性底层之外，与紊流流核区直接接触。当紊流流过边壁的凸凹相间部分时，就会形成大小旋涡，造成比较大的水头损失，水力学称这种状态的壁面为水力粗糙面，如图 4-11（c）所示。

③ 介于上述两者之间的壁面黏性底层的厚度已不能完全掩盖住边界粗糙的影响。水流受边壁的影响也介于水力光滑面和水力粗糙面之间，称为过渡粗糙面，如图 4-11（d）所示。

必须指出，所谓光滑面或粗糙面并非完全取决于固体边界表面本身的光滑或粗糙，而是

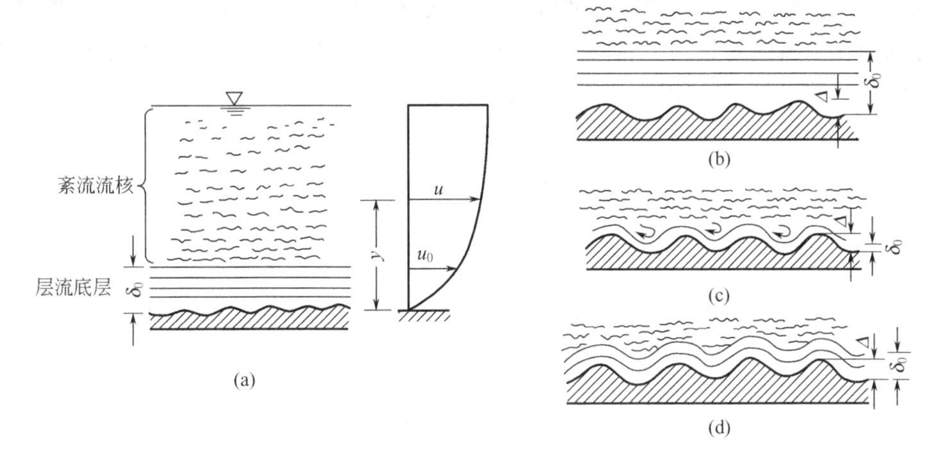

图 4-11

依据黏性底层厚度和绝对粗糙度两者大小的对比关系来决定。即使同一固体边界面，在某一雷诺数下可能是光滑面，而在另一雷诺数下又可能是粗糙面。

四、紊流的流速分布

紊流中，液体质点之间发生相互混掺，互相碰撞，引起液体内部各质点间的动量传递，结果造成了断面流速分布的均匀化。紊流中的流速分布公式，可由紊流切应力公式结合一些假定和试验成果推导而得，这些假定如下。

① 混掺长度与距边壁的距离 y 成正比，即 $l=\kappa y$，其比例常数 κ 称为卡门常数，由试验确定。清水时，对于圆管 $\kappa=0.4$，对于河渠 $\kappa=0.5$；含有其他介质的水流，κ 与介质浓度有关。

② 壁面附近的紊流切应力值保持不变，约等于壁面上的切应力，即 $\tau \doteq \tau_0$，并更进一步地认为，在离边界不远处的紊流内部，由于黏滞切应力很小，其切应力 $\tau=\tau_1+\tau_2 \doteq \tau_2$，也满足 $\tau_2 \doteq \tau_0$ 条件。

③ 紊流已得到相当充分的发展，附加切应力已完全起主导作用。

根据上述假定，式（4-15）可改写成

$$\tau=\tau_0=\tau_2=\rho\kappa^2 y^2\left(\frac{\mathrm{d}u}{\mathrm{d}y}\right)^2 \tag{4-16}$$

将式（4-16）整理后得

$$\frac{\mathrm{d}u}{\mathrm{d}y}=\frac{1}{\kappa y}\times\sqrt{\frac{\tau_0}{\rho}}=\frac{u_*}{\kappa y}$$

式中，$u_*=\sqrt{\dfrac{\tau_0}{\rho}}$，它具有流速的单位，反映了固体边壁阻力的影响，故称 u_* 为摩阻流速。

先进行变量分离，得

$$\mathrm{d}u=\frac{u_*}{\kappa}\times\frac{\mathrm{d}y}{y}$$

再积分后得

$$u=\frac{u_*}{\kappa}\ln y+C \tag{4-17}$$

式中　C——积分常数，由管道或河渠的具体边界条件确定。

式（4-17）就是流速分布的对数曲线公式。式（4-17）说明，在管道或河渠的紊流运动中，其过水断面上流速是按对数曲线规律分布的，如图 4-12 所示。它比作层流运动时的抛物线规律分布（图 4-12 中的虚线）均匀得多。

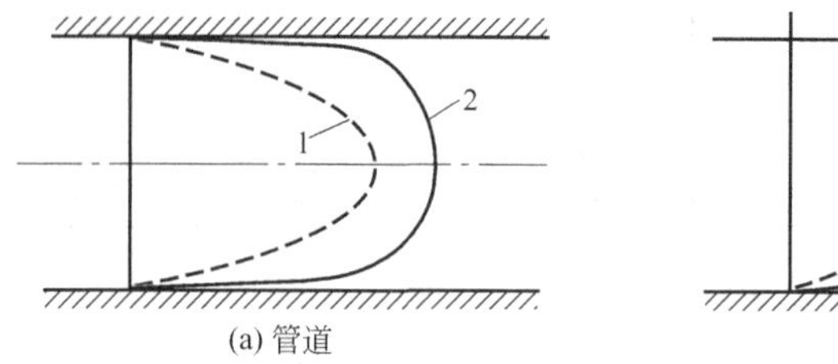

(a) 管道

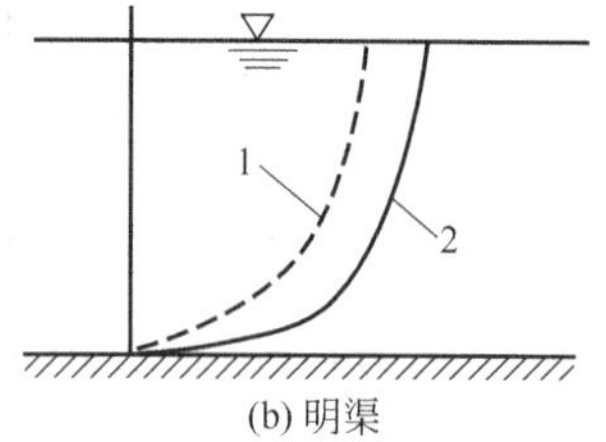

(b) 明渠

图 4-12

1—层流时抛物线分布；2—紊流时对数曲线分布

式（4-17）虽是在一定的假定条件下推导出来的，但根据试验和实测的结果，式(4-17)适用于整个紊流流区。

第五节 沿程水头损失的分析和计算

一、沿程水头损失的经验公式——谢才（Chèzy）公式

早在二百多年以前，人们就已在生产实践中总结出一套计算沿程水头损失 h_f 的经验公式。虽然这些公式在理论上不够完善，但一直在生产实践中被采用，并在一定的范围内满足生产上的需要，所以至今仍在水利工程中被广泛采用。

沿程水头损失计算的经验公式，最常用的是 1769 年谢才总结了明渠均匀流的实测资料后提出来的公式，又称谢才公式。其形式为

$$v=C\sqrt{RJ} \tag{4-18}$$

式中 R——水力半径，$R=\dfrac{A}{\chi}$，单位规定用 m；

C——谢才系数，单位为 $m^{1/2}/s$；

J——水力坡度，即 $J=\dfrac{h_f}{l}$；

v——断面平均流速，单位为 m/s。

将 $J=\dfrac{h_f}{l}$代入式（4-18），得

$$h_f=\frac{v^2}{C^2R}l \tag{4-19}$$

确定谢才系数 C 的公式如下。

（1）曼宁公式

$$C=\frac{1}{n}R^{1/6} \tag{4-20}$$

式中，n 称为粗糙系数，简称糙率，它是衡量边壁阻力影响的一个综合系数。目前 n 值已积累了较多的资料，并普遍为工程界所采用。不同输水道边壁的 n 值列于表 4-1 中以供查用。

曼宁公式形式简单，计算方便，在管道及较小河渠中应用较广。

表 4-1 粗糙系数 n 值

壁 面 种 类 及 状 况	n	$\frac{1}{n}$
特别光滑的黄铜管、玻璃管,涂有珐琅质或其他釉料的表面	0.009	111
精致水泥浆抹面,安装及连接良好的新制的清洁铸铁管及钢管、精刨木板	0.011	90.9
很好地安装的未刨木板,正常情况下无显著水锈的给水管、非常清洁的排水管、最光滑的混凝土面	0.012	83.3
良好的砖砌体,正常情况的排水管,略有积污的给水管	0.013	76.9
积污的给水管和排水管,中等情况下渠道的混凝土砌面	0.014	71.4
良好的块石瓦工,旧的砖砌体,比较粗制的混凝土砌面、特别光滑、仔细开挖的岩石面	0.017	58.8
坚实黏土的渠道,不密实淤泥层(有的地方是中断的)覆盖的黄土、砾石及泥土的渠道,良好养护情况下的大渠道	0.0225	44.4
良好的干砌瓦工,中等养护情况的土渠,情况良好的天然河流(河床清洁、顺直、水流通畅、无塌岸及深潭)	0.025	40.0
养护情况在中等标准以下的土渠	0.0275	36.4
情况比较不良的土渠(如部分渠底有水草、卵石或砾石,部分边岸崩塌等),水流条件良好的天然河流	0.030	33.3
情况特别坏的渠道(有不少深潭及塌岸、芦苇丛生、渠底有大石及密生的树根等),过水条件差、石子及水草数量增加、有深潭及浅滩等的弯曲河道	0.040	25.0

(2) 巴甫洛夫斯基公式

$$C=\frac{1}{n}R^{y} \tag{4-21}$$

其中

$$y=2.5\sqrt{n}-0.13-0.75\sqrt{R}(\sqrt{n}-0.10)$$

或者 y 可近似地按下列简式确定

当 $R<1.0\text{m}$ 时，$y=1.5\sqrt{n}$；

当 $R>1.0\text{m}$ 时，$y=1.3\sqrt{n}$。

巴甫洛夫斯基公式的适用范围为 $0.1\text{m}\leqslant R\leqslant 3.0\text{m}$，$0.011\leqslant n\leqslant 0.04$。

n 值的选定在实际情况中往往比较复杂，如管道有新有旧，有生锈的也有清洁的，天然河道中的糙率更为复杂（第六章，第七章将详细讨论）。工程中如何选定 n 值，一般应根据有关资料并参照已建工程的运用情况来慎重选用。

【例 4-3】 有一混凝土的矩形断面渠道，求渠道中发生均匀流时每公里渠长中的沿程水头损失。已知渠道通过的 $Q=25.0\text{m}^3/\text{s}$，渠底宽 $b=6\text{m}$，水深 $h=3\text{m}$。

解：过水断面面积 $A=bh=6\times3=18\ (\text{m}^2)$

湿周 $\chi=b+2h=6+2\times3=12\ (\text{m})$

水力半径 $R=\dfrac{A}{\chi}=\dfrac{18}{12}=1.5\ (\text{m})$

查表 4-1，由中等情况下的混凝土砌面的渠道，取 $n=0.014$。

① 由曼宁公式计算 C 值，求沿程水头损失。

$$C=\frac{1}{n}R^{\frac{1}{6}}=\frac{1}{0.014}\times1.5^{\frac{1}{6}}=76.42\ (\text{m}^{\frac{1}{2}}/\text{s})$$

则 1km 长渠道的沿程水头损失 h_f 可由式 (4-19) 求得

$$h_f=\frac{v^2}{C^2R}l=\frac{Q^2}{A^2C^2R}l=\frac{25^2}{18^2\times76.42^2\times1.5}\times1000=0.220\ (\text{m})$$

② 巴甫洛夫斯基公式计算 C 值，求沿程水头损失。

$$C=\frac{1}{n}R^{y}$$

$$y=2.5\sqrt{n}-0.13-0.75\sqrt{R}(\sqrt{n}-0.10)$$
$$=2.5\times\sqrt{0.014}-0.13-0.75\times\sqrt{1.5}\times(\sqrt{0.014}-0.10)=0.149$$

因而 $$\frac{1}{n}R^{y}=\frac{1}{0.014}\times1.5^{0.15}=75.88\ (\mathrm{m}^{\frac{1}{2}}/\mathrm{s})$$

则 1km 长的渠道中的沿程水头损失为

$$h_f=\frac{v^2}{C^2R}l=\frac{Q^2}{A^2C^2R}l=\frac{25^2}{18^2\times75.88^2\times1.5}\times1000=0.223\ (\mathrm{m})$$

从上述结果看，谢才系数 C 的两种方法所得的结果相差极小，因而沿程水头损失的计算结果也就没有多大的差别。

二、沿程水头损失计算的公式——达西-魏兹巴赫（Darcy Weisbach）公式

从能量方程可以得出，同一水流两个断面之间的总水头之差就是两个断面间的水头损失，即

$$h_{w1-2}=\left(z_1+\frac{p_1}{\gamma}+\frac{v_1^2}{2g}\right)-\left(z_2+\frac{p_2}{\gamma}+\frac{v_2^2}{2g}\right)$$

对于均匀流，两断面间的总水头损失就等于沿程水头损失，通过测定两断面的总水头，就能求出沿程水头损失的大小，并能通过改变实验条件探讨影响沿程水头损失的因素。根据对各种大小不等的管、槽在不同条件下进行实验，发现沿程水头损失 h_f 与流速水头 $\frac{v^2}{2g}$、断面间的距离 l 成正比，与水力半径 R 成反比，还与边界材料的粗糙程度以及水流型态有关，一般采用达西-魏兹巴赫公式（简称达西公式）计算。

$$h_f=\lambda\frac{l}{4R}\times\frac{v^2}{2g}\tag{4-22}$$

对于圆管，$R=\frac{d}{4}$，式（4-22）可写成

$$h_f=\lambda\frac{l}{d}\times\frac{v^2}{2g}\tag{4-23}$$

式中 λ——沿程阻力系数，它反映了水流型态和边界粗糙程度对沿程水头损失的影响，是无单位数。

令 $\lambda=\frac{8g}{C^2}$ 或 $C=\sqrt{\frac{8g}{\lambda}}$，则式（4-23）就变成了式（4-19）的形式

$$h_f=\frac{8g}{C^2}\times\frac{l}{d}\times\frac{v^2}{2g}=\frac{v^2}{C^2R}l$$

式（4-22）和式（4-23）是在均匀流条件下建立的，所以只要是在均匀流下的层流和紊流都适用。至于水流流动型态的不同对沿程水头损失的影响，在沿程阻力系数 λ 中得到反映。

三、沿程阻力系数 λ 的测定与分析

利用达西公式计算沿程水头损失的关键是如何确定沿程水头损失系数 λ 值，λ 值通常用实验测定。

沿程阻力系数 λ 测定的试验装置如图 4-13 所示，并备有量测液体体积的水箱和秒表试

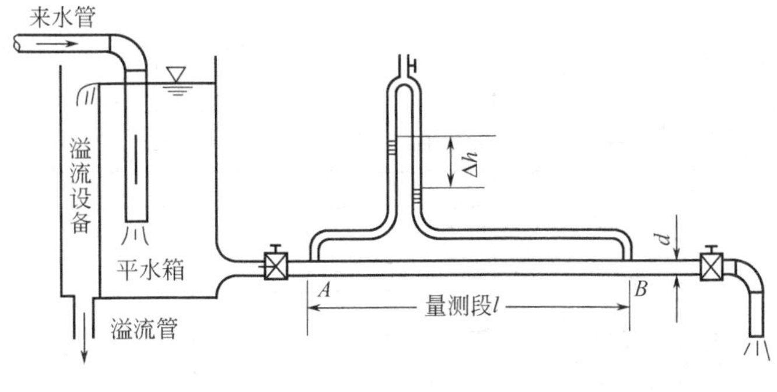

图 4-13

验时，先保证水箱中的水位不变，水流为恒定流，量测段 AB 的两端距管道的进、出口有一定距离，以避免量测段的水流受到干扰，保证其水流为均匀流。并在 AB 段两端设测压管。首先测出管长 l 及管径 d，计算出相应的过水断面面积 A。

由于各断面流速相同，没有局部水头损失，因而根据能量方程得

$$h_w=h_f=\left(z_A+\frac{p_A}{\gamma}\right)-\left(z_B+\frac{p_B}{\gamma}\right)=h_1-h_2=\Delta h$$

将量测到的两测压管之间的高差 Δh 及用体积法测出的流量 $Q=\frac{V}{t}$ 代入式（4-23）。

整理得

$$\lambda=\frac{h_f}{\frac{l}{d}\times\frac{v^2}{2g}}=\frac{h_f}{\frac{l}{d}\times\frac{Q^2}{2gA^2}} \tag{4-24}$$

就可算出该管道通过流量 Q 时的 λ 值，对不同相对粗糙度的管子用不同的过流量进行试验，即可得出相应的沿程阻力系数 λ。

为了探讨沿程阻力系数 λ 的变化规律，尼古拉兹曾用不同粒径的人工砂贴在不同直径的管道内壁上，表示管壁的粗糙状况。他进行了一系列的试验，并绘制了反映 λ 值变化规律的关系曲线。后来，蔡克士大用同样的方法在矩形明渠中进行了实验，也得到了与尼古拉兹试验结果相类似的曲线。

1944 年，摩迪在总结前人试验研究的基础上，对工业用的实际管道进行了试验研究，并绘制了不同相对粗糙度的管道沿程阻力系数 λ 与雷诺数 Re 的关系曲线，称为摩迪图，如图 4-14 所示。

该图的纵坐标为 λ，横坐标为 Re，参变量相对粗糙度用 $\frac{\Delta}{d}$ 表示，d 为管道直径。上述试验成果都表明：在管道（或明槽）中流动的液体随着 Re 和相对粗糙度 $\frac{\Delta}{d}\left(或\frac{\Delta}{R}\right)$ 的不同，出现层流区、紊流水力光滑区、紊流过渡区和紊流粗糙区 4 个不同的流区，见图 4-15。在不同的流区中，系数 λ 遵循着不同的规律。现以圆管流动为例，结合摩迪图加以说明。

（一）层流区（$Re<2320$）

不同相对粗糙的实验点都集中在同一条直线 AB 上，这时整个断面水流都是层流。壁面凸起高度完全掩盖在层流中，λ 与 Δ 无关，而仅是 Re 的函数，即 $\lambda=f(Re)$。

对于圆管

$$\lambda=\frac{64}{Re} \tag{4-25}$$

根据 $Re=\frac{vd}{\nu}$，相应的水头损失为

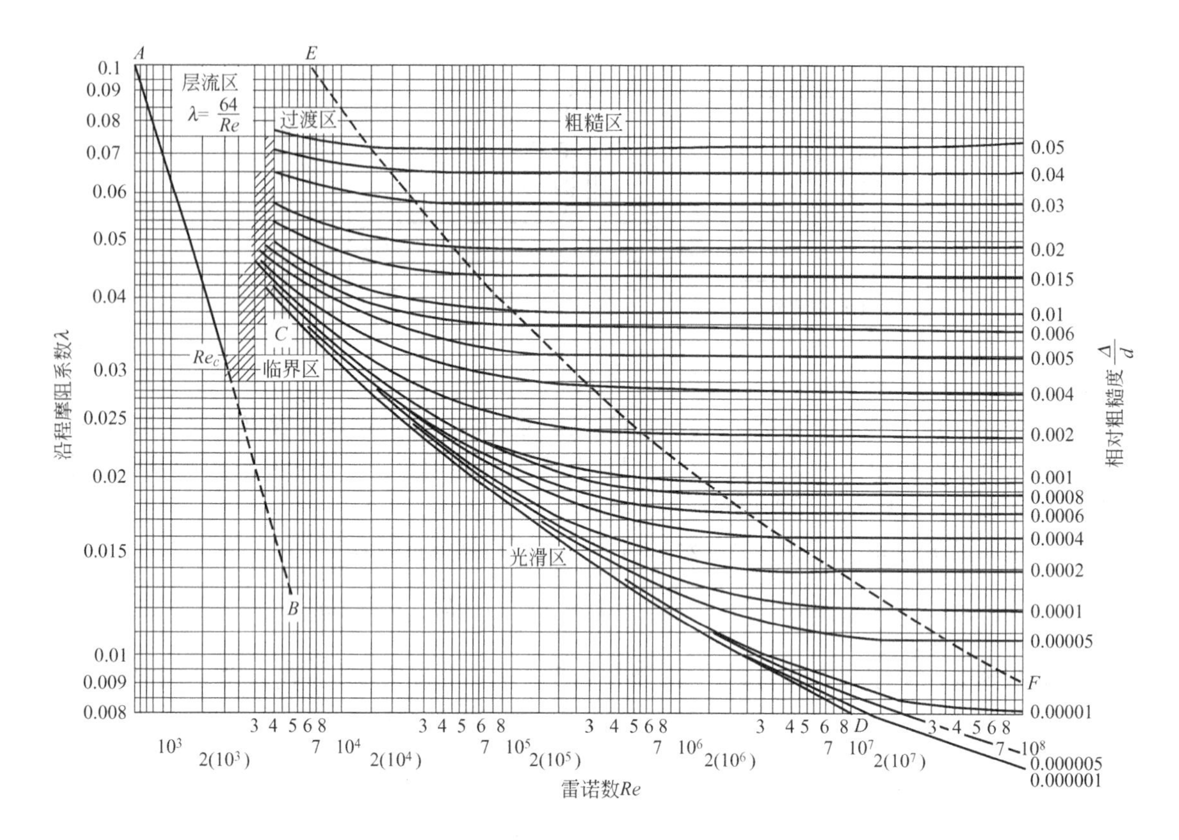

图 4-14

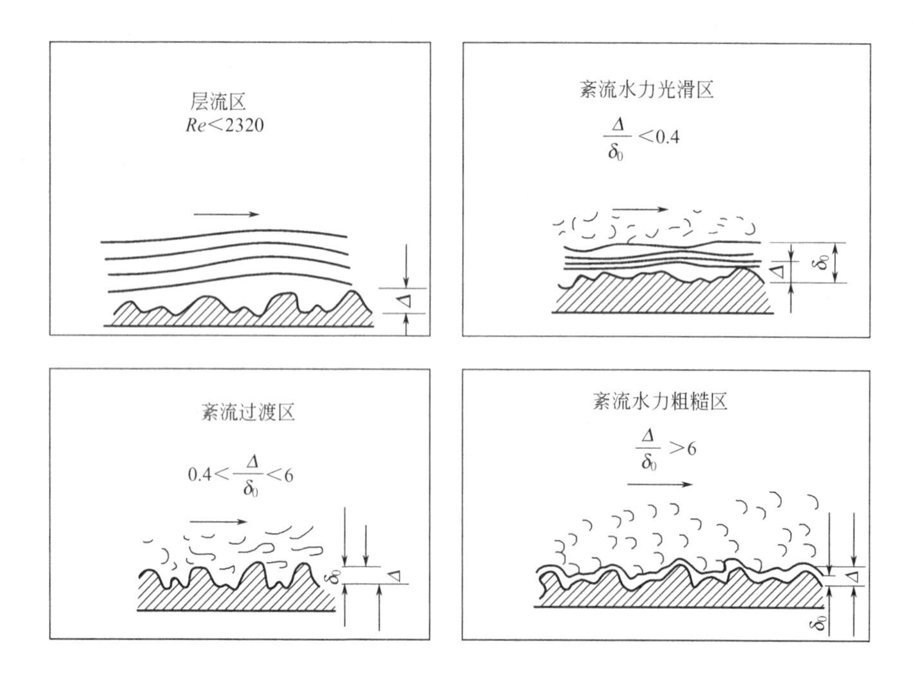

图 4-15

注：紊流过渡区表示的是 $\delta_0=\Delta$ 的特殊情况。

$$h_f=\frac{64}{Re}\times\frac{l}{d}\times\frac{v^2}{2g}\propto v^{1.0}$$

这表明，在层流中，水头损失与断面平均流速的一次方成正比。

（二）紊流水力光滑区$\left(\frac{\Delta}{\delta_0}<0.4\right)$

此时水流属紊流但流速不够大，黏性底层厚度 δ_0 比边壁粗糙度 Δ 大得多，边壁凸出高度 Δ 仍被黏性底层掩盖，对紊流流核区不发生影响，所以称这时的边界为水力光滑管（相应情况的明槽称水力光滑槽）。λ 与 Δ 无关，而仅是 Re 的函数，即 $\lambda=f(Re)$。

当 $Re<10^5$ 时

$$\lambda=\frac{0.3164}{Re^{0.25}} \tag{4-26}$$

不同相对粗糙度的一些实验点都在一定区域内聚集在同一条线 CD 上，相对粗糙度较小的管道，在 Re 数较高时才离开此流区。这时试验曲线表明

$$h_f=\frac{0.3164}{Re^{0.25}}\times\frac{l}{d}\times\frac{v^2}{2g}\propto v^{1.75}$$

即水头损失与断面平均流速的 1.75 次方成比例。

相对粗糙较大的管道则可能不出现此流区。

（三）紊流水力粗糙区$\left(\frac{\Delta}{\delta_0}>6\right)$

此时紊流的流速和雷诺数都相当大，黏性底层厚度 δ_0 比绝对粗糙度 Δ 小得多，黏性底层对边壁粗糙度不起掩盖作用，这时的管称为水力粗糙管（相应情况的明槽称水力粗糙槽）。系数 λ 与 Re 无关，仅与$\frac{\Delta}{d}$有关，即 $\lambda=f\left(\frac{\Delta}{d}\right)$，不同相对粗糙的实验点位于 EF 右侧，分属各自不同的水平线上，这样 $h_f=\lambda\frac{l}{d}\times\frac{v^2}{2g}\propto v^2$。由于水头损失与流速的平方成正比，因此水力粗糙区又称阻力平方区，这种水流在水利工程中最为常见。

（四）紊流过渡区$\left(0.4<\frac{\Delta}{\delta_0}<6\right)$

不同相对粗糙的实验点位于 CD 与 EF 之间，分属各自的曲线，这时水流是紊流，流速较大，δ_0 已不能完全掩盖住 Δ 的作用，Δ 的大小直接影响紊流流核区的流动。这时，系数 λ 既与 Re 有关，又与$\frac{\Delta}{d}$有关，即 $\lambda=f\left(Re,\ \frac{\Delta}{d}\right)$。试验成果表明

$$h_f=\lambda\frac{l}{d}\times\frac{v^2}{2g}\propto v^{1.75\sim2.0}$$

即水头损失与断面平均流速的 1.75～2.0 次方成比例。

总之，无论在管流或明槽流动中，都存在两种流态，即层流与紊流。紊流中又分三个不同的流区，不同流区中，流动特征、切应力、流速分布和影响 λ 值的因素等亦不相同。

利用摩迪图，可较简便地划分流区，并进行一般管道的阻力系数的计算。

实际管道壁面粗糙是不均匀的，无法直接量测绝对粗糙度 Δ 值。实际运用过程中是用当量粗糙衡量的，将工业管道的实验成果与同直径的人工均匀粗糙管的实验结果相比较，把具有同一 λ 值的人工均匀粗糙管的 Δ 值作为工业管道的当量粗糙值。表 4-2 是基谢列夫提供的当量粗糙值，可供参考。

表 4-2　当量粗糙 Δ 值

序号	边界条件	当量粗糙值 Δ/mm	序号	边界条件	当量粗糙值 Δ/mm
1	铜或玻璃的无缝管	0.0015～0.01	8	磨光的水泥管	0.33
2	涂有沥青的钢管	0.12～0.24	9	未刨光的木槽	0.35～0.7
3	白铁皮管	0.15	10	旧的生锈金属管	0.60
4	一般状况的钢管	0.19	11	污秽的金属管	0.75～0.97
5	清洁的镀锌铁管	0.25	12	混凝土衬砌渠道	0.8～9.0
6	新的生铁管	0.25～0.4	13	土渠	4～11
7	木管或清洁的水泥面	0.25～1.25	14	卵石河床(d=70～80mm)	30～60

【例 4-4】 某小型水电站的引水管采用工业用钢管，管径 $d=0.25$m，管长 $l=100$m，管壁状况一般，管内水温为 10℃。当引用流量为 50L/s 时，求该管中的沿程水头损失 h_f。

解：① 计算雷诺数 Re，判别水流流态。

过水断面面积　　$A=\frac{\pi}{4}d^2=\frac{3.14}{4}\times0.25^2=0.049$ (m²)

断面平均流速　　$v=\frac{Q}{A}=\frac{0.05}{0.049}=1.02$ (m/s)

由水温 $t=10$℃查表 1-1 得运动黏滞系数 $\nu=1.306\times10^{-6}$ (m²/s)

则雷诺数 Re 为　　$Re=\frac{vd}{\nu}=\frac{1.02\times0.25}{1.306\times10^{-6}}=1.95\times10^5$

故为紊流。

② 计算相对粗糙度 $\frac{\Delta}{d}$。

由表 4-2 看出，一般钢管的相对粗糙度为 0.19mm，近似取 $\Delta=0.2$mm，则相对粗糙度为 $\frac{\Delta}{d}=\frac{0.2}{250}=0.0008$。

③ 查图求 λ。

查图方法为：从摩迪图右坐标上找到 $\frac{\Delta}{d}=0.0008$ 的一条曲线，由横坐标上 $Re=1.95\times10^5$ 的点引一垂直线，两线相交于一点，则该点所对应的左边纵坐标即为所求的沿程阻力系数 λ 值，在图上查得 $\lambda=0.021$。

④ 沿程水头损失计算。

$$h_f=\lambda\frac{l}{d}\times\frac{v^2}{2g}=0.021\times\frac{100}{0.25}\times\frac{1.02^2}{19.6}=0.446\ (\text{m})$$

第六节　局部水头损失的分析与计算

前面已经介绍过，当流动边界发生突变时，水流将产生局部水头损失。边界突然变化的形式是多种多样的，如断面突然扩大、突然缩小、转弯、分岔、阀门等。断面的突变对水流运动产生的影响可归纳成两点。

① 在断面突变处，水流因受惯性作用，将不紧贴壁面流动，与壁面产生分离，并形成旋涡。旋涡的分裂和互相摩擦要消耗大量能量，因此，旋涡区的大小和旋涡的强度直接影响局部水头损失的大小。

② 由于主流脱离边界形成旋涡区，主流受到压缩，随着主流沿流程不断扩散，流速分

布急剧调整，如图 4-16（a）中断面 1—1 的流速分布图，经过不断改变，最后在断面 2—2 上接近于下游正常水流的流速分布。在流速改变的过程中，质点内部相对运动加强，碰撞、摩擦作用加剧，从而造成较大的能量损失。

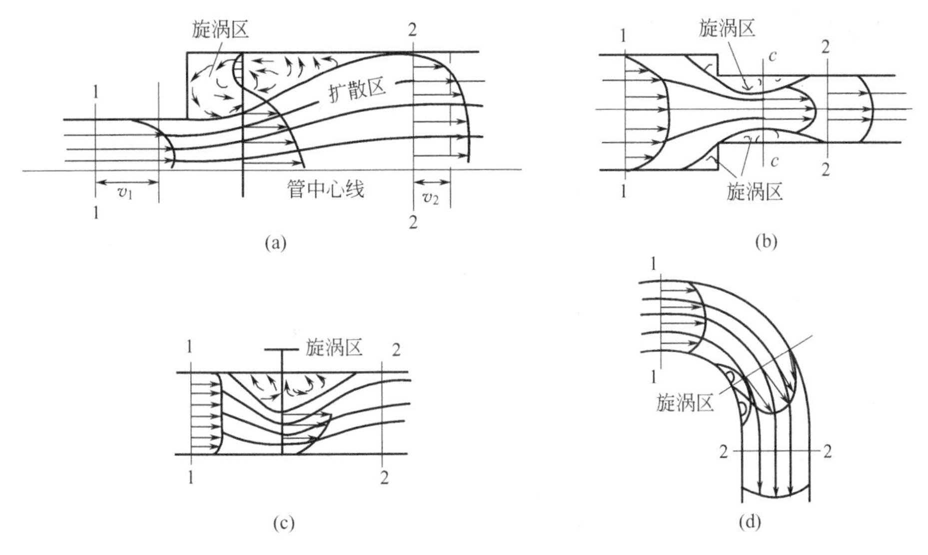

图 4-16

局部水头损失一般都可以用一个流速水头与一个局部水头损失系数的乘积来表示，即

$$h_j = \zeta \frac{v^2}{2g} \tag{4-27}$$

其中，局部水头损失系数 ζ 通常由试验测定，现列于表 4-3 中。必须指出，ζ 都是对应于某一流速水头而言的，在选用时，应注意两者的对应关系，与 ζ 相应的流速水头在表 4-3 中已标明，若不加特殊的标明者，该 ζ 值皆是指相应于局部阻力后的流速水头。

表 4-3　局部水头损失系数 ζ 值 $\left(\text{公式：} h_j = \zeta \frac{v^2}{2g}\text{，其中 } v \text{ 如图说明}\right)$

名　称	简　图		局部水头损失系数 ζ 值
断面突然扩大			$\zeta' = \left(1-\frac{A_1}{A_2}\right)^2$ $\left(\text{应用公式 } h_j = \zeta' \frac{v_1^2}{2g}\right)$ $\zeta' = \left(\frac{A_1}{A_2}-1\right)^2$ $\left(\text{应用公式 } h_j = \zeta' \frac{v_2^2}{2g}\right)$
断面突然缩小			$\zeta = 0.5\left(1-\frac{A_2}{A_1}\right)$
进　口		完全修圆	0.05～0.10
		稍微修圆	0.20～0.25
		没有修圆	0.50

<table>
<tr><th>名称</th><th colspan="2">简图</th><th>局部水头损失系数 ζ 值</th></tr>
<tr><td rowspan="2">出口</td><td></td><td>流入水库(池)</td><td>1.0</td></tr>
<tr><td></td><td>流入明渠</td><td>
<table>
<tr><td>A_1/A_2</td><td>0.1</td><td>0.2</td><td>0.3</td><td>0.4</td><td>0.5</td><td>0.6</td><td>0.7</td><td>0.8</td><td>0.9</td></tr>
<tr><td>ζ</td><td>0.81</td><td>0.64</td><td>0.49</td><td>0.36</td><td>0.25</td><td>0.16</td><td>0.09</td><td>0.04</td><td>0.01</td></tr>
</table>
</td></tr>
<tr><td rowspan="2">急转弯管</td><td rowspan="2"></td><td>圆形</td><td>
<table>
<tr><td>$\alpha/(°)$</td><td>30</td><td>40</td><td>50</td><td>60</td><td>70</td><td>80</td><td>90</td></tr>
<tr><td>ζ</td><td>0.20</td><td>0.30</td><td>0.40</td><td>0.55</td><td>0.70</td><td>0.90</td><td>1.10</td></tr>
</table>
</td></tr>
<tr><td>矩形</td><td>
<table>
<tr><td>$\alpha/(°)$</td><td>15</td><td>30</td><td>45</td><td>60</td><td>90</td></tr>
<tr><td>ζ</td><td>0.025</td><td>0.11</td><td>0.26</td><td>0.49</td><td>1.20</td></tr>
</table>
</td></tr>
<tr><td rowspan="2">弯管</td><td></td><td>90°</td><td>
<table>
<tr><td>R/d</td><td>0.5</td><td>1.0</td><td>1.5</td><td>2.0</td><td>3.0</td><td>4.0</td><td>5.0</td></tr>
<tr><td>$\zeta_{90°}$</td><td>1.2</td><td>0.80</td><td>0.60</td><td>0.48</td><td>0.36</td><td>0.30</td><td>0.29</td></tr>
</table>
</td></tr>
<tr><td></td><td>任意角度</td><td>
$\zeta_\alpha = a\zeta_{90°}$
<table>
<tr><td colspan="2">$\alpha/°$</td><td>20</td><td>30</td><td>40</td><td>50</td><td>60</td><td>70</td></tr>
<tr><td colspan="2">a</td><td>0.40</td><td>0.55</td><td>0.65</td><td>0.75</td><td>0.83</td><td>0.88</td></tr>
<tr><td>$\alpha/°$</td><td>80</td><td>90</td><td>100</td><td>120</td><td>140</td><td>160</td><td>180</td></tr>
<tr><td>a</td><td>0.95</td><td>1.00</td><td>1.05</td><td>1.13</td><td>1.20</td><td>1.27</td><td>1.33</td></tr>
</table>
</td></tr>
<tr><td>闸阀</td><td></td><td>圆形管道</td><td>
当全开时($a/d=1$)
<table>
<tr><td>d/mm</td><td>15</td><td>20～50</td><td>80</td><td>100</td><td>150</td><td>200～250</td></tr>
<tr><td>ζ</td><td>1.5</td><td>0.5</td><td>0.4</td><td>0.2</td><td>0.1</td><td>0.08</td></tr>
<tr><td>d/mm</td><td colspan="2">300～450</td><td colspan="2">500～800</td><td colspan="2">900～1000</td></tr>
<tr><td>ζ</td><td colspan="2">0.07</td><td colspan="2">0.06</td><td colspan="2">0.05</td></tr>
</table>
当各种开启度时
<table>
<tr><td>a/d</td><td>7/8</td><td>6/8</td><td>5/8</td><td>4/8</td><td>3/8</td><td>2/8</td><td>1/8</td></tr>
<tr><td>$A_{开启}/A_{总}$</td><td>0.948</td><td>0.856</td><td>0.740</td><td>0.609</td><td>0.466</td><td>0.315</td><td>0.159</td></tr>
<tr><td>ζ</td><td>0.15</td><td>0.26</td><td>0.81</td><td>2.06</td><td>5.52</td><td>17.0</td><td>97.8</td></tr>
</table>
</td></tr>
<tr><td>截止阀</td><td></td><td>全开</td><td>4.3～6.1</td></tr>
<tr><td rowspan="2">莲蓬头(滤水网)</td><td></td><td>无底阀</td><td>2～3</td></tr>
<tr><td></td><td>有底阀</td><td>
<table>
<tr><td>d/mm</td><td>40</td><td>50</td><td>75</td><td>100</td><td>150</td><td>200</td><td>250</td><td>300</td><td>350</td><td>400</td><td>500</td><td>750</td></tr>
<tr><td>ζ</td><td>12</td><td>10</td><td>8.5</td><td>7.0</td><td>6.0</td><td>5.2</td><td>4.4</td><td>3.7</td><td>3.4</td><td>3.1</td><td>2.5</td><td>1.6</td></tr>
</table>
</td></tr>
<tr><td>平板门槽</td><td colspan="2"></td><td>0.05～0.20</td></tr>
</table>

续表

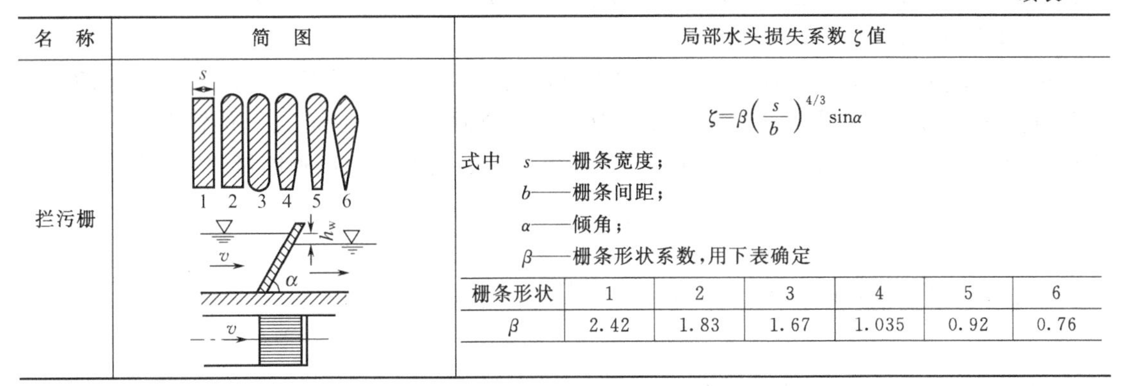

名 称	简 图	局部水头损失系数ζ值
拦污栅		$\zeta=\beta\left(\frac{s}{b}\right)^{4/3}\sin\alpha$ 式中 s——栅条宽度； b——栅条间距； α——倾角； β——栅条形状系数，用下表确定

栅条形状	1	2	3	4	5	6
β	2.42	1.83	1.67	1.035	0.92	0.76

【例 4-5】 从水箱引出一直径不同的管道，如图 4-17 所示。已知 $d_1=175\text{mm}$，$l_1=30\text{m}$，$\lambda_1=0.032$，$d_2=125\text{mm}$，$l_2=20\text{m}$，$\lambda_2=0.037$，第二段管子上有一平板闸阀，其开度为 $a/d=0.5$。当输送流量为 $Q=25\text{L/s}$ 时，求：沿程水头损失 $\sum h_f$；局部水头损失 $\sum h_j$；水箱的水头 H。

图 4-17

解：1. 沿程水头损失

第一段 $Q=25\ (\text{L/s})=0.025\ (\text{m}^3/\text{s})$

断面平均流速 $$v_1=\frac{Q}{A_1}=\frac{Q}{\frac{\pi}{4}d_1^2}=\frac{4\times0.025}{3.14\times0.175^2}=1.04\ (\text{m/s})$$

则沿程水头损失 $$h_{f1}=\lambda_1\frac{l_1}{d_1}\times\frac{v_1^2}{2g}=0.032\times\frac{30}{0.175}\times\frac{1.04^2}{19.6}=0.303\ (\text{m})$$

第二段

断面平均流速 $$v_2=\frac{4Q}{\pi d_2^2}=\frac{4\times0.025}{3.14\times0.125^2}=2.04\ (\text{m/s})$$

沿程水头损失 $$h_{f2}=\lambda_2\frac{l_2}{d_2}\times\frac{v_2^2}{2g}=0.037\times\frac{20}{0.125}\times\frac{2.04^2}{19.6}=1.26\ (\text{m})$$

总的沿程水头损失为 $$\sum h_f=h_{f1}+h_{f2}=0.303+1.26=1.563\ (\text{m})$$

2. 局部水头损失

进口损失由直角进口查表 4-3 得 $\zeta_{进口}=0.5$，则

$$h_{j1}=\zeta_{进口}\frac{v_1^2}{2g}=0.5\times\frac{1.04^2}{19.6}=0.028\ (\text{m})$$

根据 $\frac{A_2}{A_1}=\left[\frac{d_2}{d_1}\right]^2=\left[\frac{0.125}{0.175}\right]^2=0.51$ 查表 4-3 得

$$\zeta_{缩}=0.5\times\left(1-\frac{A_2}{A_1}\right)=0.5\times(1-0.51)=0.245$$

则 $$h_{j2}=\zeta_{缩}\frac{v_2^2}{2g}=0.245\times\frac{2.04^2}{19.6}=0.052\ (\text{m})$$

闸阀损失由平板闸门的开度 $a/d=0.5$，查表 4-3 得 $\zeta_{阀}=2.06$，则

$$h_{j3}=\zeta_{阀}\frac{v_2^2}{2g}=0.437\ (\text{m})$$

总的局部水头损失为　　$\sum h_j = h_{j1} + h_{j2} + h_{j3} = 0.028 + 0.052 + 0.437 = 0.517$（m）

3. 水箱的水头

以管轴线为基准面，取水箱内断面和管出口断面为两过水断面。断面1—1取水面点，其位置高度为H，压强为大气压，流速近似为零。断面2—2取中心点，位置高度为零，因断面四周为大气压强，故中心点也近似为大气压强，流速为v_2。则列能量方程后得

$$H = \frac{\alpha v_2^2}{2g} + h_w = \frac{\alpha v_2^2}{2g} + \sum h_f + \sum h_j$$

用上述已算出的数字代入，得$H = \frac{1 \times 2.04^2}{19.6} + 1.563 + 0.517 = 2.292$（m）。

第七节　绕流阻力与升力

水流绕过物体（如机翼、桥墩和水文测验中的铅鱼等）或物体在流体中以一定的速度前进（也相当于流体绕过物体）时，物体都将受到水流对物体的作用力。这个作用力可以分成两个分量：一个是顺水流方向的分力，是水流中物体（桥、墩、铅鱼）受到水流方向的作用力，或者说在流体中运动物体（如机翼）所受到的阻力，故称为绕流阻力；另一个是垂直于流动方向的横向作用分力，称为升力。研究绕流阻力和升力问题对水文测验、水力机械和水工建筑的设计施工等都有其实用价值。

为确定物体的绕流阻力，现观察垂直于水流方向设置的圆柱体，如图4-18所示。由于水流对称绕着圆柱边界流动，则在圆柱边界的任一点上都存在着法向应力p和切应力τ_0。从图4-18上可以看出，在圆柱面上取一微小面积dA，作用在微小边界面上的动水压力$dP = p dA$，摩擦阻力$dT = \tau_0 dA$。则作用在圆柱面上的绕流阻力，就是水流作用在圆柱面上各微小动水压力和微小摩擦阻力在水流方向投影的总和。因此，绕流阻力由两部分组成，即由表面切应力形成的部分称为摩擦阻力或表面阻力；由动水压强形成的称为压强阻力或形状阻力。

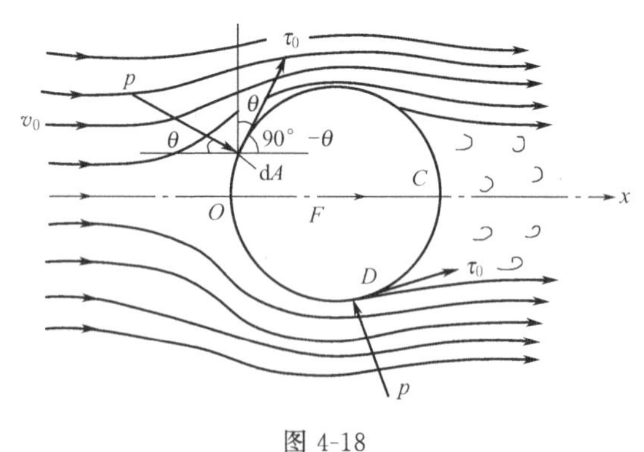

图4-18

由于水流经过物体后，发生水流与边界的分离，形成旋涡区，所以物体的形状及物体与水流的相对位置都影响旋涡区的大小、旋涡的强弱，对绕流阻力的影响极大。例如，平板平行水流放置，就不易形成水流与边界的脱离，产生的绕流阻力也最小；若平板垂直水流放置，则最易产生水流与边界脱离，产生的绕流阻力也就最大，如图4-19（a）所示。因此，在流体中运动的物体（如飞机、船舶等），或在水流中固定的物体（桥墩、闸墩、铅鱼等）都应设计成曲线型，以避免产生水流脱离现象，减少绕流阻力。

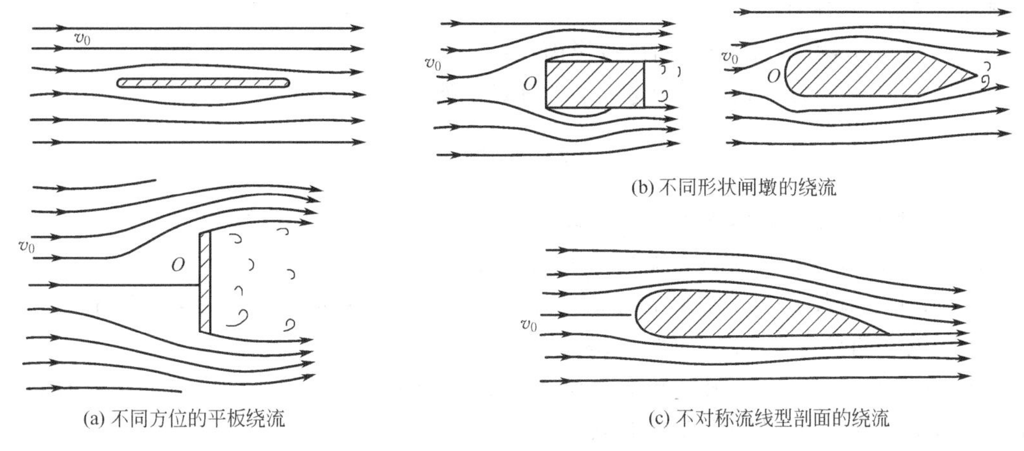

(b) 不同形状闸墩的绕流

(a) 不同方位的平板绕流

(c) 不对称流线型剖面的绕流

图 4-19

如图 4-19 中所示，物体在迎水面上存在一个流线的终止点（停滞点 O），该点的流速为零，压强最大，停滞点的动水压强水头$\frac{p_0}{\gamma}=\frac{v_0^2}{2g}$，即 $p_0=\frac{\rho v_0^2}{2}$。而物体迎水面其他各点的动水压强 p 均小于停滞点的压强 p_0。水流在圆柱面 C、D 处产生边界脱离，在柱后部形成强烈的旋涡区。旋涡区的压强远远小于圆柱迎水面的压强 p_0，即产生了压差阻力。除压差阻力外，水流沿圆柱壁面还存在有摩擦阻力。由于水流运动速度较大时，压强阻力在绕流阻力中占主导地位，因而绕流阻力可用式（4-28）表示

$$F_{\mathrm{D}}=C_{\mathrm{D}}A_{\mathrm{D}}\frac{\rho v_0^2}{2} \tag{4-28}$$

式中　ρ——流体的密度；

v_0——不受物体影响处的未被干扰的流速；

A_{D}——物体在垂直水流方向的投影面面积；

C_{D}——绕流阻力系数。

式（4-28）便是 1726 年牛顿提出的绕流阻力公式。

绕流阻力的阻力系数 C_{D} 与水流的雷诺数 Re、绕流物形状及其在水流中的相对位置有关。阻力系数 C_{D} 的变化规律与沿程阻力系数 λ 的变化规律相类似。当雷诺数 Re 较小时，绕流物周围的水几乎无扰动，绕流为层流，这时只有摩擦阻力，阻力系数 C_{D} 与 Re 成反比，绕流阻力与流速的一次方成比例。当雷诺数相当大时，绕流物周围水流紊动强烈，绕流处于阻力平方区，绕流阻力以压强阻力为主，阻力系数 C_{D} 与雷诺数无关，只与绕流物的形状及其在水流中的相对位置有关。根据试验实测：球体 $C_{\mathrm{D}}=0.5$，圆平板（板面垂直流向）$C_{\mathrm{D}}=1.12$。

水流作用在物体表面上的各微小动水压力和微小摩擦阻力在垂直水流方向上投影的总和称为升力。升力只在流体绕过不对称物体时才能发生，如图 4-19（c）所示。上部流线密、流速大、压强小；下部的流线疏、流速小、压强大。由于上、下压强不一致而形成了升力。在水流中，当物体不对称绕流时，就会产生升力。

升力也可用类似绕流阻力公式的形式来表示，即

$$F_{\mathrm{L}}=C_{\mathrm{L}}A_{\mathrm{L}}\frac{\rho v_0^2}{2} \tag{4-29}$$

式中　F_L——升力；

A_L——物体在水流方向的投影面积；

C_L——升力系数，可参考有关的计算手册。

习　　题

4-1　产生水头损失的根本原因是什么？

4-2　用什么来判别层流和紊流？Re 的物理意义是什么？

4-3　有两个圆管，管径不同 $d_1 \neq d_2$，流动的液体也不同 $\nu_1 \neq \nu_2$，液体的速度也不同 $v_1 \neq v_2$，问两个圆管中的 Re 一样吗？Re_K 一样吗？

4-4　当输水管直径一定时，随流量加大，Re 是加大了还是减小了？当输水管的流量一定时，随管径加大，Re 是加大了还是减小了？

4-5　瞬时流速 u，时均流速 $\bar{u}$，脉动 u' 之间的关系如何？时均流速 $\bar{u}$ 和断面平均流速 v 的含义有何不同，关系如何？

4-6　为什么在用流速仪测定某点的流速时，流速仪在测点停留的时间不易过短？

4-7　层流和紊流的流速分布有何不同？

4-8　水力光滑管与水力粗糙管是用什么来判别的？它与 Re 有何关系？

4-9　若有两根管道，其直径 d、长度 l、绝对粗糙度 Δ 均相等，其中一根输油（ν 较大），一根输水（ν 较小）。问：①当两管中流动速度 v 相等，其 h_f 是否相等？②当两管中 Re 相等，h_f 是否相等？

4-10　在图 4-20 中，水深 $h=3$m，底宽 $B=2$m，边模系数 $m=1$，若渠道中均匀流的流速 $v=0.95$m/s，此时的水温为 10℃，则此均匀流为何种流态？

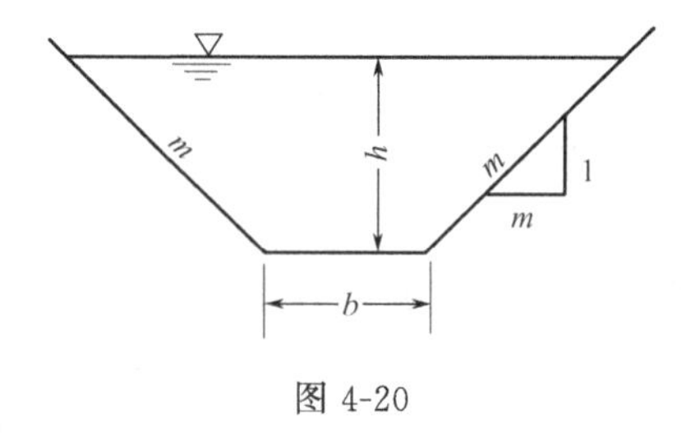

图 4-20

4-11　有一圆形输水管道，$d=150$mm，管道中通过的流体流量 $Q=6.0$L/s。①管中的液体为水，水温为 20℃；②若通过的液体是重燃油，其运动黏滞系数 $\nu=150\times10^{-6}\,m^2/s$。试判别上述两种情况时液体的流态。

4-12　有一输水管，管径为 $d=0.15$m，管中通过的流量 $Q=8.2$L/s，水温为 10℃。试判别该水流的流态，并求流态发生转变时的流量（相应的流速为下临界流速）。

4-13　有一压力输水管，管壁的当量粗糙度为 $\Delta=0.6$mm，水温为 15℃，管长为 25m，管径为 100mm。试求：①当流量为 4.0L/s、12L/s、40L/s 时，其沿程水头损失各为多少？②分析上述三种情况时沿程阻力系数 λ 和沿程水头损失大小的变化规律，并说明为什么？

4-14　有一水平放置的新的铸铁管，管径 $d=25$cm，管长 $l=200$m，水温为 10℃，通过流量为 450m^3/h。试求：①管中流速；②沿程阻力系数；③水力坡度。

4-15　有一矩形断面渠道，底宽 $b=6$m，渠道用浆砌块石做成，当通过流量为 $Q=15.0m^3/s$ 时，渠道中相应的水深为 $h=3$m，求 1km 长渠道中的沿程水头损失。

4-16　有一混凝土压力输水管，管径为1.0m，管长l=500m。当通过流量为1.50m^3/s时，求管中的沿程水头损失。

4-17　一有压输水管路，长度为100m，管径d=25mm，管路当量粗糙度为0.2mm，水温为15℃。当通过流量Q=0.6L/s时，试求：

① 用公式计算沿程阻力系数；

② 该管段的沿程水头损失。

4-18　为测定90°弯头的局部水头损失系数ζ，采用如图4-21所示装置。已知试验段AB长为10m，管径d=0.05m，弯管的曲率半径$R=d$，该管中的沿程阻力系数λ=0.03。今试验测得的数据为：AB两端的测压管水面差为0.629m，2min内流入水箱的水量为0.319m^3。试求弯管的局部水头损失系数ζ。

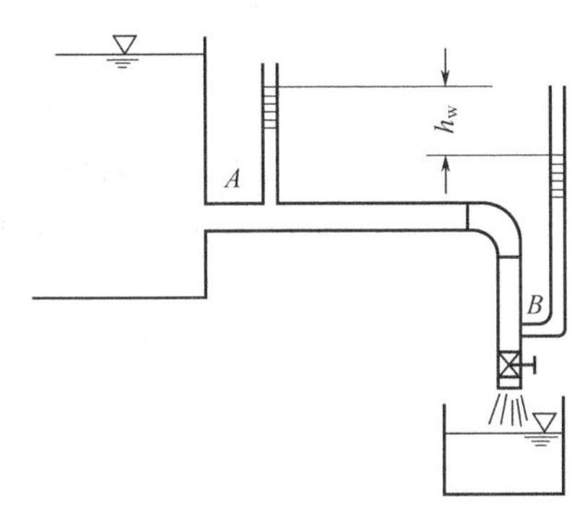

图4-21

4-19　图4-22为一水塔输水管路，已知铸铁管的管长l=250m，管径d=100mm，管路进口为直角进口，有一个弯头和一个闸阀，弯头的局部损失系数$\zeta_{弯}$=0.8。当闸门全开时，管路出口流速v=1.6m/s，求水塔水面高度H。

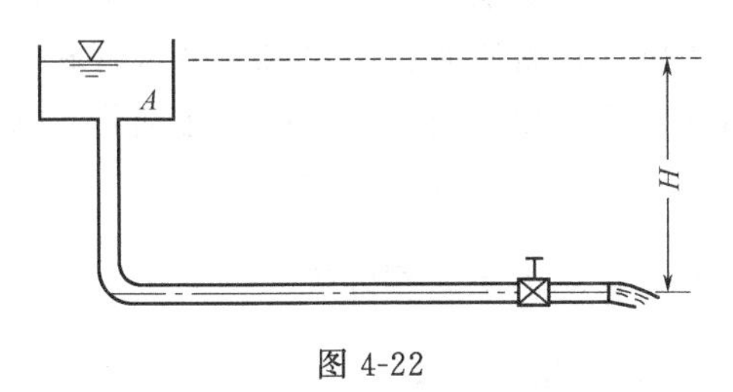

图4-22

4-20　某水库的混凝土放水涵管，进口为直角进口，管径d=1.5m，管长l=50m，上、下游水面差z=8m，如图4-23所示。当管道出口的河道中流速仅为管中流速的0.2倍时，求管中通过的流量Q。

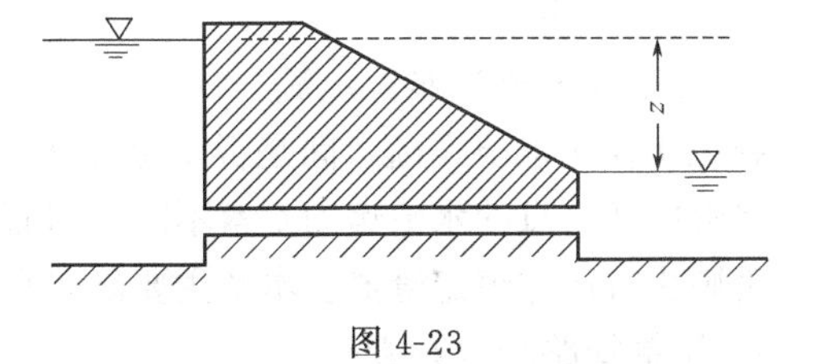

图4-23

第五章

有压管道中的恒定流

提要

前面几章主要讨论了水流运动的基本原理，介绍了水流运动的连续性方程、能量方程和动量方程，并且阐述了水头损失的变化规律和计算，以后各章都是应用这些原理去解决实际工程中常见的水力学问题。本章首先研究的问题是有压管道中的恒定流，包括管流的分类、管流的计算类型、简单管路的水力计算方法。

第一节　概述

在水利工程和日常生活中，经常用管道来输送液体，如水利工程中的有压引水隧洞、有压泄洪隧洞、水电站的压力钢管，灌溉工程中的虹吸管、倒虹吸管，抽水机的吸水管和压水管，城市给排水工程中的自来水管，以及石油工程中的输油管，人体中的血管等，都是常见的有压管流。

一、管流的定义和分类

（一）管流的定义

有压管流水流运动的特点是：整个断面被液体所充满，没有自由液面，管道的整个边壁上都受动水压强作用，而且一般不等于大气压强。因此，管流又称为有压流。

（二）管流的分类

1. 有压恒定流与非恒定流

根据水流运动要素随时间是否变化可分为有压恒定流和有压非恒定流。当管中任一点的水流运动要素不随时间而改变时，即为有压恒定管流，否则为有压非恒定管流。本章主要研究有压恒定管流的计算。

2. 简单管路和复杂管路

根据管道的布置情况，实际管道可分为简单管路和复杂管路。简单管路是指等径、无分支、糙率均一、流量在全程上保持不变的管路，如图 5-2 所示。复杂管路是指由两根以上的管道所组合的管路，根据不同的组合情况，可分为串联管道、并联管道、枝状和环状管网，如图 5-1 所示。

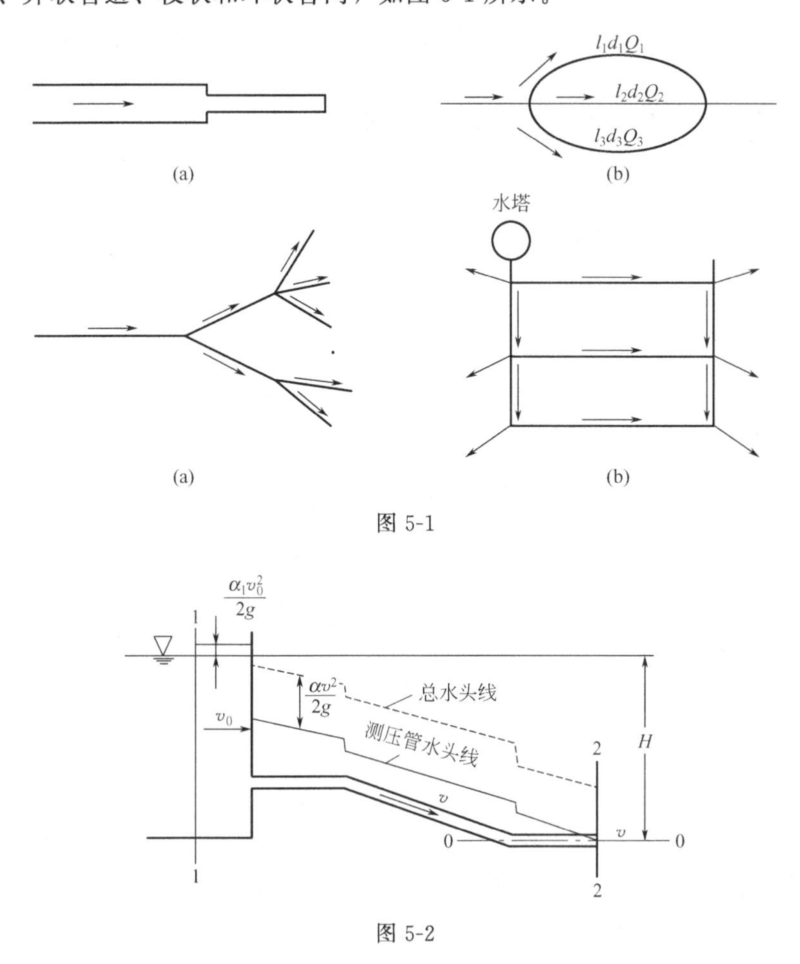

图 5-1

图 5-2

3. 自由出流和淹没出流

根据管道出口水流特点，管流可分为自由出流和淹没出流两类。自由出流指管道出口水流流入大气中；淹没出流指管道出口水流流入下游水面以下。

4. 长管和短管

根据管道中水流的沿程水头损失、局部水头损失及流速水头所占的比重不同，管流可分为长管和短管。长管即管道中水流的沿程水头损失较大，而局部水头损失和流速水头很小，此两项之和只占沿程水头损失 5%以下，以致可以忽略不计。一般自来水管可视为长管。短管即管道中局部水头损失与流速水头两项之和占沿程损失的 5%以上，水力计算时不能忽略，必须一起考虑在内。通常虹吸管、倒虹吸管、坝内泄水管、抽水机的吸水管等，可按短管计算。特别需要指出的是：长管和短管并不是按管道的长度分类的，即使很长的管道，局部水头损失不能忽略时，仍按短管计算。

二、管流的计算类型

① 管道输水能力的计算。即在给定水头、管线布置和断面尺寸的情况下，确定它输送的流量。

② 当管线布置、管道尺寸和流量一定时，要求确定管路的水头损失，即输送一定流量所必需的水头。

③ 在管线布置、作用水头及输送的流量已知时，计算管道的断面尺寸（对于圆形断面的管道，则是计算所需的直径）。

④ 给定流量、作用水头和断面尺寸，要求确定沿管道各断面的压强，绘制测压管水头线。

第二节　简单短管的水力计算

一、自由出流

自由出流短管，如图 5-2 所示，以通过管道出口断面中心点的水平面作为基准面，对断面 1—1 和断面 2—2 列能量方程式，即

$$H+\frac{p_1}{\gamma}+\frac{\alpha_1 v_1^2}{2g}=0+\frac{p_2}{\gamma}+\frac{\alpha_1 v_2^2}{2g}+h_{w1-2}$$

令 $p_1=p_2=p_a$，取相对压强为 0。令 $\alpha_1=\alpha_2=1$，$v_2=v$，$v_1=v_0$，且有

$$h_{w1-2}=h_f+\sum h_j=\left(\lambda\frac{l}{d}+\sum\zeta\right)\frac{v^2}{2g}$$

再令

$$H_0=H+\frac{v_0^2}{2g}$$

则可写成

$$H_0=\frac{v^2}{2g}+\left(\lambda\frac{l}{d}+\sum\zeta\right)\frac{v^2}{2g} \tag{5-1}$$

式中　v_0——上游水池中的流速，称为行近流速；

H——管路出口断面中心与上游水池水面的高差，称为水头；

H_0——包括行近流速水头在内的总水头。

将式（5-1）整理，可得管道中的断面平均流速为

$$v=\frac{1}{\sqrt{1+\lambda\frac{l}{d}+\sum\zeta}}\sqrt{2gH_0}$$

设管道过水断面面积为 A，则通过管道的流量为

$$Q=Av=\frac{1}{\sqrt{1+\lambda\frac{l}{d}+\sum\zeta}}A\sqrt{2gH_0} \tag{5-2}$$

令

$$\mu_c=\frac{1}{\sqrt{1+\lambda\frac{l}{d}+\sum\zeta}} \tag{5-3}$$

式（5-2）又可写为

$$Q=\mu_c A\sqrt{2gH_0} \tag{5-4}$$

式中　μ_c——短管自由出流的流量系数。

式（5-4）就是短管自由出流的计算公式，它表达了短管的过水能力，作用水头和阻力的相互关系。

行近流速如很小，$\frac{v_0^2}{2g}$可忽略不计，$H\doteq H_0$，则式（5-4）可写为

$$Q=\mu_c A\sqrt{2gH} \tag{5-5}$$

二、淹没出流

短管淹没出流，如图 5-3 所示。以下游水面为基准面，对断面 1—1 和 2—2 列能量方程，得

$$z+\frac{p_1}{\gamma}+\frac{\alpha_0 v_0^2}{2g}=0+\frac{p_2}{\gamma}+\frac{\alpha_2 v_2^2}{2g}+h_{w1-2}$$

同样 $p_1=p_2=p_a$，取相对压强为 0，令 $z_0=z+\frac{\alpha_0 v_0^2}{2g}$。

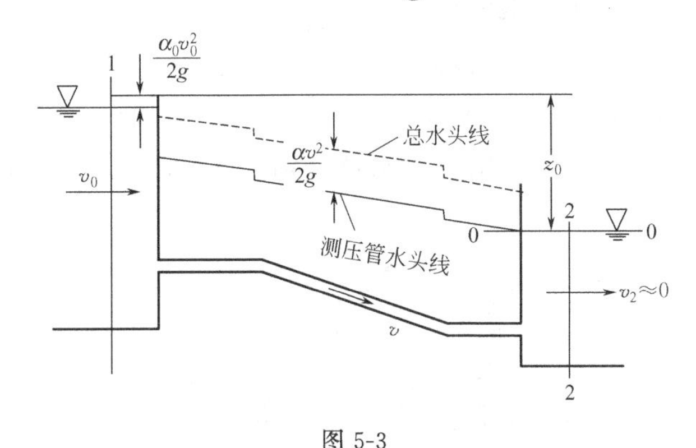

图 5-3

因 2—2 断面面积很大，于是$\frac{\alpha_2 v_2^2}{2g}$可以忽略，且管中流速为 v，则

$$h_{w1-2}=\left(\lambda\frac{l}{d}+\sum\zeta\right)\frac{v^2}{2g}$$

将上述各项代入能量方程，可得

$$z_0=\left(\lambda\frac{l}{d}+\sum\zeta\right)\frac{v^2}{2g}$$

整理后可得

$$v=\frac{1}{\sqrt{\lambda\frac{l}{d}+\sum\zeta}}\sqrt{2gz_0}$$

令

$$\mu_c=\frac{1}{\sqrt{\lambda\frac{l}{d}+\sum\zeta}} \tag{5-6}$$

故淹没出流的公式为

$$Q=\mu_c A\sqrt{2gz_0} \tag{5-7}$$

式中　μ_c——短管淹没出流的流量系数。

式（5-7）就是短管淹没出流的流量计算公式。

当行近流速水头很小时，可忽略不计，则式（5-7）可写成

$$Q=\mu_c A\sqrt{2gz} \tag{5-8}$$

比较式（5-4）和式（5-7）可以看出以下几点。

① 自由出流和淹没出流两者的计算公式形式完全一样，只是作用水头的含义不同。自

由出流时的作用水头为管道出口断面至上游水面的高差 H，而淹没出流时的作用水头则为上、下游水面高差 z。

② 自由出流和淹没出流的流量系数 μ_c 的表达式，其形式有所差别。自由出流时的 $\sum\zeta$ 比淹没出流的 $\sum\zeta$ 中少了一个出口局部水头损失系数，而有动能修正系数 $\alpha=1.0$。淹没出流时，没有动能修正系数 α，而有出口局部水头损失系数 $\zeta_{出}$，且 $\zeta_{出}=1.0$。因而对同一管道来讲，自由出流和淹没出流时流量系数的值是相等的。

③ 上游水池的行近流速水头 $\frac{\alpha_0 v_0^2}{2g}$，应视其具体的大小，在计算时可以计入，也可忽略不计。式（5-7）只适用于下游水池的流速水头 $\frac{\alpha_2 v_2^2}{2g}$ 可以忽略的情形。

【例 5-1】 图 5-4 为某水库的泄洪隧洞，已知洞长 $l=300$m，洞径 $d=2.00$m，隧洞的沿程阻力系数 $\lambda=0.03$，转角 $\alpha=30°$，水库水位为 42.50m，隧洞出口中心高程为 25.00m。隧洞的洞线布置如图 5-4 所示。试确定下游水位分别为 22.00m 和 30.00m 时，隧洞的泄洪流量。

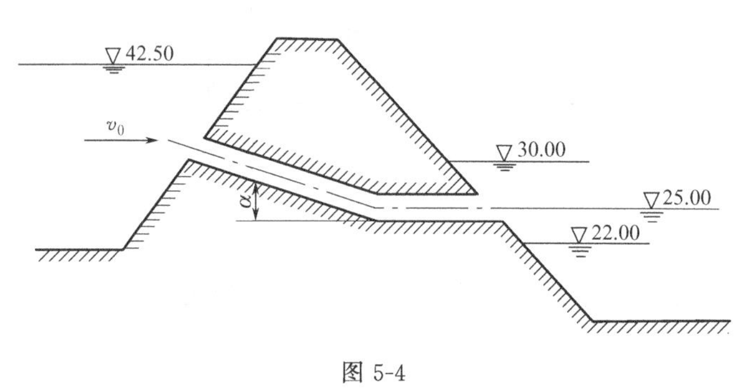

图 5-4

解：① 下游水位为 22.00m 时为自由出流。

由于水库中行近流速很小，按式（5-5）计算其流量，即

$$Q=\mu_c A\sqrt{2gH}$$

查表 4-3 知，$\zeta_{进}=0.5$，$\zeta_{弯}=0.2$，则

$$\mu_c=\frac{1}{\sqrt{1+\lambda\frac{l}{d}+\sum\zeta}}=\frac{1}{\sqrt{1+0.03\times\frac{300}{2}+0.5+0.2}}=0.402$$

$$H=42.5-25=17.50\ (\text{m})$$

$$Q=\mu_c A\sqrt{2gH}=0.402\times\frac{3.14\times2^2}{4}\times\sqrt{2\times9.8\times17.5}=23.4\ (\text{m}^3/\text{s})$$

② 下游水位为 30.00m 时为淹没出流，按式（5-8）计算流量。

$$z=42.50-30.00=12.50\ (\text{m})\qquad \mu_c=0.402$$

则隧洞的泄流量为

$$Q=\mu_c A\sqrt{2gz}=0.402\times\frac{3.14\times2^2}{4}\times\sqrt{2\times9.8\times12.5}=19.76\ (\text{m}^3/\text{s})$$

三、管径的确定

管径的确定是个影响因素较多的问题。从技术要求讲，若采用的管径小，其优点是管内

流速大，管道的单位长度造价低，安装容易；缺点是水头损失也大，要求的水头也较高（如水塔加高），不但管长增加，抽水机的功率也增大，设备运行费和电能消耗相应增加。反之，采用的管径较大，缺点是管内流速小，单位长度管道的费用大，安装也较困难；优点是管内流速小，水头损失减小，运行费用和水塔高度也随之减小。因此，在满足流量要求和水流中的泥沙又不沉积的前提下，应按投资和运行费用总和最小的原则，确定管道的经济流速 v，然后再根据 $d=\sqrt{\frac{4Q}{\pi v_{允}}}$，确定其相应的管径 d。

由于管径的选择是一个比较复杂的经济技术比较问题，所以，一般都用允许流速的经验值来确定管径。水电站压力隧洞的允许流速约为 2.5～3.5m/s；压力钢管的允许流速一般为 3～4m/s，最大不宜超过 5～6m/s。而给水管道中的流速一般在 0.2～3.0m/s，允许流速通常为 0.75～2.5m/s。抽水机吸水管的允许流速为 1.2～2.0m/s，一般不超过 2.5m/s，抽水机压水管允许流速则为 1.5～2.5m/s，一般不超过 3.5m/s；倒虹吸管的流速宜选用 1.5～2.5m/s。用允许流速确定管径的具体方法，见例 5-3。

四、气穴与气蚀

在标准大气压强作用下，将水加热到 100℃，水就会沸腾，从液体内部逸出大量水蒸气，形成气化。这说明温度是形成气化的原因，但形成气化的原因不仅仅只有温度，还有压强。例如，在高原上烧水，由于高原气压低，水温还没有达到 100℃水就沸腾。由此可见，形成气化取决于温度和压强两个因素。在给定的温度条件下，水开始气化的临界压强（绝对压强）称为水的气化压强，以 p_v 表示。不同温度下，气化压强是不同的，其值可通过试验测定。水在不同温度下的气化压强值见表 5-1。

表 5-1　不同温度下水的气化压强值

温度 t/℃	0	5	10	20	30	40	50	60	70	80	90	100
气化压强 $\frac{p_v}{\gamma}$/m 水柱	0.06	0.09	0.12	0.24	0.43	0.75	1.24	2.03	3.18	4.83	7.15	10.33

当水流某处的动水压强降低到相应水温的气化压强时，水开始气化，同时没有被水溶解的许多人们肉眼看不到的微小空气（叫气核），在低压下也不断膨胀逸出。水蒸气和空气在这些低压区聚集，形成气泡，这种现象称为气穴（空穴），如图 5-5 所示。气泡产生后随着水流向前运动，进入下游的高压区。在高压区内，气泡内外受压失去平衡，外压促使气泡骤然溃灭。气泡溃灭过程，时间极短，四周水流质点以极大的速度去填充气泡空间，以致这些水流质点的动量在几乎无穷小的时间内突变为零，因此产生了巨大的冲击力冲击水力机械或管壁等固体表面。低压区的气泡不断地流来、溃灭，冲击力不断产生，就像锤击一样，不停地敲打着固体边界，并伴随发出声响，久而久之，便引起材料疲劳破坏而发生剥蚀，轻则形成麻面、蜂窝，重则造成贯穿的空洞。这种由于气泡骤然溃灭对固体表面不断冲击作用引起的剥蚀称为气蚀。

图 5-6 所示为离心泵的转轮和轴流泵的叶片气蚀作用而破坏的示意图。

气穴和气蚀出现后，水轮机和水泵的效率会逐渐降低，破坏严重时，水力机械和水工建筑物的强度大大减小以致无法正常运转。因此，防止气蚀是设计和运用水力机械及水工建筑物要考虑的重要问题。

根据气蚀产生的成因，目前在工程上要避免或减轻气蚀，主要采取以下几个方面的措施。

① 尽可能将边界轮廓设计成流线型。

② 在建筑物施工时，尽可能降低建筑物表面的粗糙度。局部凸起处必须做成具有一定坡度的平面，以减少气蚀发生的可能性。

③ 对低压区进行人工通气，以减轻负压作用和缓冲气穴溃灭时的冲击作用。

④ 对于难以完全避免气穴的部位，选用高标号混凝土、环氧树脂加填料或合成塑胶等抗气蚀能力较强的材料进行护面，可以减轻气蚀的危害并延长建筑物的使用寿命。

⑤ 避免在水流中出现过低的低压区。

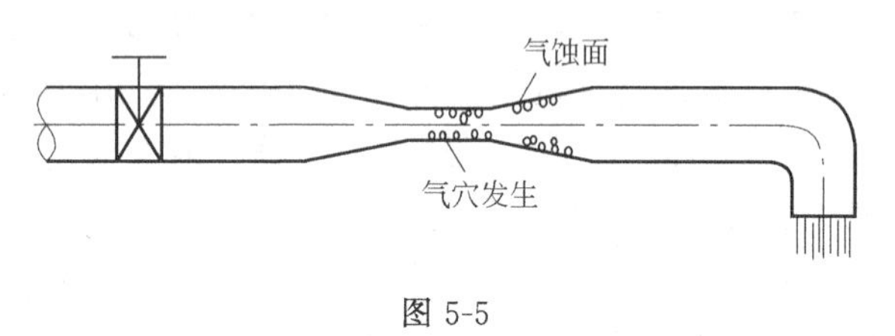

图 5-5

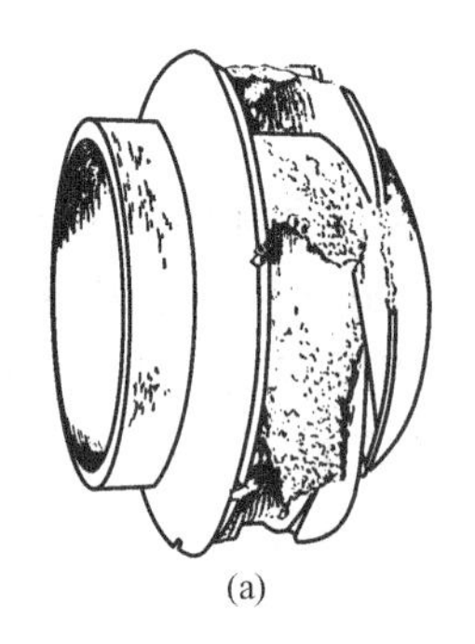

(a)

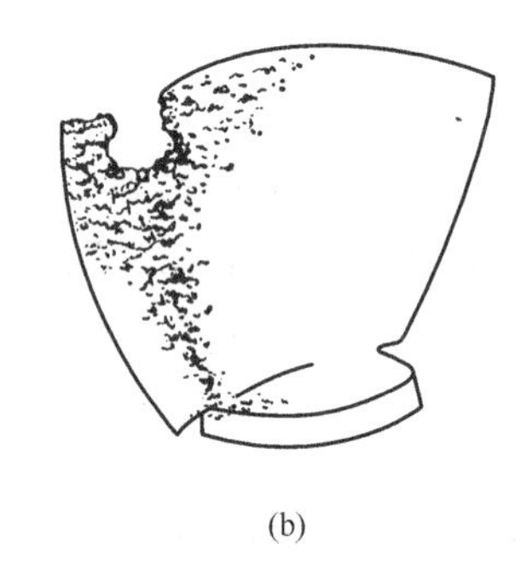

(b)

图 5-6

五、总水头线和测压管水头线的绘制

在有压管流中，动水压强一般大于零，但有时在局部管段上，因管轴线位置较高或管中流速过大，也会出现负压。一旦管中有较大的负压，就可能使管壁因发生气蚀而破坏，所以在管道设计中必须计算各断面压强，绘制出管线的测压管水头线，以便了解动水压强沿程变化的情况，避免出现过大负压。

绘制水头线时，管道系统各个管段的长度为 l_i、直径 d_i、糙率 n_i（或沿程阻力系数 λ_i）、通过的流量 Q_i，以及各局部阻力系数 ζ_i 是已知的。

（一）绘制总水头线和测压管水头线的具体步骤

① 根据各管的流量 Q_i，计算相应的流速 v_i、沿程水头损失 h_{fi}和局部水头损失 h_{ji}。

② 自管道进口到出口，算出每一管段两端的总水头值，并绘出总水头线。

③ 由于测压管水头线比总水头线低一个流速水头，即

$$\left(z+\frac{p}{\gamma}\right)_i=\left(z+\frac{p}{\gamma}+\frac{\alpha v^2}{2g}\right)_i-\frac{v_i^2}{2g}$$

在绘出总水头线后，自总水头线铅直向下量取管道各个断面的流速水头 $v_i^2/2g$ 值，即得测压管水头线。

（二）绘制总水头线和测压管水头线应注意的原则

① 在绘制测压管水头线和总水头线时，等直径管段的 h_f 沿管长均匀分布；h_j 实际上发

生于局部管段上，在绘制时，假设 h_j 集中发生在该局部边界变化的概化断面上。故在该断面上有两个总水头值，一个是局部损失前的，一个是局部损失后的。

② 在等直径管段中，测压管水头线坡度（J_Z）与总水头线坡度（J）平行。

③ 在绘制水头线时，应注意管道进口的边界条件，如图 5-7 所示。

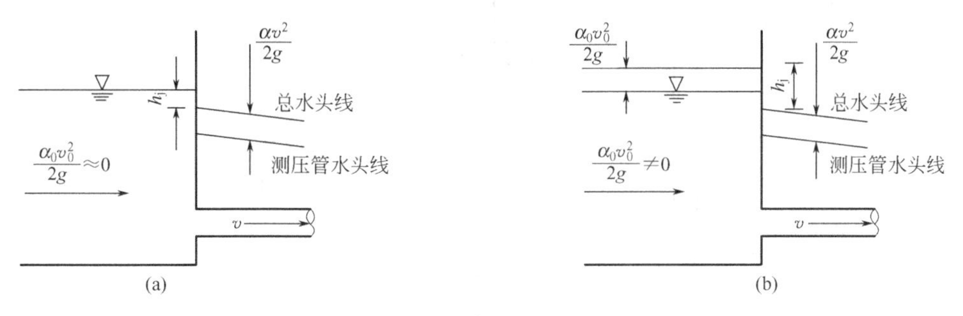

图 5-7

当上游行近流速 $v_0 \approx 0$ 时，总水头线的起点在上游水面，如图 5-7（a）所示。当 $v_0 \neq 0$ 时，总水头线的起点较上游水面高出$\dfrac{\alpha_0 v_0^2}{2g}$，如图 5-7（b）所示。

④ 此外，还应注意管道出口的边界条件，如图 5-8 所示。

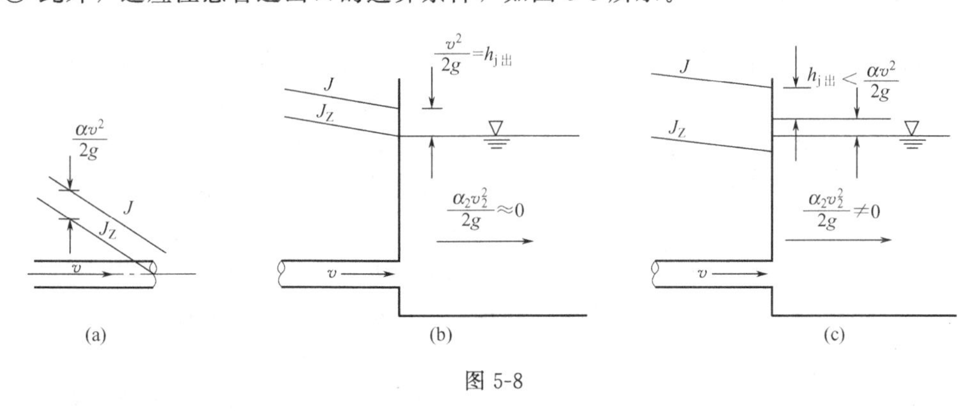

图 5-8

图 5-8（a）为自由出流，测压管水头线的终点应画在出口断面的形心上；图 5-8（b）为淹没出流，且下游流速 $v_2 \approx 0$，测压管水头线的终点应与下游液面平齐；图 5-8（c）亦为淹没出流，但下游流速 $v_2 \neq 0$，表示管流出口的动能没有全部损失掉，一部分转化为下游动能，尚有一部分转化为下游势能，使下游液面抬高，高于管道出口断面的测压管水头。故测压管水头线的终点一般应低于下游液面。

⑤ 测压管水头线沿程可以上升或下降，但总水头线沿程只能下降。

（三）调整管道布置避免产生负压

测压管水头高于管轴线的部分其压强水头$\dfrac{p}{\gamma}$为正。测压管水头低于管轴线，则压强水头$\dfrac{p}{\gamma}$为负值，如图 5-9 中阴影部分，其大小为测压管水头低于管轴线的高度。

从图 5-9 知，管道系统任意断面的压强水头$\dfrac{p_i}{\gamma}=H_0-h_{w0-i}-\dfrac{v_i^2}{2g}-z_i$，可见，在管道系统工作水头 H_0 一定的条件下，影响压强水头的因素为式中的后三项，可以通过改变这三项或其中一项来控制管中的压强。较有效的方法是降低管线的高度，即减小 z_i 以提高管道中压强的大小，避免管道中出现负压。

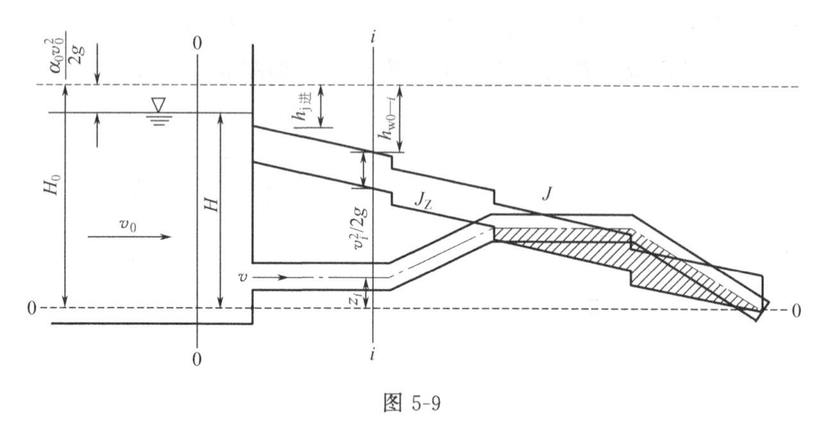

图 5-9

第三节　简单短管应用举例

一、虹吸管的水力计算

虹吸原理广泛应用于水利工程中，如灌溉引水工程中的虹吸管、虹吸式溢洪道等。虹吸管通常采用等直径的简单管路，一般按短管计算，其布置如图 5-10 所示。

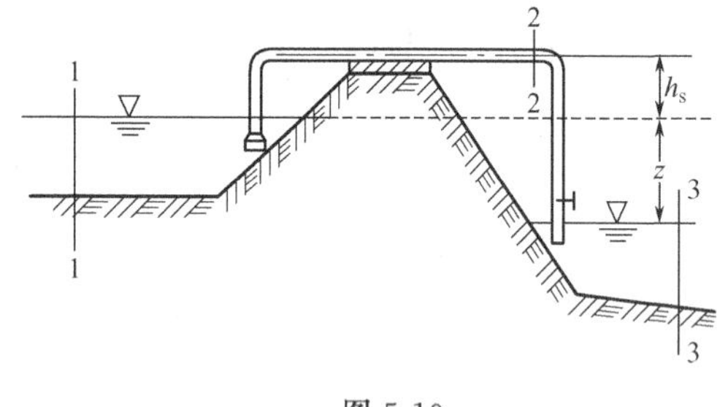

图 5-10

虹吸管的工作原理是：先对管内进行抽气，使管内形成一定的真空值。由于虹吸管进口处水面的压强为大气压强，因此，管内、管外形成压强差，迫使水流由压强大的地方流向压强小的地方。只要虹吸管内的真空不被破坏，而且保持上、下游有一定的水位差，水就会不断地由上游通过虹吸管流向下游。为了保证虹吸管能正常工作，管内的真空又要有一定限制。根据液体气化压强的概念，管内真空度一般限制在 6～8m 水柱高以内，以保证虹吸管内水流不致气化。

虹吸管的水力计算包括：在已定上、下游水位差的条件下，已知管径，确定输水流量；由虹吸管水流的允许真空度确定管顶允许最大安装高度；或已知安装高度，校核管中最大真空度是否超过允许值。

【例 5-2】 用一直径 $d=0.4$m 的铸铁虹吸管，将上游明渠中的水输送到下游明渠，如图 5-10 所示。已知上、下游渠道的水位差为 2.5m，虹吸管各段长分别为 $l_1=10.0$m，$l_2=6$m，$l_3=12$m。虹吸管进口为无底阀滤水网，其局部阻力系数取 $\zeta_1=2.5$。其他局部阻力系数：两个折角弯头 $\zeta_2=\zeta_3=0.55$，阀门 $\zeta_4=0.2$，出口 $\zeta_5=1.0$。虹吸管顶端中心线距上游水面的安装高度 $h_s=4.0$m，允许真空度采用 $h_v=7.0$m。试确定虹吸管输水流量，校核虹吸管中最大真空值是否超过允许值。

解：① 确定输水流量。先确定管路阻力系数 λ，查表 4-1 取铸铁管糙率为 $n=0.013$，水力半径为 $R=\frac{d}{4}=0.10$（m）。

$$C=\frac{1}{n}R^{1/6}=\frac{1}{0.013}\times 0.10^{1/6}=52.41\ (\mathrm{m^{1/2}/s})$$

$$\lambda=\frac{8g}{C^2}=\frac{8\times 9.8}{52.41^2}=0.0285$$

$$\mu_c=\frac{1}{\sqrt{\lambda\frac{l}{d}+\sum\zeta}}=\frac{1}{\sqrt{0.0285\times\frac{10+6+12}{0.4}+2.5+2\times 0.55+0.2+1.0}}=0.389$$

则通过虹吸管流量为

$$Q=\mu_c A\sqrt{2gz}=0.389\times\frac{3.14\times 0.4^2}{4}\times\sqrt{2\times 9.8\times 2.5}=0.342\ (\mathrm{m^3/s})$$

② 校核虹吸管中最大真空度。最大真空发生在管顶最高段（第二管段）内。由于管中流速水头沿程不变，最低压强应在该管段末端的弯头前断面，即 2—2 断面。同时认为弯头局部损失发生在弯头断面上，故在该断面的弯头损失以后的压强为最小。而在下游第三管段，由于管路坡降一般大于水力坡降，即断面中心高程的下降大于沿程水头损失，所以，部分位能转化为压能，使第三管段内压强沿程增加。

$$v=\frac{Q}{A}=\frac{0.342}{\frac{3.14}{4}\times 0.4^2}=2.72\ (\mathrm{m/s})$$

以上游水面为基准面，取 $\alpha=1.0$，建立 1—1 和 2—2 断面的能量方程，即

$$0+\frac{p_a}{\gamma}+0=h_s+\frac{p_2}{\gamma}+\frac{v^2}{2g}+h_{w1-2}$$

$$\frac{p_a-p_2}{\gamma}=h_s+\left(\lambda\frac{l_1+l_2}{d}+\zeta_1+\zeta_2\right)\frac{v^2}{2g}$$

$$=4+\left(0.0285\times\frac{10+6}{0.4}+2.5+0.55\right)\times\frac{2.72^2}{2\times 9.8}=5.58\ (\mathrm{m})$$

故 2—2 断面的真空度为 5.58m，小于允许真空度 7m，符合要求。

二、水泵装置的水力计算

图 5-11 为水泵装置。由真空泵使水泵吸水管内形成真空，水源的水在大气压强的作用下，从吸水管进入泵壳，再经压水管流入水塔。从能量观点来看，电动机及水泵对水做功，将外面输入的电能转化为水的机械能，使水提升一定的高度。

水泵管路水力计算分为吸水管和压水管两部分，都属简单短管管路。通常水泵水力计算的主要任务是：确定吸水管及压水管的直径，计算水泵安装高度，确定水泵的扬程和水泵电动机的功率。

【例 5-3】 有一水泵如图 5-11 所示，水泵的抽水量为 $Q=28\mathrm{m^3/h}$，吸水管的管长 $l_{吸}=5\mathrm{m}$，压水管的长度 $l_{压}=18\mathrm{m}$，沿程阻力系数 $\lambda_{吸}=\lambda_{压}=0.046$。局部阻力系数：进口 $\zeta_{网}=8.5$，90°弯头 $\zeta_{弯}=0.36$，其他弯头 $\zeta=0.26$，出口 $\zeta_{出}=1.0$，水泵的抽水高度 $z=18\mathrm{m}$，水泵进口断面的最大允许真空度 $h_v=6\mathrm{m}$。试确定以下各项。

① 管道的管径。

② 水泵的安装高度 h_s。

③ 水泵的扬程 H。

④ 水泵电动机的功率（水泵的效率 $\eta_{泵}=0.80$，电动机效率 $\eta_{动}=0.90$）。

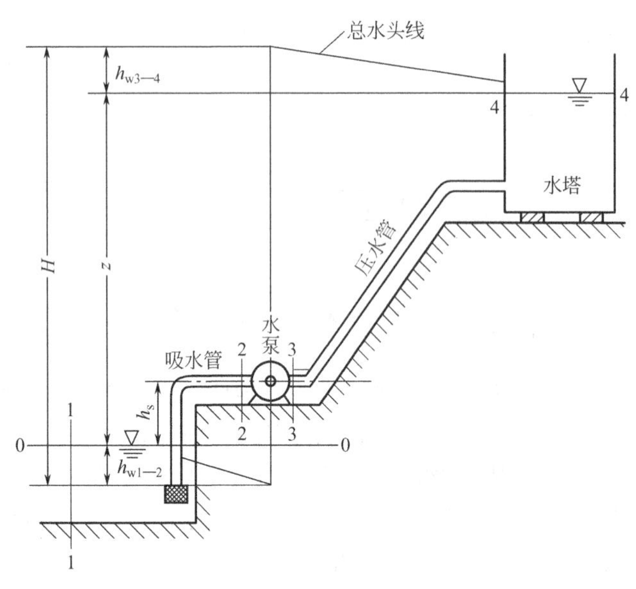

图 5-11

解：① 水泵管道直径的选定。水泵吸水管和压水管的直径，一般是根据管道的允许流速来确定的。对于吸水管，其允许流速为 $v_{允}=1.2\sim2\text{m/s}$。对于压水管，其允许流速为 $v_{允}=1.5\sim2.5\text{m/s}$。

依据上述允许流速的经验值，选取 $v_{吸}=2\text{m/s}$，$v_{压}=2.5\text{m/s}$，则相应的管径为

$$d_{吸}=\sqrt{\frac{4Q}{\pi v_{吸}}}=\sqrt{\frac{4\times28}{3.14\times2\times3600}}=0.070\ (\text{m})$$

$$d_{压}=\sqrt{\frac{4Q}{\pi v_{压}}}=\sqrt{\frac{4\times28}{3.14\times2.5\times3600}}=0.063\ (\text{m})$$

根据计算结果，查表 5-3 选用与它相近并大于它的标准管径，$d_{吸}=75\text{mm}$，$d_{压}=75\text{mm}$，则吸水管和压水管中的流速为

$$v_{吸}=v_{压}=\frac{Q}{A}=\frac{4\times28}{3.14\times0.075^2\times3600}=1.76\ (\text{m/s})$$

② 水泵的安装高度 h_s。以水源水面为基准面，在水源中的渐变流段内取过水断面 1—1，在水泵的进口，吸水管的末端取过水断面 2—2，对断面 1—1 和 2—2 列能量方程得

$$0+\frac{p_a}{\gamma}+\frac{\alpha v_1^2}{2g}=h_s+\frac{p_2}{\gamma}+\frac{\alpha v_{吸}^2}{2g}+h_{w吸}$$

因为断面 1—1 的流速比吸水管中的流速 $v_{吸}$ 小得多，故在计算中可近似地认为$\frac{\alpha v_1^2}{2g}\approx0$，并取 $\alpha=1$。将水头损失表达式代入，经过整理后得

$$h_s=\frac{p_a-p_2}{\gamma}-\left(1+\lambda\frac{l_{吸}}{d_{吸}}+\sum\zeta\right)\frac{v_{吸}^2}{2g}$$

其中，$\frac{p_a-p_2}{\gamma}$为真空度，用 h_v 表示，则可得水泵安装高度 h_s 的计算式为

$$\begin{aligned}h_s&=h_v-\left(1+\lambda\frac{l_{吸}}{d_{吸}}+\sum\zeta\right)\frac{v_{吸}^2}{2g}\\&=6-\left(1+0.046\times\frac{5}{0.075}+8.5+0.36\right)\times\frac{1.76^2}{19.6}=3.96\ (\text{m})\end{aligned}$$

h_s 值表明：安装高度最大不得超过 3.96m，否则将因水泵真空受到破坏，而产生抽不上水或出水量很小的现象。

③ 水泵的扬程。水从水源被提升到水塔上，提水高度为 z，这增加了水流的势能。同时，水流在流经吸水管和压水管到达水塔时，还要克服沿流程的各种阻力，消耗了自身的部分能量。这两部分能量都必须由水泵提供。通常把这两部分能量的总和，称为水泵的扬程，即

$$H=z+h_{w吸}+h_{w压}$$

$$h_{w吸}=\left(\lambda_{吸}\frac{l_{吸}}{d_{吸}}+\zeta_{网}+\zeta_{弯}\right)\frac{v_{吸}^2}{2g}$$

$$=\left(0.046\times\frac{5}{0.075}+8.5+0.36\right)\times\frac{1.76^2}{19.6}=1.89\ (\text{m})$$

$$h_{w压}=\left(\lambda_{压}\frac{l_{压}}{d_{压}}+\sum\zeta\right)\frac{v_{压}^2}{2g}$$

$$=\left(0.046\times\frac{18}{0.075}+2\times0.26+1.0\right)\times\frac{1.76^2}{19.6}=1.98\ (\text{m})$$

所以，水泵的总扬程为 $H=z+h_{w吸}+h_{w压}=18+1.89+1.98=21.87\ (\text{m})$

④ 水泵电动机的功率 N。电动机的功率为单位时间内将重量为 γQ 的水体，提升 H 高度时所做的功，再分别除以水泵和电动机的实际效率。其计算公式为

$$N=\frac{\gamma QH}{\eta_{泵}\eta_{动}}=\frac{9.8\times\frac{28}{3600}\times21.87}{0.8\times0.9}=2.32\ (\text{kW})$$

式中　H——水泵的扬程。

三、倒虹吸管的水力计算

当某一条渠道与其他渠道或公路、河道相交叉时，常常在公路或河道的下面设置一段管道，这段管道叫倒虹吸管。水力计算的任务如下。

① 已知管道直径 d、管长 l 及管道布置、上下游水位差 z，求过流量 Q。

$$Q=\mu_c A\sqrt{2gz}$$

② 已知管道直径 d、管长 l 及管道布置、过流量 Q，求上下游水位差 z。

$$z=\frac{Q^2}{\mu_c^2 A^2 g}$$

以上两类计算是常规的短管计算，这里不再举例。

③ 已知管道布置、过流量和上下游水位差 z，求管径 d。

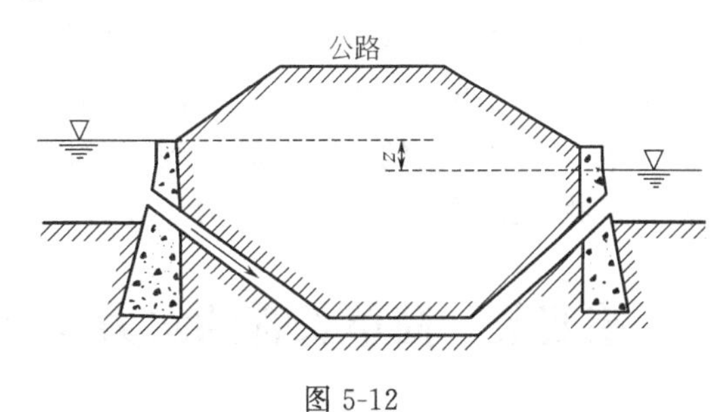

图 5-12

【例 5-4】 图 5-12 所示为一横穿公路的钢筋混凝土倒虹吸管，管中通过的流量 $Q=4\text{m}^3/\text{s}$，管长 $l=50\text{m}$，有两个 45°的折角转弯，其局部水头损失系数 $\zeta_{弯}=0.2$，沿程阻力系数 $\lambda=0.025$，上下游水位差 $z=2.0\text{m}$，当上、下游的流速水头可忽略不计时，求管道的管径 d。

解：倒虹吸管中的水流为简单短管的淹没出流，即

$$Q=\mu_c A\sqrt{2gz}$$

$$Q=\mu_c \frac{\pi d^2}{4}\sqrt{2gz}$$

将包括管径 d 的 $\mu_c d^2$ 移至等式一侧，则有

$$\mu_c d^2=\frac{4Q}{\pi\sqrt{2gz}}=\frac{4\times 4}{3.14\times\sqrt{2\times 9.8\times 2}}=0.810\ (\mathrm{m}^2)$$

流量系数的计算式为

$$\mu_c=\frac{1}{\sqrt{\lambda\frac{l}{d}+\zeta_{进}+2\zeta_{弯}+\zeta_{出}}}=\frac{1}{\sqrt{0.025\times\frac{50}{d}+0.5+2\times 0.2+1}}=\frac{1}{\sqrt{\frac{1.25}{d}+1.9}}$$

根据上述计算得

$$\frac{d^2}{\sqrt{\frac{1.25}{d}+1.9}}=0.810$$

（1）试算法　假设一个 d 值算出对应的 $\mu_c d^2$，看是否等于已知的 0.810，若 $\mu_c d^2\neq 0.810$，则重新假设 d 值再计算，直到假定的某一 d 值算出的 $\mu_c d^2$ 满足条件 $\mu_c d^2=0.810$ 为止，则此 d 值即为所求的管径。计算结果列于表 5-2 中。

表 5-2　试算法计算结果

d	d^2	μ_c	$\mu_c d^2$	d	d^2	μ_c	$\mu_c d^2$
1.04	1.08	0.568	0.613	1.16	1.3456	0.5795	0.780
1.08	1.1664	0.5719	0.667	1.18	1.3924	0.5813	0.8094
1.12	1.2544	0.5758	0.722				

从表 5-2 计算结果可以看出，当 d 值为 1.18 时，计算的 $\mu_c d^2$ 值为 0.8094，与 0.810 相差在 1%以下，故可认为 $d=1.18\mathrm{m}$，就是所求的管径，取标准管径 $d=1.2\mathrm{m}$。

（2）迭代法　将上面的算式改写成下面的迭代算式，即

$$d=\sqrt{0.810\times\sqrt{\frac{1.25}{d}+1.9}}$$

其迭代过程为：设 $d_1=0.5\mathrm{m}$，代入迭代算式右边的 d 中，算出 $d_2=1.303\mathrm{m}$，又用 d_2 代入迭代算式右边的 d 中，算出 $d_3=1.1703\mathrm{m}$，再将 d_3 代入迭代算式右边的 d 中，算出 $d_4=1.181\mathrm{m}$，再重复算出 $d_5=1.1803\mathrm{m}$，取 $d=1.180\mathrm{m}$ 为所求直径，取标准管径 $d=1.2\mathrm{m}$。

由上述迭代过程可以看出，迭代次数的多少取决于计算的精度要求，上题仅迭代 5 次，其相对误差已小于 0.1%。工程上，一般只要迭代 3～4 次就能得到较为准确的结果。

水力学中常遇到试算问题，利用微机进行计算就简单得多了。有关这方面的内容，请参阅罗全胜、张耀先所著的《水力计算》。

第四节　简单长管的水力计算

一、简单长管的水力计算

根据长管的定义，长管水力计算时局部水头损失和流速水头可忽略不计。能量方程式可

简化为

$$H=h_{f} \tag{5-9}$$

由谢才公式 $Q=AC\sqrt{RJ}$，可以求出沿程水头损失的表达式。令 $K=AC\sqrt{R}$，则谢才公式为 $Q=K\sqrt{J}$。

其中，K 称为流量模数。它是在水力坡度 $J=1$ 时所具有的流量，其单位和流量的单位相同。它反映了管道断面尺寸及管壁粗糙程度对过水能力的影响。

由

$$Q=K\sqrt{J}=K\sqrt{\frac{h_{f}}{l}}$$

可得

$$h_{f}=\frac{Q^{2}l}{K^{2}}$$

代入式（5-9）得

$$H=\frac{Q^{2}l}{K^{2}} \tag{5-10}$$

这就是长管水力计算的基本公式。在 Q、H、l 已知，求管径 d 时，可以先用式（5-10）求得 K。在粗糙系数一定时，$K=ACR^{1/2}$ 是管径 d 的函数。为便于计算，表 5-3 给出了标准管径和流量模数 K 的对应关系。

表 5-3　给水管道的流量模数 K 值（按 $C=1/n\times R^{1/6}$）　　单位：L/s

标准管道直径/mm	清洁管（$n=0.011$）	正常管（$n=0.0125$）	污秽管（$n=0.0143$）	标准管道直径/mm	清洁管（$n=0.011$）	正常管（$n=0.0125$）	污秽管（$n=0.0143$）
50	9.624	8.460	7.403	500	4.467×10^{3}	3.927×10^{3}	3.436×10^{3}
75	28.37	24.94	21.83	600	7.264×10^{3}	6.386×10^{3}	5.587×10^{3}
100	61.11	53.72	47.01	700	10.96×10^{3}	9.632×10^{3}	8.428×10^{3}
125	110.80	97.40	85.23	750	13.17×10^{3}	11.58×10^{3}	10.13×10^{3}
150	180.20	158.40	138.60	800	15.64×10^{3}	13.57×10^{3}	12.03×10^{3}
175	271.80	238.90	209.00	900	21.42×10^{3}	18.83×10^{3}	16.47×10^{3}
200	388.00	341.10	298.50	1000	28.36×10^{3}	24.93×10^{3}	21.82×10^{3}
225	531.20	467.00	408.60	1200	46.12×10^{3}	40.55×10^{3}	35.48×10^{3}
250	703.50	618.50	541.20	1400	69.57×10^{3}	61.16×10^{3}	53.52×10^{3}
300	1.144×10^{3}	1.006×10^{3}	880.00	1600	99.33×10^{3}	87.32×10^{3}	76.41×10^{3}
350	1.726×10^{3}	1.517×10^{3}	1.327×10^{3}	1800	136.00×10^{3}	119.50×10^{3}	104.60×10^{3}
400	2.464×10^{3}	2.166×10^{3}	1.895×10^{3}	2000	180.10×10^{3}	158.30×10^{3}	138.50×10^{3}
450	3.373×10^{3}	2.965×10^{3}	2.594×10^{3}				

对于一般给水管道，当平均流速 $v<1.2$m/s 时，管子可能在过渡区工作，h_{f} 近似与流速 v 的 1.8 次方成正比。计算水头损失时，可在公式（5-10）中乘以一修正系数 k，即

$$h_{f}=k\frac{Q^{2}l}{K^{2}} \tag{5-11}$$

式中　$k=1/v^{0.2}$。

对钢管和铸铁管，修正系数 k 值可参考表 5-4。

二、简单长管水力计算的类型

① 已知作用水头、管道尺寸、管道材料及管线布置，计算输水能力。

② 已知管道尺寸、材料、管线布置和输水能力，计算作用水头（确定水塔高度）。

③ 管线布置、作用水头、管道材料已定，当要求输送一定流量时，确定所需的管径。

表 5-4　钢管及铸铁管修正系数 k 值

v/(m/s)	k	v/(m/s)	k	v/(m/s)	k
0.20	1.41	0.50	1.15	0.80	1.06
0.25	1.33	0.55	1.13	0.85	1.05
0.30	1.28	0.60	1.115	0.90	1.04
0.35	1.24	0.65	1.10	1.00	1.03
0.40	1.20	0.70	1.085	1.10	1.015
0.45	1.175	0.75	1.07	1.20	1.00

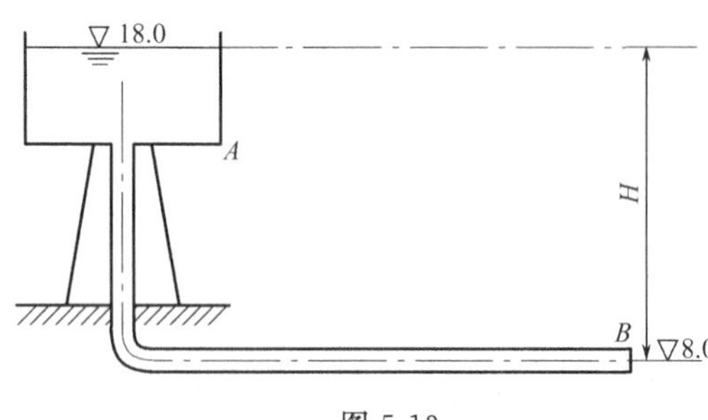

图 5-13

【例 5-5】 由水塔供水的简单管道 AB 长 $l=1600$m，直径 $d=200$mm，材料为铸铁管，水塔水面及管道末端 B 点的高程，如图 5-13 所示。求：

① 管道的供水流量 Q；

② 当管径不变时，供水流量提高为 $Q=50$L/s 时，水塔的水面高程。

解：① 已知水头求流量。

水塔供水的水头为

$$H=18.0-8.0=10\ (\text{m})$$

假设管内的水流为阻力平方区的紊流，由表 5-3 查得管径 $d=200$mm 的流量模数 $K=341.1$L/s，则管中通过的流量为

$$Q=K\sqrt{\frac{H}{l}}=341.1\times\sqrt{\frac{10}{1600}}=26.97\ (\text{L/s})=0.02697\ (\text{m}^3/\text{s})$$

验算流速是否符合假设条件

$$v=\frac{Q}{A}=\frac{4Q}{\pi d^2}=\frac{4\times0.02697}{3.14\times0.2^2}=0.859\ (\text{m/s})$$

因为 $v<1.2$m/s，属紊流过渡区，与假设不符，需要修正。由表 5-4 内查得 $v=0.859$m/s 时的修正系数 $k=1.042$，则有

$$Q=K\sqrt{\frac{H}{kl}}=341.1\times\sqrt{\frac{10}{1.042\times1600}}=26.42\ (\text{L/s})=0.02642\ (\text{m}^3/\text{s})$$

② 已知 $Q=50$L/s，求水塔中应有的水面高程。

先计算流速

$$v=\frac{Q}{A}=\frac{4Q}{\pi d^2}=\frac{4\times0.050}{3.14\times0.2^2}=1.59\ (\text{m/s})$$

因为 $v>1.2$m/s，水流处于紊流粗糙区，得

$$H=\frac{Q^2}{K^2}l=\left(\frac{50}{341.1}\right)^2\times1600=34.38\ (\text{m})$$

水塔水面高程为水管末端 B 点高程加上作用水头，即

$$\text{水塔水面高程}=8+34.38=42.38\ (\text{m})$$

【例 5-6】 由一条长为 3300m 的新铸铁管向某水文站供水，作用水头 $H=20$m，需要通过的流量为 $Q=32$L/s，试确定管道的管径 d。

解：一般自来水管按长管计算。考虑到管道在使用中，水里所含的杂质会逐渐沉积，致使新管子变得有些污垢，故应按正常管考虑，取 $n=0.0125$。先求流量模数 K 值，因为$H=$

$Q^2 l/K^2$，则

$$K=Q\sqrt{\frac{l}{H}}=32\times\sqrt{\frac{3300}{20}}=411.1\ (\text{L/s})$$

查表 5-3，当 $K=411.1\text{L/s}$ 时，所对应的管径在以下两个数之间。

$d=200\text{mm}$，$K=341.1\text{L/s}$；

$d=225\text{mm}$，$K=467.0\text{L/s}$。

为了保证对水文站的供水，应采用标准管径 $d=225\text{mm}$ 的管子。此时管中的流速

$$v=\frac{Q}{A}=\frac{4Q}{\pi d^2}=\frac{4\times0.032}{3.14\times0.225^2}=0.805\ (\text{m/s})$$

由于 $v<1.2\text{m/s}$，管中水流处于紊流过渡区，需要修正。查表 5-4，取 $k=1.059$。

按公式 $H=k\dfrac{Q^2 l}{K^2}$ 得修正后的流量模数 K 为

$$K=Q\sqrt{\frac{kl}{H}}=32\times\sqrt{\frac{1.059\times3300}{20}}=423.00\ (\text{L/s})$$

此流量模数仍在管径 200～225mm 的流量模数之间，故采用管径 $d=225\text{mm}$ 的管子，足可保证供水。

三、枝状管路水力计算

在实际应用中，为了给更多的地方供水，往往需要修建枝状管路。对于新建的枝状管路，水力计算的主要任务是已知管线布置、各段管长 l、各管段中通过的流量 Q 和供水端点所需要的自由水头，求各段管路的直径和所需的水塔高度。

【例 5-7】 有一用水塔向生活区供水的管网如图 5-14 所示，是一枝状管路。各管段长度及节点所需分出流量为已知。管路为正常铸铁管，糙率 $n=0.0125$，管路端点自由水头 $h_e=5.0\text{m}$，各端点地面高程如图 5-14 所示。试求管路中各管段的管径及水塔水面高程。

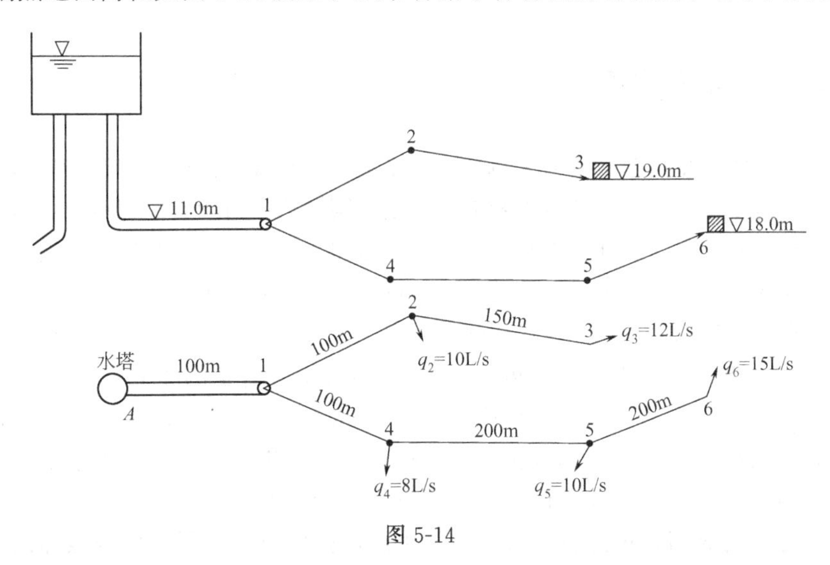

图 5-14

解：由图 5-14 可看出，计算的分叉管路有两条，即 $A123$ 和 $A1456$。根据连续性条件，确定所有管段的流量，如表 5-5 所示，下面举例说明列表中的计算过程。

① 确定各管段直径。选用给水管路经济流速 $v_e=1.5\text{m/s}$。以 5—6 管段为例，流量 $Q=q_6=15\text{L/s}$，则管径

$$d=\sqrt{\frac{4Q}{\pi v_e}}=\sqrt{\frac{4\times0.015}{3.14\times1.5}}\approx0.1129\ (\text{m})\approx112.9\ (\text{mm})$$

选用标准管径 $d=125\text{mm}$，管中实际流速为

$$v=\frac{Q}{A}=\frac{4\times0.015}{3.14\times0.125^2}\approx1.22\ (\text{m/s})$$

因为流速大于 1.2m/s，水流在粗糙区。

② 计算各管段水头损失。根据直径及糙率查表 5-3，以 5—6 管为例，$K=97.4\text{L/s}$，则该管段的水头损失为

$$h_{f5-6}=\frac{Q^2}{K^2}l=\left(\frac{0.015}{0.0974}\right)^2\times200=4.74\ (\text{m})$$

其他各管段如表 5-5 中所示。

③ 确定水塔水面高程。分别计算分叉管路 $A123$ 和 $A1456$ 所需的水塔水头值，即

$$H_{A123}=\sum h_{fi}+h_e+z_e=1.39+7.5+1.93+5+19=34.82\ (\text{m})$$

$$H_{A1456}=4.74+4.98+1.91+1.39+5+18=36.02\ (\text{m})$$

由以上计算可看出，最不利管路为 $A1456$ 分叉管路，根据以上计算值略加安全系数，选用水塔水面高程为 36.5m，于是水塔水面距地面高差为

$$\Delta_Z=36.5-11=25.5\ (\text{m})$$

表 5-5　各管段参数

管段	管长 l/m	流量 Q/(L/s)	管径 d/mm	流速 v/(m/s)	流量模数 K/(L/s)	水头损失 h_f/m
5—6	200	15	125	1.22	97.4	4.74
4—5	200	25	150	1.42	158.4	4.98
1—4	100	33	175	1.37	238.9	1.91
A—1	100	55	225	1.38	467.0	1.39
2—3	150	12	100	1.53	53.7	7.50
1—2	100	22	150	1.25	158.4	1.93

第五节　水击现象简介

当压力管道中的流量迅速改变时，例如，水泵突然停机或用阀门快速调节流量，管道中的流速将随时间迅速改变，水流的动量也相应地发生急剧变化。由动量定理可知，这时必然存在引起水流动量变化的外力。这种外力只能由压力管道作用于水流，引起压力管道中压强的急剧升高或降低，并在整个管长范围内以波的形式往返传播，使管道中的压强呈现升高和降低的交替变化，这种水力现象称为水击。管内压强的突变，使管壁产生振动，并伴有锤击之声，因此水击也叫“水锤”。出现水击的流动不再是恒定流，属于有压管道的非恒定流问题。

水击又可分为正水击和负水击。当压力管道上的阀门在迅速关闭的情况下，首先引起压强急剧升高，而后压强的交替升降以波的形式往返传播，称为正水击。正水击引起的压强增值可以超过管道中正常压强的很多倍，甚至可以使管壁破裂。

当压力管道上的阀门在迅速打开时，也能引起压强的急剧降低，以压强降低为特征的水击，称为负水击。负水击可以使管道在短时间内产生较大真空，同样会造成对管道的危害。负水击一般容易避免，破坏性也远不及正水击。

水击产生的压强有很大的破坏性，在水利工程建设和管理中必须引起足够的重视，要采取措施尽可能减少水击所带来的危害。

减少水击危害一般采取的措施有以下几种。

① 安装水击消除阀。这种阀安装在管道上，当产生水击时，压强达到一定数值，这种阀能自动开启，将一部分水从管道中放出，降低水击压强。当水击压强消失后，又能自动关闭起来。

② 设置调压井（塔）。当产生水击压强时，在压力作用下，有一部分水能流进调压塔，达到降低水击压强的作用。

③ 延长阀门启闭时间。水击波传播中，若关闭阀门所用时间愈长，从水库反射回来的减压波所起的抵消作用愈大，因此阀门处的水锤压强也就愈小。工程中总是设法延长阀门的启闭时间。

④ 缩短有压水管的长度。水击传播过程中，压力管道愈长，则水锤波从阀门传播到水库，再从水库反射回来的时间也愈长，这样，在阀门处所引起的最大水击压强也就愈不容易得到缓解。因此，如果条件允许，应尽可能缩短压力管的长度。

⑤ 减小压力管道中的水流流速。如果压力管道中原来的流速比较小，则因阀门突然关闭而引起的流速变化也较小，所以水流惯性引起的水击压强也就不会很大，从这点出发可采用加大管径以达到减小流速、降低水击压强的作用。但是，这个办法不一定经济。

一般来讲，在输水管中发生水击是有害的，应该避免，但是也可以利用水击所产生的压强把水扬到很高的位置，制造水锤泵用于扬水。

习　题

5-1　什么是管流，它的主要特点是什么？

5-2　何谓短管和长管，判别标准是什么？

5-3　如图5-15所示，5-15（a）图为自由出流，5-15（b）图为淹没出流。若在两种出流情况下，作用水头 H、管长 l、管径 d 及沿程阻力系数均相同。试问：

① 两管中的流量是否相同，为什么？

② 两管中各相应点的压强是否相同，为什么？

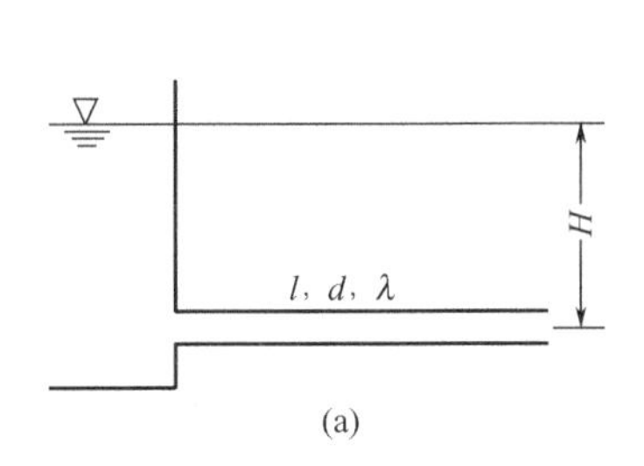

(a)

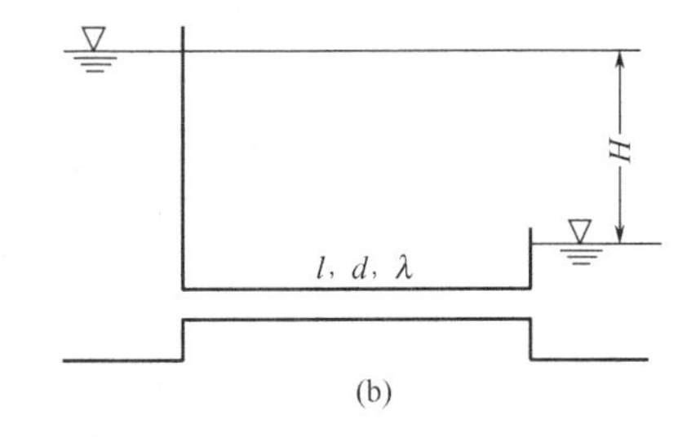

(b)

图5-15

5-4　图5-16所示①、②、③为坝身底部三个泄水孔，其孔径和长度均相同。试问：这3个底孔的泄流量是否相同，为什么？

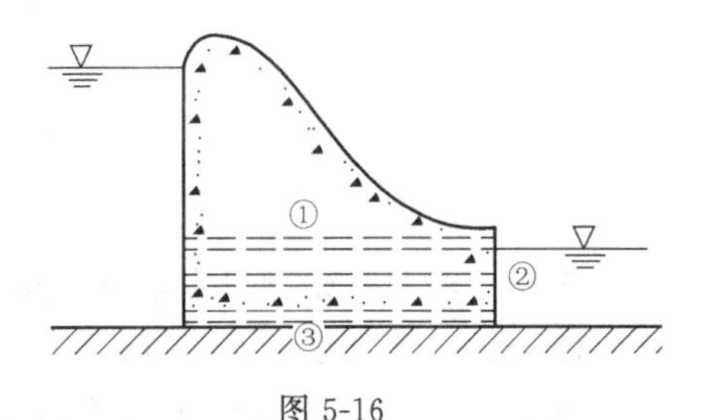

图5-16

5-5　有两个泄水隧洞，如图5-17所示。管线布置、管径 d、管长 l，管材及作用水头 H 完全一样，但出口断面积不同，图5-17（a）出口断面不收缩，图5-17（b）出口为一收缩断面。$A_2 < A_1$，假设不计收缩的

局部水头损失，试分析：

① 哪一种情况出口流速大，哪一种情况泄流量大，为什么？

② 两隧洞中相应点的压强哪一个大，为什么？

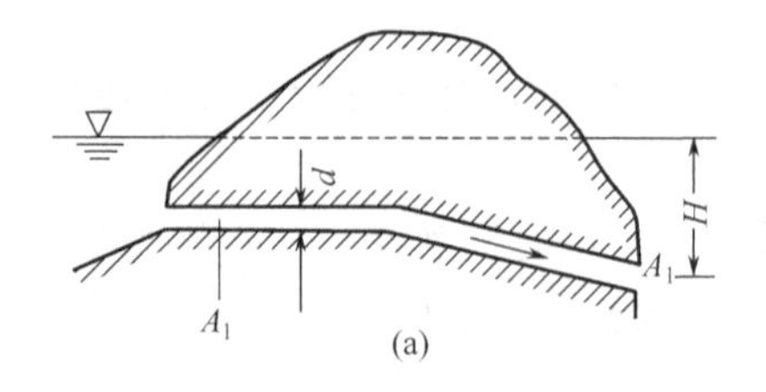

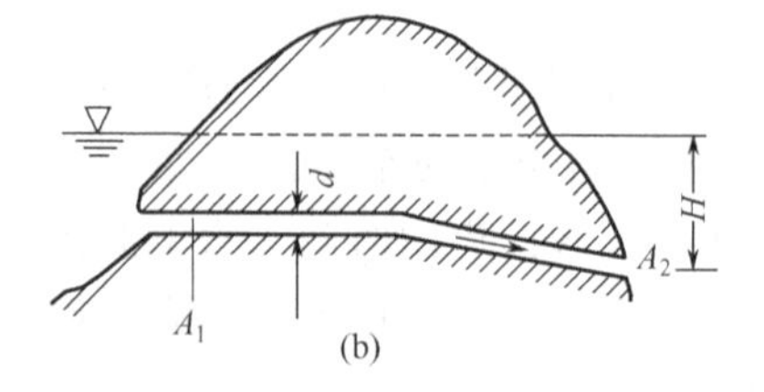

图 5-17

5-6　用管长为 l 的两根平行管路由 A 水池向 B 水池供水，见图 5-18，但是管径 $d_2=2d_1$，两管的粗糙系数 n 相同，局部水头损失不计，试分析两管中的流量之比。

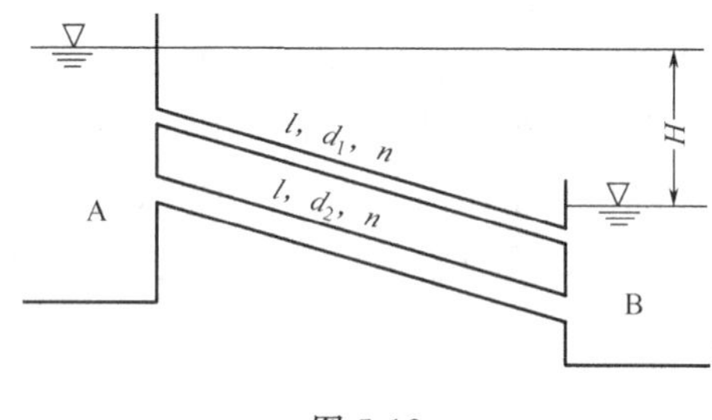

图 5-18

5-7　什么是水泵的扬程，它与水被水泵提升的高度是不是一回事？

5-8　什么是水击？它有什么危害？

5-9　减小水击压强的主要措施有哪些？

5-10　在混凝土坝内设有引水管，如图 5-19 所示。管径为 $D=0.6\text{m}$，管长 $l=20\text{m}$，进口为喇叭口形，并设有一闸阀，相对开度 $e/d=0.75$。当上游水位为 55m 时，试求：

① 通过引水管的流量；

② 管路中间断面 A—A 的压强水头。

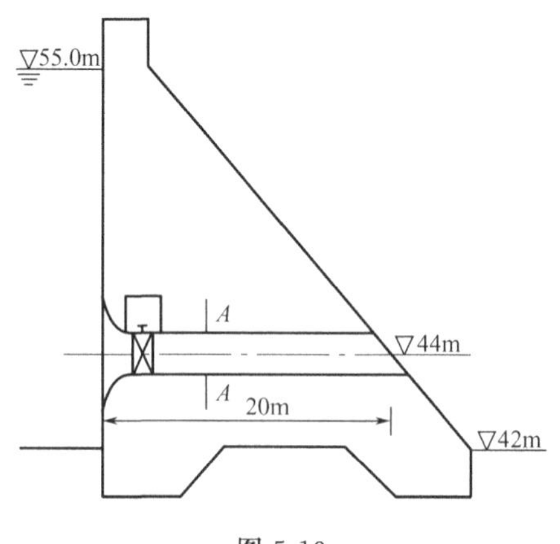

图 5-19

5-11　利用虹吸管引水灌溉，如图 5-20 所示。已知上下游水位差 $z=3\text{m}$，铸铁管直径 $d=350\text{mm}$，管道总长 $l=27\text{m}$（$l_1=10\text{m}$，$l_2=5\text{m}$，$l_3=12\text{m}$），折角 $\theta=45°$，进口安装有底阀的莲蓬头，管道的沿程阻力系数 $\lambda=0.028$，堤顶平管段末端 2—2 断面的允许真空高度

$h_v=6m$。试求：

① 通过虹吸管的流量 Q；

② 计算管顶的安装高度 h_s。

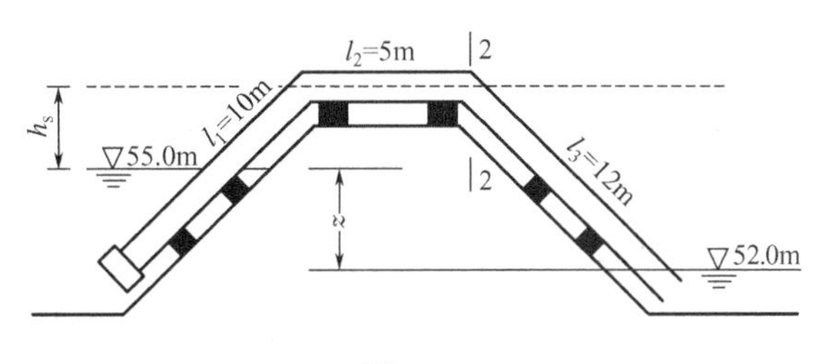

图 5-20

5-12　有一输水管通过河底，即倒虹吸管，如图 5-21 所示。两端连接引水渠，输水流量 $Q=380L/s$，管径 $d=500mm$，管路总长 $l=160m$（$l_1=50m$，$l_2=60m$，$l_3=50m$），沿程阻力系数 $\lambda=0.02$，渠道中流速忽略不计。试求：

① 上游渠道水位 z；

② A—A 断面的压强水头。

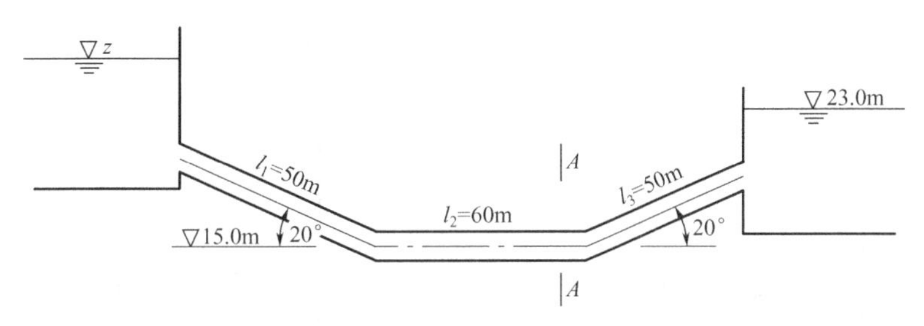

图 5-21

5-13　有一水泵由水池向水塔供水，管路采用铸铁管，$\lambda=0.03$，其布置如图 5-22 所示。吸水管进口为无底阀滤水网。当水泵进口真空度为 $h_v=5.5m$ 时，试求：

① 水泵的最大抽水流量；

② 当水泵及电动机总效率 $\eta=0.75$ 时，电动机所需的功率（在最大抽水流量和水塔水面高程为 96.0m 的条件下）。

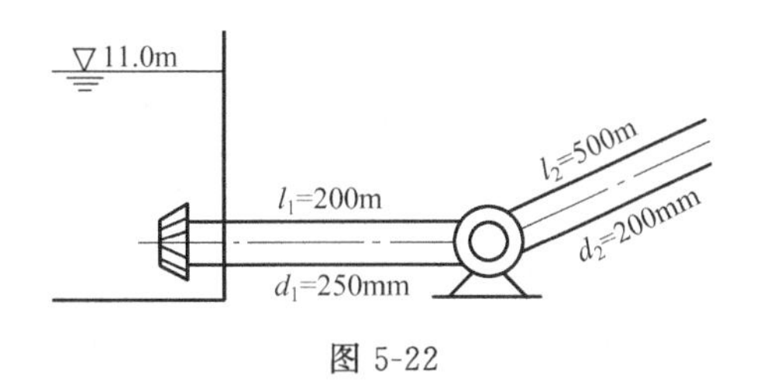

图 5-22

5-14　有一输水管路，自山上水源引水向用户供水，采用铸铁管（$n=0.0125$），已知管长 $l=150m$，作用水头 $H=12m$，供水流量 $Q=120m^3/h$。为了充分利用水头，试确定水管的直径。

5-15　已知供水点距水塔水面的高差 $H=8m$，其间铺设长 $l=900m$、直径 $d=400mm$ 的铸铁管供水。求供水点得到的供水量 Q。

5-16　自水塔铺设长 $l=180m$、直径 $d=75mm$ 的铸铁管供水。已知水塔水面高程

128m，若供水量Q=36m³/h，问供水点高程不得超过多少？

5-17　某输水铸铁管布置如图5-23所示。已知管道工作水头H=12m，各管段的直径与长度：d_1=300mm，l_1=1500m；d_2=400mm，l_2=500m；d_3=200mm，l_3=300m。求管道的供水量Q。

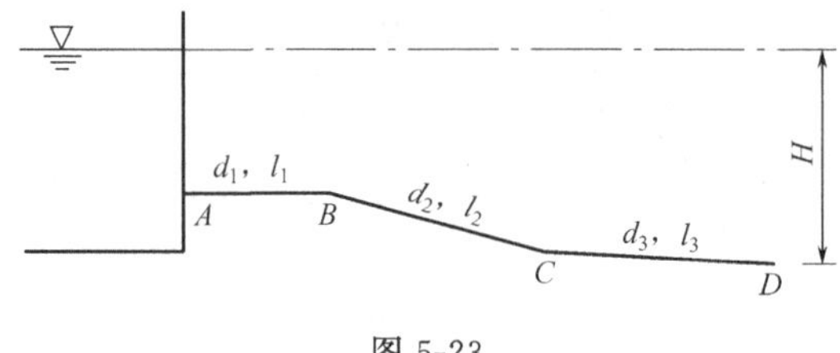

图5-23

5-18　试定性绘出图5-24中各管道的总水头线和测压管水头线？

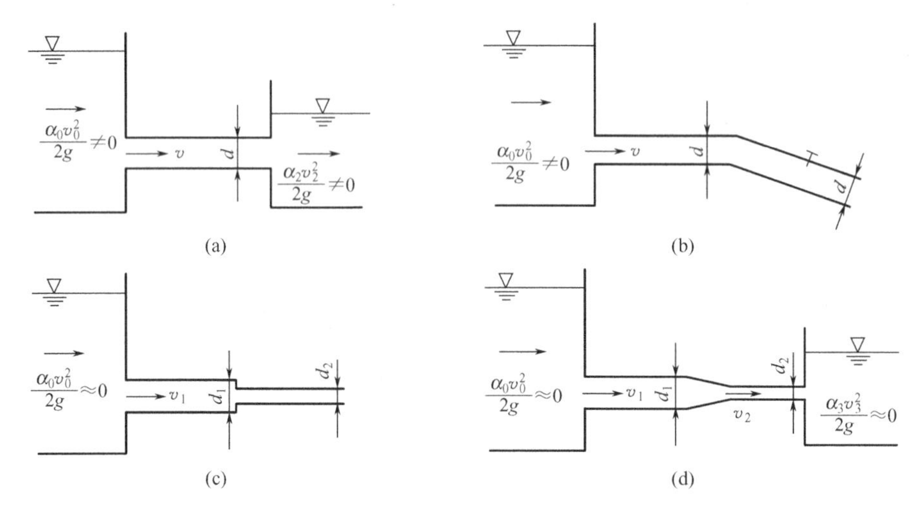

图5-24

5-19　有一分支管网布置如图5-25所示。已知水塔地面高程为16.0m，4点出口地面高程为20m，6点出口地面高程为22m，4点和6点自由水头都为8m。各管段长度：l_{01}=200m，l_{12}=100m，l_{23}=300m，l_{34}=80m，l_{15}=80m，l_{56}=150m。全部管路采用钢管。试设计各管段管径及水塔所需高度。

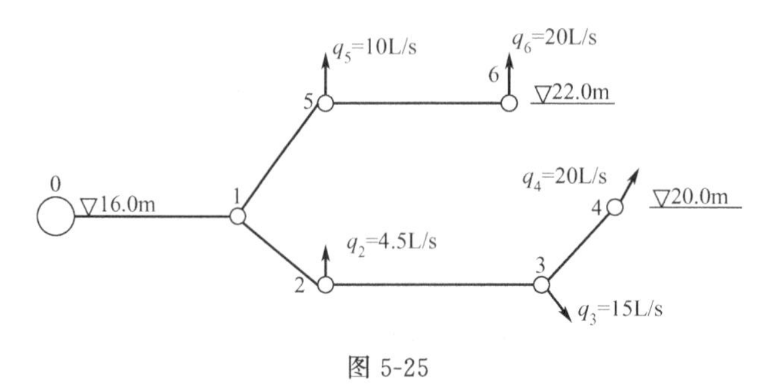

图5-25

第六章

明渠恒定均匀流

提要

本章主要对明渠恒定均匀流进行研究。首先分析明渠均匀流的特性及产生条件，建立明渠均匀流的计算公式，然后介绍新建渠道的设计方法和对已修成的渠道进行校核。

第一节　概述

明渠是一种人工修建的渠槽或天然形成的河道，又称明槽。水利工程中的灌溉输水渠道，水电站引水渠道，无压隧洞，渡槽以及城镇排污的下水道，自然界中的河流、溪沟等都属于明渠。水体在渠槽中流动时具有与大气相接触的自由表面，表面上各点的压强均为大气压强，相对压强为零。通常把这种具有自由水面的水流称为明渠水流，或无压流。

明渠水流根据水流的运动要素是否随时间改变，分为明渠恒定流与明渠非恒定流；根据水流的运动要素是否沿程改变，分为明渠均匀流与明渠非均匀流；明渠非均匀流又分为明渠渐变流与明渠急变流。

一、明渠的边界特性

（一）明渠的横断面

明渠的过水断面形式有很多种。对于人工修建的明渠，为了便于施工和符合水流运动特点，一般都做成对称的规则断面。工程中常见的有梯形断面、矩形断面、半圆形断面、U 形断面和复式断面等，如图 6-1 所示。天然河道是历史上自然形成的，受地形、地质、气候和人类活动等因素的影响，其过水断面通常是不规则的，大都不对称，一般可分为主槽与滩地，如图 6-1（f）所示。

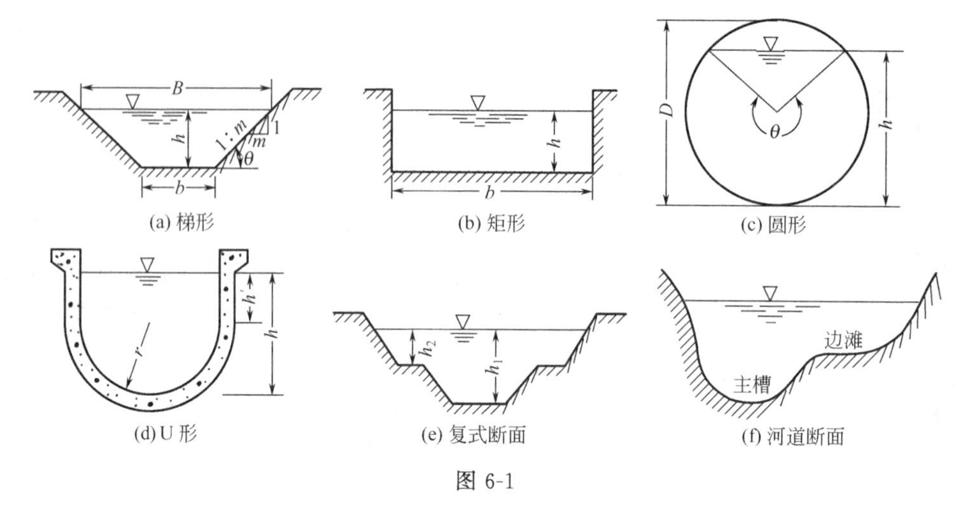

图 6-1

当明渠修建在土质地基上时，为避免崩塌和便于施工，常修成梯形断面；岩石中开凿或混凝土衬砌的渠道多为矩形断面；圆形断面则常用于无压输水隧洞或下水道；而复式断面多用于大型的或地基比较特殊的渠道。

下面主要讨论的是工程中应用最广的梯形断面渠道，其水力要素如图 6-1（a）所示，其水力要素为

水面宽度
$$B=b+2mh \tag{6-1}$$

过水断面的面积
$$A=(b+mh)h \tag{6-2}$$

湿周
$$\chi=b+2h\sqrt{1+m^2} \tag{6-3}$$

水力半径
$$R=\frac{A}{\chi}=\frac{(b+mh)h}{b+2h\sqrt{1+m^2}} \tag{6-4}$$

上述各式中 h——水深；

b——底宽；

m——边坡系数。

边坡系数 m 代表边坡的倾斜程度。若边坡与渠底间的夹角为 θ，即 $m=\cot\theta$，它表示边坡每上升 1m，向外伸出的水平长度。

$$m=\cot\theta \tag{6-5}$$

m 值愈大，边坡愈缓；m 值愈小，边坡愈陡。对于矩形过水断面，可以认为是边坡系数 $m=0$ 的梯形。

（二）明渠的渠槽形式按断面形状、尺寸沿流程是否变化分类

过水断面的形状、尺寸、底坡沿流程不变的长直渠道称为棱柱体渠道，如槽身长直、形状不变的人工渠道和渡槽等。在棱柱体渠道中，水流的过水断面面积 A 仅随水深而变化，即 $A=f(h)$。

过水断面形状、尺寸、底坡沿程改变的渠道，或轴线弯曲的渠道称为非棱柱体渠道。一般人工渠道的变断面连接段、人工渠道的弯曲段都是非棱柱渠道，非棱柱体渠道的过水断面面积既随水深变化，又沿流程变化，即 $A=f(h,l)$。

天然河道的断面一般是不规则的复式断面，大多数情况下属于非棱柱体渠道。

二、明渠的底坡

渠底纵向倾斜的程度称为底坡，用 i 表示。i 等于渠底线与水平线夹角 α 的正弦。参看

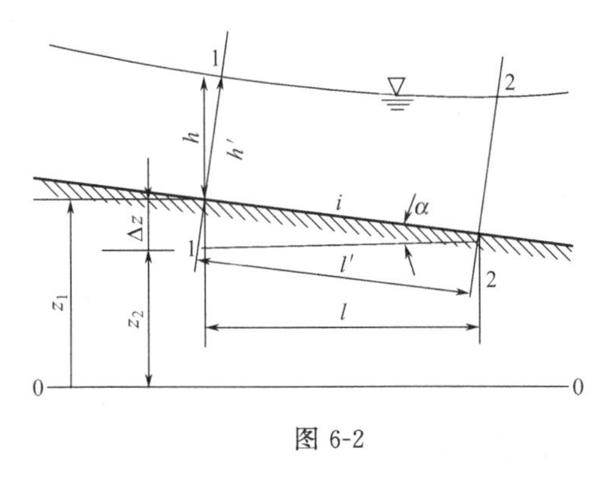

图 6-2

图 6-2，若以长度 l' 表示 1—1 断面到 2—2 断面间的倾斜距离，以高度 z_1、z_2 分别表示 1—1 断面和 2—2 断面的渠底高程，根据上述定义，渠道的底坡应为

$$i=\sin\alpha=\frac{z_1-z_2}{l'} \tag{6-6}$$

当 α 小于 6°～8°时，叫小底坡，此时 $\sin\alpha$ 与 $\tan\alpha$ 的值近似相等，也就是说，两断面间的倾斜距离 l' 可用水平距离 l 来代替，则底坡 i 用式（6-7）计算

$$i=\sin\alpha\approx\tan\alpha=\frac{z_1-z_2}{l} \tag{6-7}$$

小底坡时过水断面也可近似用铅垂平面代替，水深也可近似用垂线方向量取的水深代替，这就给水利工程量测、水文测验及计算带来很大方便。

渠道的底坡可能出现三种情况：一是渠底沿流程降低时，底坡 $i>0$，称为顺坡（或正坡），这种底坡在工程中最常见；二是渠底水平时，底坡 $i=0$，称为平坡；三是渠底沿流程升高时，底坡 $i<0$，称为逆坡（或负坡）。如图 6-3 所示。

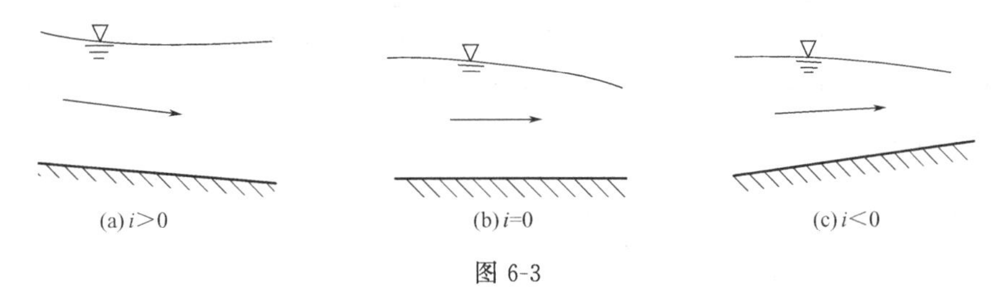

图 6-3

第二节　明渠均匀流的特性及其产生条件

一、明渠均匀流的特性

明渠均匀流运动的实质，就是物理学中的匀速直线运动。由力学观点分析，匀速运动的前提是作用在水流运动方向上的各种力应该保持平衡。如图 6-4，取 1—1 断面和 2—2 断面之间的水体 $ABCD$ 作为研究对象，分析作用在这块水体上的力：分别有铅直向下的重力 G，平行于流向的摩阻力 F_f，及作用在两控制断面上大小相等、方向相反的动水总压力 P_1 和 P_2。沿流向写动力平衡方程，有

$$P_1+G\sin\alpha-F_f-P_2=0$$

因为 $P_1=P_2$，所以可写为 $G\sin\alpha=F_f$，即水体重力沿流向的分力与水流所受边壁阻力平衡。也就是说，当 $G\sin\alpha=F_f$ 时，水流呈现为均匀流，此时渠道的水深、断面平均流速、流速分布沿程都不改变；当 $G\sin\alpha>F_f$ 时，水流作加速运动；当 $G\sin\alpha<F_f$ 时，水流作减速运动。

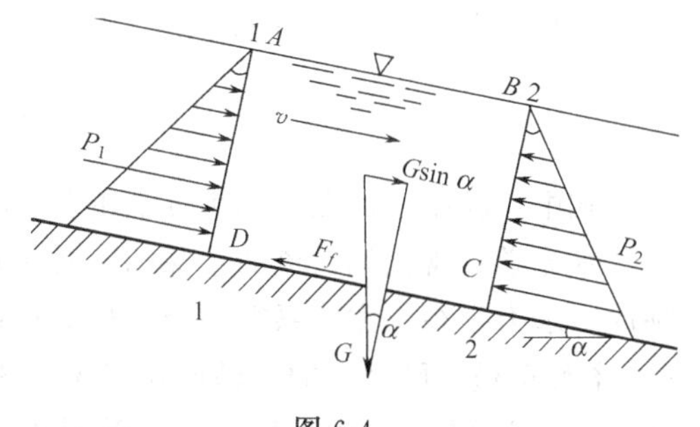

图 6-4

根据以上分析，明渠均匀流的主要特征为：

① 过水断面的形状和尺寸、过水断面的面积、水深沿流程都不变；

② 过水断面的流速和流速分布沿程不变；

③ 总水头线（坡度以 J 表示）、测压管水头线（在明渠水流中就是水面线，坡度以 J_Z 表示）、渠底线三者平行，因而它们的坡度相等，即

$$J=J_Z=i \tag{6-8}$$

二、明渠均匀流的产生条件

由于明渠均匀流具有上述特性，因此形成这种流动必须具备以下条件。

① 明渠中的水流必须是恒定流，且流量沿程不变，无支流的汇入和分出。

② 渠道底坡必须是顺坡（$i>0$）。因为只有在顺坡渠道上，才能满足重力沿流向的分力与摩阻力平衡。

③ 渠道的糙率必须保持沿程不变，且沿程不能有建筑物对水流形成干扰。

④ 渠道必须是长而直的，底坡沿程不变的棱柱体渠道。

上述四个条件中任一个不能满足时，都将产生明渠非均匀流。在实际工程中，严格地讲，同时满足上述四个条件的明渠均匀流是很少见的，只要与上述这四个条件相差不大，即可近似地看成是明渠均匀流。如人工修建的棱柱体渠道，基本上满足均匀流的条件。至于天然河道，一般为非均匀流；个别底坡不变较为顺直整齐的、糙率基本一致的、单式断面、河床稳定的河段，可视为均匀流段。在这样的河段上基本保持着水位和流量的单值关系，水文测验中称该河段为河槽控制段。

第三节　明渠均匀流的计算公式

由于明渠水流一般情况下都处于紊流粗糙区（紊流阻力平方区），所以可采用前面介绍的谢才公式 $v=C\sqrt{RJ}$ 进行计算。

对于明渠均匀流，因为 $J=i$，代入谢才公式可以得到

$$v=C\sqrt{Ri} \tag{6-9}$$

则流量为

$$Q=AC\sqrt{Ri} \tag{6-10}$$

或

$$Q=K\sqrt{i} \tag{6-11}$$

式中，$K=AC\sqrt{R}$，它的单位是立方米/秒（m^3/s）。由于 K 和流量的单位一致，称为流量模数。

将曼宁公式 $C=\frac{1}{n}R^{1/6}$ 代入式（6-10），明渠均匀流公式可以写成

$$Q=\frac{A}{n}R^{2/3}i^{1/2} \tag{6-12}$$

式中，糙率 n 的取值见表 6-3 和表 6-4。

水力学中常把均匀流的水深叫正常水深，用 h_0 表示；相应于正常水深的过水断面面积、湿周、水力半径、谢才系数、流量模数也同样以 A_0、χ_0、R_0、C_0、K_0 表示。

【例 6-1】 已修成的某梯形长直棱柱体排水渠道，长 $l=1.0$km，底宽 $b=3$m，边坡系数 $m=2.5$，底部落差为 0.5m，设计流量 $Q=9.0m^3/s$。试校核当实际水深 $h=1.5$m 时，渠道

能否满足设计流量的要求（糙率 n 取 0.025）。

解：根据已知条件，用明渠均匀流公式（6-10）求解。

其中面积 $A=(b+mh)h=(3+2.5\times1.5)\times1.5=10.125\ (\mathrm{m}^2)$

湿周 $\chi=b+2h\sqrt{1+m^2}=3+2\times1.5\times\sqrt{1+2.5^2}=11.078\ (\mathrm{m})$

水力半径 $$R=\frac{A}{\chi}=\frac{10.125}{11.078}=0.914\ (\mathrm{m})$$

谢才系数 $$C=\frac{1}{n}R^{1/6}=\frac{1}{0.025}\times0.914^{1/6}=39.405\ (\mathrm{m}^{1/2}/\mathrm{s})$$

底坡 $$i=\frac{z_1-z_2}{l}=\frac{0.5}{1000}=0.0005$$

故流量为 $Q=AC\sqrt{Ri}=10.125\times39.405\times\sqrt{0.914\times0.0005}=8.53\ (\mathrm{m}^3/\mathrm{s})$

渠道实际流量小于设计流量 $9.0\mathrm{m}^3/\mathrm{s}$，所以该渠道不能满足设计要求。

第四节　明渠均匀流计算中的几个问题

一、水力最佳断面

由明渠均匀流公式（6-12）$Q=\frac{A}{n}R^{2/3}i^{1/2}=\frac{A}{n}\times\left(\frac{A}{\chi}\right)^{2/3}i^{1/2}$ 可知，明渠的输水能力（流量）取决于过水断面的形状、尺寸、底坡和粗糙系数的大小。设计渠道时，底坡一般依地形条件或其他技术上的要求而定；粗糙系数则主要取决于渠槽选用的建筑材料。在底坡及粗糙系数已定的前提下，渠道的过水能力则决定于渠道的横断面形状及尺寸。从经济观点上来说，总是希望所选定的横断面形状在通过已知的设计流量时面积最小，或者是过水面积一定时通过的流量最大。符合这种条件的断面，其工程量最小，过水能力最好，称为水力最佳断面。

在渠道的面积、底坡和糙率一定时，要想使渠道通过的流量是最大值，必须使过水断面的湿周为最小值。由几何学知道，在面积相同的情况下，湿周最小的断面应该是圆形或半圆形。但是，由于施工、经济和管理等方面的原因，工程中只有在钢筋混凝土或钢丝网水泥做成的渡槽才采用半圆形断面，一般渠道采用最多的是梯形断面。下面只给出了梯形水力最佳断面的条件，也就是梯形断面水力最佳断面的宽深比应该满足的条件，即

$$\beta_{\mathrm{m}}=\frac{b}{h}=2(\sqrt{1+m^2}-m) \tag{6-13}$$

式（6-13）中 β_{m} 只与边坡系数大小有关，对于不同边坡系数 m 时的梯形渠道，其水力最佳断面的宽深比 β_{m} 值见表 6-1。

表 6-1　梯形渠道水力最佳断面的宽深比 β_{m}

m	0.00	0.25	0.50	0.75	1.00	1.50	1.75
β_{m}	2.00	1.56	1.24	1.00	0.83	0.61	0.53
m	2.00	2.50	3.00	3.50	4.00	4.50	5.00
β_{m}	0.47	0.39	0.33	0.28	0.25	0.22	0.20

由 $\beta_m=\dfrac{b}{h}$ 得 $b=\beta_m h=2(\sqrt{1+m^2}-m)h$，将 b 的表达式代入式（6-4），可以得到对应于水力最佳断面的水力半径为

$$R_m=\frac{A}{\chi}=\frac{(b+mh)h}{b+2h\sqrt{1+m^2}}=\frac{[2(\sqrt{1+m^2}-m)h+mh]h}{2(\sqrt{1+m^2}-m)h+2h\sqrt{1+m^2}}=\frac{h}{2} \tag{6-14}$$

式（6-14）表明，梯形渠道水力最佳断面的水力半径 R 只与水深有关，且等于水深的一半，而与渠道的底宽及边坡系数等无关。

对于矩形断面，因为可看作 $m=0$ 的梯形，由公式（6-13）得

$$\beta_m=\frac{b}{h}=2$$

或

$$b=2h \tag{6-15}$$

也就是说，矩形渠道水力最佳断面的特征是：底宽为水深的二倍。

由表 6-1 可以看出，当 $m\geqslant1$ 时，$\beta_{佳}<1$，这是一种水深大、底宽小的窄深式断面。这种断面虽有工程量小、占地小、过流量大的优点，但是施工中如果开挖过深、土方单价高，易受地质条件影响，运用和管理不便，所以并不一定是经济实用断面。在渠道设计中，对于渠道造价基本上取决于土方量的小型渠道，可采用水力最佳断面；对于大型或较大型的渠道，由于开挖深渠线长，在渠道设计中要综合考虑各种条件，进行经济技术比较。一般绝不能把水力最佳断面看作是设计渠道的惟一条件。

二、渠道中的允许流速

渠道在通过各种流量时，流速是不同的。为保证渠道的正常运行，使其在使用过程中不会因为流速过小引起淤积，或因流速过大引起冲刷，必须对渠道断面平均流速的上限和下限值加以限制。这种限制流速就是允许流速。

一般灌溉渠道允许流速的上限是不冲允许流速（v'），主要与渠道的建筑材料和流量有关，可参照表 6-2 选取。若水流挟带的泥沙量较大时，需依据有关水力学手册确定。

表 6-2　不同渠道的不冲允许流速　　单位：m/s

(1)坚硬岩石和人工护面渠道	流量/(m^3/s)		
	<1	1～10	>10
软质水成岩(泥灰岩、页岩、软砾岩)	2.5	3.0	3.5
中等硬质水成岩(致密砾石、多孔石灰岩、层状石灰岩、白云石灰岩、灰质砂岩)	3.5	4.25	5.0
硬质水成岩(白云砂岩、砂岩石灰岩)	5.0	6.0	7.0
结晶岩、火成岩	8.0	9.0	10.0
单层块石铺砌	2.5	3.5	4.0
双层块石铺砌	3.5	4.5	5.0
混凝土护面	6.0	8.0	10.0
(2)均质黏性土渠道(R=1m)	不冲允许流速		
轻　壤　土	0.60～0.80		
中　壤　土	0.65～0.85		
重　壤　土	0.70～1.00		
黏　　　土	0.75～0.95		

续表

(3)均质无黏性土土渠（$R=1$m）	粒径/mm	不冲流速	(3)均质无黏性土土渠（$R=1$m）	粒径/mm	不冲流速
极细砂	0.05～0.1	0.35～0.45	中砾石	5～10	0.90～1.10
细砂、中砂	0.25～0.5	0.45～0.60	粗砾石	10～20	1.10～1.30
粗　砂	0.5～2.0	0.60～0.75	小卵石	20～40	1.30～1.80
细砂石	2.0～5.0	0.75～0.90	中卵石	40～60	1.80～2.20

注：1.（2）中土壤的干容重为12.75～16.67kN/m³。

2.（2）和（3）中所列不冲允许流速为水力半径$R=1$m的情况，如$R\neq1$m，则应将表中数值乘以R^{α}才得相应的不冲允许流速。对于砂、砾石、卵石、疏松壤土、黏土：$\alpha=\frac{1}{3}\sim\frac{1}{4}$；对于密实的壤土、黏土：$\alpha=\frac{1}{4}\sim\frac{1}{5}$。

允许流速的下限是不淤允许流速（v''），不淤流速的大小与水流条件及挟沙情况等多方面的因素有关。在清水土渠中，为防止滋生杂草，防止冬季结冰，渠中的流速一般应不小于0.5m/s。渠中输送浑水时，不淤流速主要与渠道的挟沙能力有关，可参照有关水力学手册确定。

总之，渠道的平均流速v，应小于不冲允许流速v'，大于不淤允许流速v''，即

$$v''<v<v' \tag{6-16}$$

对于航运渠道，流速的大小直接影响航运条件的优劣；对于水电站的引水渠道，流速的大小还与电站的动能经济条件有关。所以设计渠道时，应结合渠道担负的生产任务、建材的类型、含沙量大小、运用管理上的要求选定断面平均流速。

【例6-2】 某梯形断面的土渠，边坡系数$m=1.25$，渠道糙率$n=0.025$，底坡$i=0.0004$，流量$Q=2.2\text{m}^3/\text{s}$，渠道为黏土，不淤流速$v''=0.5$m/s。试设计渠道的水力最佳断面，并校核渠中流速。

解：1. 先设计渠道的水力最佳断面

由于m值已知，可求出水力最佳断面的宽深比β_m。根据式（6-13）得

$$\beta_m=\frac{b}{h}=2(\sqrt{1+m^2}-m)=2(\sqrt{1+1.25^2}-1.25)=0.702$$

则面积
$$A_m=(\beta_m+m)h_m^2=1.952h_m^2$$

水力半径
$$R_m=\frac{h_m}{2}$$

由曼宁公式，谢才系数为 $C_m=\frac{1}{n}R_m^{1/6}=\frac{1}{0.025}\times\left(\frac{h_m}{2}\right)^{1/6}=35.636h_m^{1/6}$

将上述结果代入明渠均匀流公式$Q=AC\sqrt{Ri}$，可得

$$2.2=1.952h_m^2\times35.636h_m^{1/6}\times\sqrt{\frac{h_m}{2}\times0.0004}$$

整理后得
$$h_m^{8/3}=2.2363$$

解得
$$h_m=1.35\ (\text{m})$$

底宽为
$$b_m=\beta_m h_m=0.702\times1.35=0.95\ (\text{m})$$

2. 校核渠道的流速

由表6-2中（2）查得黏土在$R=1$m时，不冲允许流速为$v'_m=(0.75\sim0.95)$m/s。而

$R_m=\frac{h_m}{2}=\frac{1.35}{2}=0.675(m)$，取 $\alpha=\frac{1}{4}$，则不冲允许流速为

$$v'=(0.75\sim0.95)\times0.675^{1/4}=0.68\sim0.86\ (m/s)$$

根据已知条件，不淤允许流速 $v''=0.5m/s$。

渠道的断面平均流速为

$$v=\frac{Q}{(b_m+mh_m)h_m}=\frac{2.2}{(0.95+1.25\times1.35)\times1.35}=0.62\ (m/s)$$

$v''<v<v'$，所设计断面满足允许流速的要求。

三、河渠的糙率问题

（一）河渠糙率的影响因素及选用

渠道的糙率值主要反映边壁粗糙程度对水流的影响。n 值大，说明边壁的表面比较粗糙；n 值小，说明边壁的表面比较光滑。

在设计渠道时，若糙率值选用偏小，计算所得的断面也偏小，实际过水能力便达不到设计要求，在通过设计流量时将造成水流漫溢，挟带泥沙的水流还会引起淤积；若 n 值选用偏大，与前面刚好相反，不仅会因断面尺寸偏大增加了开挖量造成浪费，还可能引起渠道冲刷。由于实际渠道水位偏低，可能造成次级渠道的进水困难。

人工渠道的断面形状一般是规则的，其糙率可根据渠道的流量、所用建筑材料、施工的质量、养护情况以及使用时间的长短来估计，初估渠道糙率时参考表 6-3 选用。

表 6-3　渠道糙率值

渠道类型及状况	糙率 n 值		
	最小值	正常值	最大值
1. 土渠			
(1)渠线顺直，断面均匀			
清洁，新近完成	0.016	0.018	0.020
清洁，经过风雨侵蚀	0.018	0.022	0.025
清洁，有卵石	0.022	0.025	0.030
有牧草和杂草	0.022	0.027	0.033
(2)渠线弯曲，断面变化的土渠			
没有植物	0.023	0.025	0.030
有牧草和一些杂草	0.025	0.030	0.033
有茂密的杂草或在深槽中有水生植物	0.030	0.035	0.040
土底，碎石边壁	0.028	0.030	0.035
块石底，边壁为杂草	0.025	0.035	0.040
圆石底，边壁清洁	0.030	0.040	0.050
(3)用挖土机开凿或挖掘的渠道			
没有植物	0.025	0.028	0.033
渠岸有稀疏的小树	0.035	0.050	0.060

续表

渠道类型及状况	糙率 n 值		
	最小值	正常值	最大值
2. 石渠			
光滑而均匀	0.025	0.035	0.040
参差不齐而不规则	0.035	0.040	0.050
3. 混凝土渠道			
抹灰的混凝土或钢筋混凝土护面	0.011	0.012	0.013
不抹灰的混凝土或钢筋混凝土护面	0.013	0.014	0.017
喷浆护面	0.016	0.018	0.021
4. 各种材料护面的渠道			
三合土护面	0.014	0.016	0.020
浆砌砖护面	0.012	0.015	0.017
条石护面	0.013	0.015	0.018
干砌块石护面	0.023	0.032	0.035

天然河道糙率的影响因素很多，大量的实际观测资料表明：河床泥沙颗粒的大小，河道的弯曲程度，床面凸凹情况，河床植被状况，人类活动影响，河道中的水流因素（包括水位高低、流量大小、洪水涨落）等都对糙率有影响。

在多泥沙的河道中，糙率还与含沙量的大小有关，初估天然河道的糙率时，参考表6-4选用。

表 6-4　河道糙率值

河道类型及状况	糙率 n 值		
	最小值	正常值	最大值
第一类　小河(洪水期水面宽小于30m)			
1. 平原河流			
(1)清洁,顺直,无沙滩,无深潭	0.025	0.030	0.033
(2)同上,多石,多草	0.030	0.035	0.040
(3)清洁,弯曲,有深潭和浅滩	0.033	0.040	0.045
(4)同(3),有些杂草及乱石	0.035	0.045	0.050
(5)同(4),水深较浅,底坡多变,回流较多	0.040	0.048	0.055
(6)同(4),但较多乱石	0.045	0.050	0.060
(7)多滞流河段,多草,有深潭	0.050	0.070	0.080
(8)多丛草河段,多深潭,或林木滩地上的过洪	0.075	0.100	0.150
2. 山区河流(河槽无草树,河段较陡,岸坡树丛过洪时淹没)			
(1)河底:砾石、卵石及少许孤石	0.030	0.040	0.050
(2)河底:卵石和大孤石	0.040	0.050	0.070
第二类　大河(汛期水面宽度大于30m)			
1. 断面比较规整,无孤石或丛木	0.025		0.060
2. 断面不规整,床面粗糙	0.035		0.100

续表

河道类型及状况	糙率 n 值		
	最小值	正常值	最大值
第三类 洪水时期滩地漫流			
1. 草地,无丛木			
(1)短草	0.025	0.030	0.035
(2)长草	0.030	0.035	0.050
2. 耕种面积			
(1)未熟禾稼	0.020	0.030	0.040
(2)已熟成行禾稼	0.025	0.035	0.045
(3)已熟密植禾稼	0.030	0.040	0.050
3. 矮丛木			
(1)稀疏,多杂草	0.035	0.050	0.070
(2)不密,夏季情况	0.040	0.060	0.080
(3)茂密,夏季情况	0.070	0.100	0.160
4. 丛木			
(1)平整田地	0.030	0.040	0.050
(2)同上,干树多新枝	0.050	0.060	0.080
(3)密林,树下多植物,洪水位在枝下	0.080	0.100	0.120
(4)同上,洪水位淹没树枝	0.100	0.120	0.160

（二）反推渠道的糙率 n 值

目前国内所提供的河渠糙率表（表 6-3、表 6-4）有很多种，这些资料大多根据某一特定地区的河渠水文资料和调查资料编制而成，应用时往往受到地区的限制，表中对河道的类型及状况的描述太粗略，只能在初估时选用，实际应用时还需根据本地区已成渠道，反推渠道的糙率进行验证。

这类问题已知的是渠道的断面尺寸 b,m,h，底坡 i 及流量 Q，要求计算糙率 n。根据明渠均匀流公式（6-12），可得

$$n=\frac{A}{Q}R^{2/3}i^{1/2} \tag{6-17}$$

计算步骤与求流量有些相似，同样要计算面积 A，湿周 χ 及水力半径 R，最后代入公式（6-17）求出糙率 n。这里不再举例说明。

（三）实测糙率 n 值

天然河道和大型水利水电工程中的 n 值影响因素很多，确定符合实际的糙率是比较困难的，无论是查表，还是反推糙率，随着时间推移、河床条件变化和水文因素的改变，n 值也会变化，可通过现场实测，绘制水位 z 与糙率 n 关系曲线，以供选用。应用时还需多方面的验证。

（四）渠道的综合糙率

水利工程中，有时为了满足特殊地形条件和地质条件的要求，渠底和边壁要采用不同的

材料，因此，断面湿周各部分的糙率是不同的。如图 6-5 所示，依山开挖某渠道，边坡一边是原天然土壤，一边是浆砌石衬砌，底部则为混凝土衬砌，且断面是不对称的。这些渠道进行水力计算时，要先求出各部分的综合糙率 n_e，再进行其他水力计算。求综合糙率的近似公式较多，一般情况下可按加权平均方法估算，即

$$n_e=\frac{n_1\chi_1+n_2\chi_2+n_3\chi_3}{\chi_1+\chi_2+\chi_3} \tag{6-18}$$

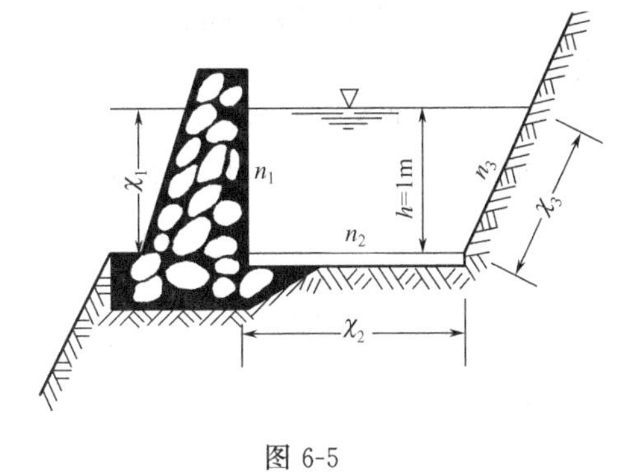

图 6-5

当渠底糙率小于侧壁糙率时，可按式（6-19）计算。

$$n_e=\sqrt{\frac{n_1^2\chi_1+n_2^2\chi_2+n_3^2\chi_3}{\chi_1+\chi_2+\chi_3}} \tag{6-19}$$

四、复式断面渠道的水力计算

复式断面多用于流量变化比较大的渠道中，如图 6-6 所示，这种渠道在小流量时，水流只由主槽部分通过；流量较大时，两边滩地才过水。因此，主槽和滩地的糙率通常是不同的，天然河道也属于这种情况，如图 6-1（f）所示。

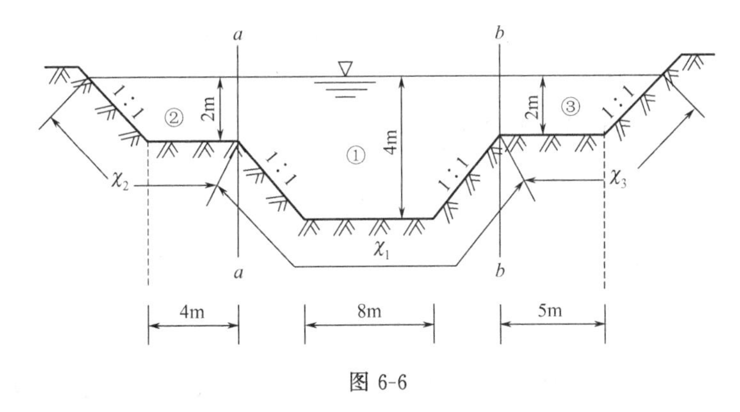

图 6-6

复式断面一般不规则，断面周界上糙率也不同，计算时若将整个断面作为一个整体考虑，得出的结果与实际水流是有误差的。通常采用的是近似计算，用垂线将断面分为几个部分，分别计算每部分的流速或流量，最后相加得到总流的流量。

如图 6-6 所示的复式断面，利用垂线 $a-a$ 和 $b-b$ 将断面分为①、②、③三部分，每一部分的流量为

$$\begin{cases}Q_1=A_1C_1\sqrt{R_1 i}=K_1\sqrt{i}\\Q_2=A_2C_2\sqrt{R_2 i}=K_2\sqrt{i}\\Q_3=A_3C_3\sqrt{R_3 i}=K_3\sqrt{i}\end{cases} \tag{6-20}$$

总流的流量为

$$Q=Q_1+Q_2+Q_3=(K_1+K_2+K_3)\sqrt{i} \tag{6-21}$$

【例 6-3】 一复式断面渠道，各部分尺寸如图 6-6 所示。渠道底坡 $i=1/4000$，主槽部分糙率 $n_1=0.02$，边滩部分糙率 $n_2=n_3=0.025$，各部分边坡系数都为 1.0。试求渠道所通过的流量。

解：用垂线将断面分成：①主槽，②左边滩，③右边滩三部分，分别计算每部分的水力要素和泄流量。

1. 第①部分（主槽）

面积　A_1 =矩形面积+梯形面积 $=(8+1\times2\times2)\times2+(8+1\times2)\times2=44$ (m^2)

湿周　$\chi_1=8+2\times2\times\sqrt{1+1^2}=13.66$ (m)

水力半径　$R_1=\dfrac{A_1}{\chi_1}=\dfrac{44}{13.66}=3.22$ (m)

谢才系数　$C_1=\dfrac{1}{n_1}R_1^{1/6}=\dfrac{1}{0.02}\times3.22^{1/6}=60.76$ ($m^{1/2}/s$)

流量　$Q_1=A_1C_1\sqrt{R_1 i}=44\times60.76\times\sqrt{3.22\times1/4000}=75.9$ (m^3/s)

2. 第②部分（左边滩）

面积　$A_2=(4+1\times2+4)\times\dfrac{2}{2}=10$ (m^2)

湿周　$\chi_2=4+2\times\sqrt{1+1^2}=6.83$ (m)

水力半径　$R_2=\dfrac{A_2}{\chi_2}=\dfrac{10}{6.83}=1.46$ (m)

谢才系数　$C_2=\dfrac{1}{n_2}R_2^{1/6}=\dfrac{1}{0.025}\times1.46^{1/6}=42.60$ ($m^{1/2}/s$)

流量　$Q_2=A_2C_2\sqrt{R_2 i}=10\times42.60\times\sqrt{1.46\times1/4000}=8.1$ (m^3/s)

3. 第③部分（右边滩）

面积　$A_3=(5+1\times2+5)\times\dfrac{2}{2}=12$ (m^2)

湿周　$\chi_3=5+2\times\sqrt{1+1^2}=7.83$ (m)

水力半径　$R_3=\dfrac{A_3}{\chi_3}=\dfrac{12}{7.83}=1.53$ (m)

谢才系数　$C_3=\dfrac{1}{n_3}R_3^{1/6}=\dfrac{1}{0.025}\times1.53^{1/6}=42.94$ ($m^{1/2}/s$)

流量　$Q_3=A_3C_3\sqrt{R_3 i}=12\times42.94\times\sqrt{1.53\times1/4000}=10.1$ (m^3/s)

4. 总流量

$$Q=Q_1+Q_2+Q_3=75.9+8.1+10.1=94.1\ (m^3/s)$$

第五节　渠道的水力计算

明渠均匀流的水力计算问题，可分为两大类：一类是对已建好的渠道进行计算，如校核流速、流量等，例 6-1、例 6-2 已经作了介绍；下面介绍的是另一类计算，按要求设计新渠道，如确定底宽、水深、底坡、边坡系数或超高等。

一、渠道的设计流量

设计渠道时，设计流量根据渠道担负的任务来确定。如灌溉渠道主要决定于灌溉面积、灌溉定额和渠道的工作制度；发电站的引水渠道，则决定于发电量的要求；至于综合应用的渠道，应同时考虑各种要求的流量，取其总和或最大值作为设计流量。但在上述各种情况下的设计流量均应稍许加大，以补偿由于渠道渗漏及蒸发所引起的流量损失。

二、渠道底坡的确定

设计流量确定后，底坡可根据渠道所经过地段的地形、地质以及水流泥沙含量等，经技术上与经济上的比较后确定。如渠道底坡陡，则流速大，水流挟带泥沙的能力大，渠道不易淤积，通过一定流量所需要的断面面积小，节省土石方量，但控制的灌区面积减少，并且如流速过大容易冲刷渠床。如渠道底坡过缓，则流速小，容易使渠道淤积，通过一定流量所需要的断面面积大，加大土石方量。因此渠道的底坡过陡或过缓都是不适宜的。总之，影响渠道底坡的因素较多，主要是根据地形和渠道等级来确定。例如，为了避免深挖高填，选择渠道底坡时，最好能使渠道底坡与渠线所经过的地面坡度大致相适应。

三、渠道边坡系数的确定

梯形渠道的边坡系数 m 的取值，影响因素比较多，通常可以根据边坡的岩土性质，侧壁的衬砌情况，以及渠道设计的有关规定，查专门的水力计算手册选取。表 6-5 所给出的 m 值可供参考。

表 6-5　无衬砌渠道的边坡系数 m

岩土种类	边坡系数 m	岩土种类	边坡系数 m
未风化的岩石	0～0.25	黏土、黄土	1.0～1.5
风化的岩石	0.25～0.5	黏壤土、砂壤土	1.25～2.0
半岩性耐水土壤	0.5～1.0	细沙	1.5～2.5
卵石和砂砾	1.25～1.5	粉沙	3.0～3.5

四、渠道超高的确定

渠道的超高是指为了保证行水安全，渠道的顶部需超出水面的高度。渠道的设计高度应等于过水断面的水深 h 再加上渠道的超高。超高取值比较复杂，可参考表 6-6 或查有关的水力计算手册。

表 6-6　渠道的超高值

渠道的类别、流量/(m^3/s)	(干支渠)2～10	(干支渠)<2	斗渠	农渠
堤顶超高/m	0.4～0.6	0.35	0.25	0.15

五、渠道断面尺寸的确定

① 已知渠道的设计流量 Q，底坡 i，糙率 n，边坡系数 m，以及底宽 b，求明渠均匀流时的正常水深 h_0。

【例 6-4】 某土渠拟设计为梯形断面，采用浆砌块石衬砌。已知设计流量 $Q=17\text{m}^3/\text{s}$，底宽 $b=4\text{m}$。根据地形地质情况，底坡 i 取 1/2500，边坡系数取 2.0，试按均匀流设计渠道的正常水深 h_0。

解：查表 6-3，浆砌石 $n=0.025$。

1. 试算法

假设一系列的正常水深 h_0 值，代入明渠均匀流公式 $Q=AC\sqrt{Ri}$，计算出相应的流量 Q

值。根据水深和流量值绘出 h_0-Q 关系曲线，然后根据已知流量 Q，在曲线上查出需求解的均匀流水深 h_0。

设 $h_0=1.8\text{m},2.0\text{m},2.2\text{m},2.4\text{m}$，分别计算出相应的面积 A，湿周 χ，水力半径 R，谢才系数 C，及流量 Q 值，列于表 6-7。

表 6-7　水深试算

h/m	A/m^2	χ/m	R/m	$C/(\text{m}^{1/2}/\text{s})$	$Q=AC\sqrt{Ri}/(\text{m}^3/\text{s})$
1.80	13.68	12.05	1.14	40.88	11.94
2.00	16.00	12.94	1.24	41.46	14.77
2.20	18.48	13.84	1.34	42.00	17.97
2.40	21.12	14.73	1.43	42.46	21.45

由表 6-7 绘出 h-Q 曲线，如图 6-7 所示。根据设计流量 $Q=17\text{m}^3/\text{s}$，在曲线上查得渠道的正常水深 $h_0=2.16\text{m}$。

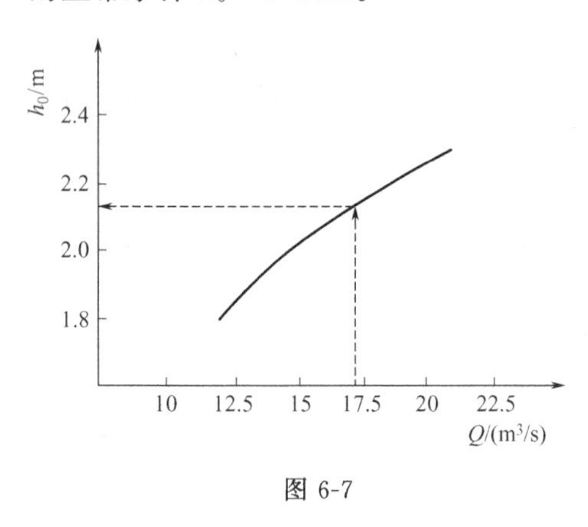

图 6-7

2. 图解法

上述计算方法比较繁琐，为简化计算可查附图 1 求解。附图 1 是以边坡系数 m 为参数，$\frac{b^{2.67}}{nK_0}$ 和 $f\left(\frac{h_0}{b}\right)$ 为坐标的梯形和矩形断面明渠正常水深求解图。首先，根据已知的 Q,i,n,m,b 值，求出流量模数 K_0，即

$$K_0=\frac{Q}{\sqrt{i}}=\frac{17}{\sqrt{1/2500}}=850\ (\text{m}^3/\text{s})$$

同时求出 $$\frac{b^{2.67}}{nK_0}=\frac{4^{2.67}}{0.025\times 850}=1.91$$

根据 $\frac{b^{2.67}}{nK_0}=1.91$ 及 $m=2.0$，查附图 1 得

$$h_0/b=0.54$$

故

$$h_0=0.54\times 4=2.16\ (\text{m})$$

上述结果与试算结果完全相同。

② 已知渠道的设计流量 Q，底坡 i，糙率 n，边坡系数 m，以及正常水深 h_0，求底宽 b。

此类问题为避免解高次方程，求解方法与第一类相似，也要试算或查图求解，这里不再举例说明，只不过在查图求解时，是查附图 2 梯形和矩形明渠底宽求解图。

③ 已知渠道的设计流量 Q，底坡 i，糙率 n，边坡系数 m，给定宽深比 β，要求设计渠道的断面尺寸（即确定底宽 b 和水深 h）。

此类问题要求求解两个未知量：b 和 h，用一个方程是无法求解的，所以需先将 b 用 βh 代替后，再代入明渠均匀流公式，就可以得到一个关于 h 的一元高次方程。用此方程可直接解出水深 h，然后才能求出底宽 b，具体求解方法见例 6-5。

【例 6-5】 在黏土地区计划建一灌溉渠道，采用喷浆混凝土护面。渠道需要通过的流量为 $4.0\text{m}^3/\text{s}$，底坡 1/5000，拟选用梯形断面，宽深比 β 取 2.0，边坡系数 m 取 1.5。试设计渠道的底宽和水深。

解：查表 6-3，得喷浆混凝土护面的糙率 $n=0.018$。

因宽深比$\beta=\dfrac{b}{h}=2.0$，则$b=2h$，分别代入梯形断面的水力要素计算式。

面积
$$A=(b+mh)h=(2h+1.5h)h=3.5h^2$$

湿周
$$\chi=b+2h\sqrt{1+m^2}=2h+2h\sqrt{1+1.5^2}=5.606h$$

水力半径
$$R=\frac{A}{\chi}=\frac{3.5h^2}{5.606h}=0.624h$$

由曼宁公式，谢才系数 $C=\dfrac{1}{n}R^{1/6}=\dfrac{1}{0.018}\times(0.624h)^{1/6}=51.356h^{1/6}$

将上面结果代入$Q=AC\sqrt{Ri}$，得到

$$4=3.5h^2\times51.356h^{1/6}\times\sqrt{0.624h\times1/5000}=2.008h^{8/3}$$

解上面的一元高次方程可得$h=1.3$（m），$b=2h=2\times1.3=2.6$（m）。

所以，渠道的底宽为2.6m，水深为1.3m。

④ 渡槽及隧洞的高差。

此类问题已知的是渠道的断面尺寸b、m、h、糙率n以及流量Q，要求设计渡槽及隧洞的底坡，来确定两端的高差。根据公式（6-10），可得

$$i=\frac{Q^2}{A^2C^2R} \tag{6-22}$$

计算具体过程见例6-6。

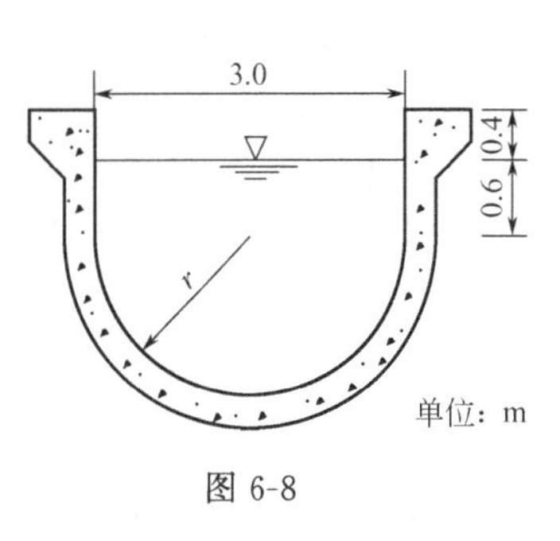

图6-8

【例6-6】 某灌溉渠道上拟修建一钢筋混凝土U形渡槽（糙率$n=0.014$），如图6-8所示。已知底部半圆直径$d=3.0$m，上部垂直侧墙高1.0m（包括超高0.4m），设计流量$Q=6.0\text{m}^3/\text{s}$，渡槽长1km。试计算渡槽两端的高差。

解：水深
$$h=\frac{d}{2}+0.6=\frac{3}{2}+0.6=2.1\ (\text{m})$$

面积
$$A=d\times0.6+\frac{1}{2}\pi\left(\frac{d}{2}\right)^2=3\times0.6+\frac{1}{2}\times3.14\times1.5^2=5.33\ (\text{m}^2)$$

湿周
$$\chi=2\times0.6+\pi\frac{d}{2}=2\times0.6+3.14\times1.5=5.91\ (\text{m})$$

水力半径
$$R=\frac{A}{\chi}=\frac{5.33}{5.91}=0.90\ (\text{m})$$

由曼宁公式
$$C=\frac{1}{n}R^{1/6}=\frac{1}{0.014}\times0.90^{1/6}=70.19\ (\text{m}^{1/2}/\text{s})$$

底坡
$$i=\frac{Q^2}{A^2C^2R}=\frac{6^2}{5.33^2\times70.19^2\times0.90}=0.00029=\frac{1}{3500}$$

则
$$\Delta H=il=\frac{1}{3500}\times1000=0.29\ (\text{m})$$

习　题

6-1　明渠均匀流的渠底坡度i、水面坡度J_Z、水力坡度J有什么关系？

6-2　产生明渠均匀流，渠道必须满足哪些条件？

6-3　平坡和逆坡渠道上能产生均匀流吗？

6-4　一正坡棱柱体渠道，根据生产的要求，需加大输水能力，可采取哪些措施？

6-5　糙率选得大了，设计出来的渠道断面是大还是小了，会产生什么后果？

6-6　渠道的断面设计是否都应按水力最佳断面设计？

6-7　一梯形断面渠道，底坡 $i=0.008$，糙率 $n=0.030$，边坡系数 $m=1.0$，底宽 $b=2.0\text{m}$，水深 $h=1.2\text{m}$。求此渠道的流速和流量。

6-8　一半圆混凝土U形渠槽，见图6-9，宽1.2m，渠道底坡 $i=1/1000$，糙率 $n=0.017$。当槽内均匀流水深 $h_0=0.8\text{m}$ 时，求此渠槽的过水能力。

6-9　某干渠为梯形土渠，通过流量 $Q=35\text{m}^3/\text{s}$，边坡系数 $m=1.5$，底坡 $i=1/5000$，糙率 $n=0.020$。试按水力最佳断面原理设计渠道断面。

6-10　有一环山渠道如图6-10所示，底坡 $i=0.002$。靠山一边按1：0.5的边坡开挖，$n_1=0.0275$；另一边为直立的混凝土边墙，$n_2=0.017$；渠底宽度 $b=2.0\text{m}$，$n_3=0.020$。试求 $h=1.5\text{m}$ 时输送的流量。

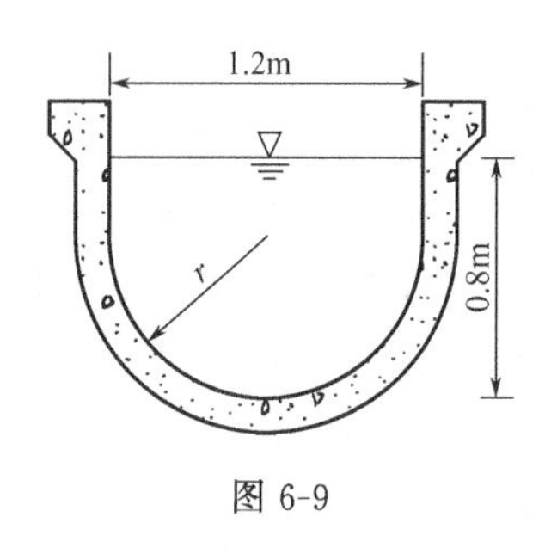

图 6-9

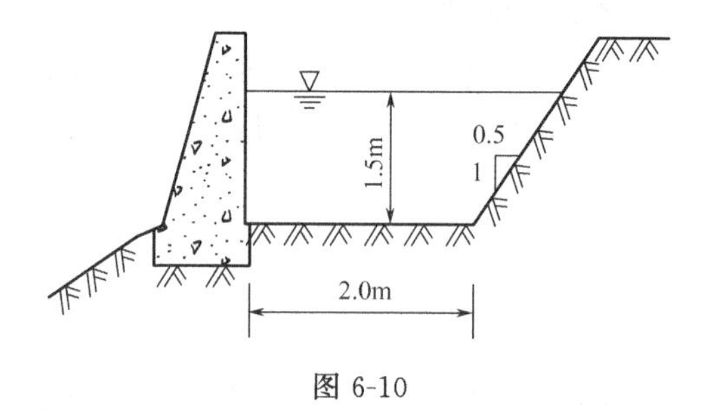

图 6-10

6-11　一复式断面河道，$i=0.0001$，深槽糙率 $n=0.025$，滩地糙率 $n_2=0.030$，洪水位及其他尺寸如图6-11所示。求洪水流量。

6-12　已知矩形渠道底宽 $b=8.0\text{m}$，底坡 $i=1/2000$，测得渠道为均匀流时的流量 $Q=20\text{m}^3/\text{s}$，水深 $h_0=1.5\text{m}$。试计算渠道糙率 n 值。

6-13　一条黏土渠，需要输送的流量为 $3.0\text{m}^3/\text{s}$，初步确定渠道底坡 i 取0.007，$m=1.5$，$n=0.025$，$b=2.0\text{m}$。试用试算法和图解法求渠中的正常水深，并校核渠中流速。

6-14　某梯形灌溉土质渠道，按均匀流设计。选定底坡 $i=0.002$，$m=1.5$，$n=0.020$，渠道设计流量 Q 为 $5\text{m}^3/\text{s}$，并选定水深 $h=0.85\text{m}$。试设计渠道的底宽 b。

6-15　渠道的流量 $Q=30\text{m}^3/\text{s}$，底坡 $i=0.009$，边坡系数 $m=1.5$，糙率 $n=0.025$，已知宽深比 $\beta=1.6$。求水深 h 和底宽 b。

6-16　有一混凝土圆形排水管道（$n=0.014$），如图6-12所示。已知半径 $R=2.0\text{m}$，管中均匀流水深为2.5m，要求通过设计流量 $Q=4\text{m}^3/\text{s}$ 。试求管道底坡。

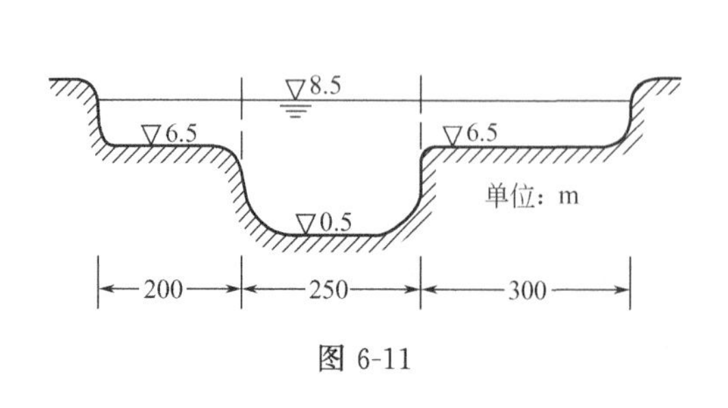

图 6-11

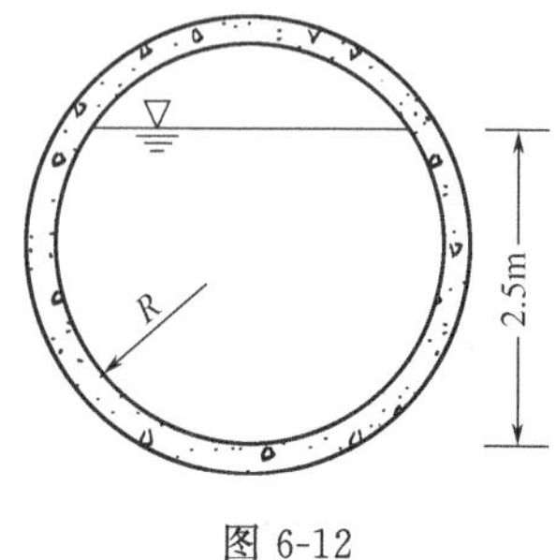

图 6-12

第七章

明渠恒定非均匀流

提要

本章主要对明渠恒定非均匀流进行研究，首先介绍明渠非均匀流的一些基本概念，分析明渠急变流和渐变流中的一些水流现象，建立明渠恒定非均匀渐变流的基本方程，用于解决明渠恒定非均匀渐变流的计算问题。

第一节 概述

上一章介绍了明渠恒定均匀流动的规律，它为渠道的规划、设计和管理，提供了水力计算的方法。但实际明渠中的水流，如天然河道，很难满足均匀流的条件，即使人工修筑的渠道，由于渠道的断面形状、尺寸、底坡和糙率沿流程改变，所以实际明渠中的水流常常是属于非均匀流，这就要求了解明渠非均匀流的运动规律。

1. 明渠非均匀流的特性

明渠非均匀流的特性不同于明渠均匀流，主要表现在：①明渠恒定非均匀流中的运动要素是沿流程而变的；②流线不再是平行的直线；③过水断面或底坡沿程变化；④明渠水流的渠底线、水面线和总水头线彼此互不平行，相应水力坡度、水面坡度和渠底坡度不相等，即 $J \neq J_Z \neq i$。

2. 明渠非均匀流的分类

（1）明渠非均匀流渐变流　在明渠非均匀流中，若流线间夹角很小，流线近似平行、近似直线时，其过水断面可近似地看成平面，称这种水流为明渠非均匀渐变流。在小底坡时，其过水断面还可近似用铅垂平面替代，过水断面上的水深也可用铅垂水深代替。由于明渠非均匀渐变流的水深沿流程是变化的，当水深沿流程增加时，水面线称为壅水曲线；反之，当水深沿流程减小时，水面线称为降水曲线。

(2) 明渠非均匀急变流　若明渠水流的流线之间夹角较大，或者流线的曲率半径很小时，则称此种水流为明渠恒定非均匀急变流。急变流往往是由于渠槽过水边界突变而形成的，常发生在建筑物的上、下游附近的一段较短的渠槽内。目前对急变流的理论研究还不成熟，常用试验方法求得经验的或半经验的关系式，以满足工程上的需要。

第二节　明渠非均匀流的一些基本概念

一、干扰波的传播与明渠水流的三种流态

(一) 明渠水流中的三种流态

为了研究明渠水流的流态，先研究干扰波在静水中的传播。

在一个平静的湖面上铅垂向下投一石子，湖面上立即激起以入水点为中心的一连串微小的波动，波动在向四周传播时，使湖面上形成一连串同心圆的波形，如图 7-1 (a) 所示。干扰波在静水中传播的波速称为相对波速，用 c 表示。

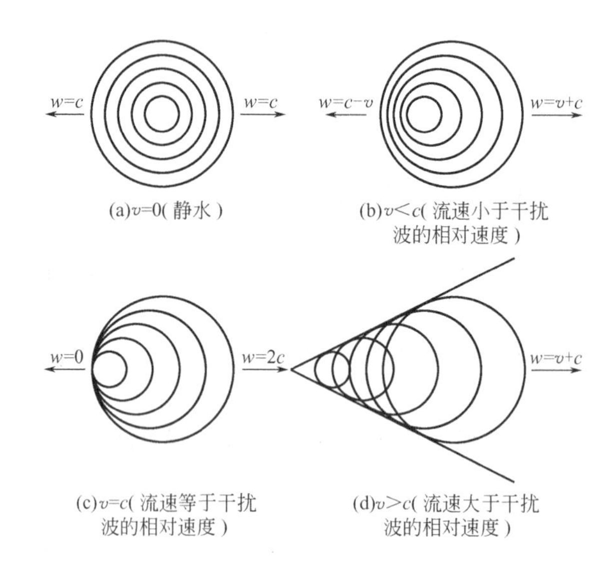

图 7-1

w—干扰波传播的绝对速度；c—干扰波传播的相对速度；v—水流的流速

如果在等速流动的明槽水流中，同样铅垂向下丢一石子，则激起的微小波动不再是一连串的同心圆。干扰波在向四周传播的同时，其整个波形亦随水流向下游移动。很明显，波在水流中的传播状态是和水流中的流速与相对波速的相对大小有关。

设明渠水流的流速为 v，干扰波传播的绝对速度为 w。若干扰波的相对波速 c 大于水流的流速 v，即 $c>v$，则干扰波以绝对速度 $w=c-v$ 向上游传播，同时又以绝对速度 $w=c+v$ 向下游传播，这种水流称为缓流，如图 7-1 (b) 所示。

若干扰波的相对速度 c 正好等于水流的流速 v，干扰波向上游传播的绝对速度 $w=0$，即向上游传播的波形始终停留在波源处，而不向上游传播，向下游传播的绝对速度为 $w=$

$c+v=2c$，称这种水流为临界流，如图 7-1（c）所示。

若干扰波的相对波速 c 小于水流的流速 v，干扰波向上游传播的绝对速度 $w=c-v<0$，说明向上游传播的波形被冲向下游，而向下游传播的绝对速度仍是 $w=c+v$，则此种水流称为急流，如图 7-1（d）所示。

根据上述分析可知，明渠水流存在着缓流、急流、临界流三种流态，只要比较明渠水流的断面平均流速 v 和干扰波的相对波速 c 的相对大小，就可判别明渠水流的流态，即

当 $v<c$ 时，水流为缓流；

当 $v=c$ 时，水流为临界流；

当 $v>c$ 时，水流为急流。

（二）干扰波的相对波速 c

要判别流态，就必须先确定干扰波的相对波速 c 的大小。

图 7-2（b）为一矩形平底棱柱体明槽，槽内为静水，水深为 h。今用一薄板 $N—N$ 以一定的速度向左移动一下，如图 7-2（a）所示，则在板的左侧产生一个波高为 Δh 的微小波动。干扰波以波速自右向左移动，若忽略摩擦阻力的影响，则干扰波将传到无限远处。今观察者以波体为参照物，随波前进，则看到的不是波自右向左运动，而是水流以波速 c 自左向右流动，就像人坐在火车车厢内看到窗外的树木、电线杆等物体向后运动一样。因此，静水中推动板子引起水流波动的传播现象，在随波前进的观察者眼里，变成以波速 c 自左向右流动、水深由 h 增加到 $h+\Delta h$ 的明渠恒定非均匀流了。

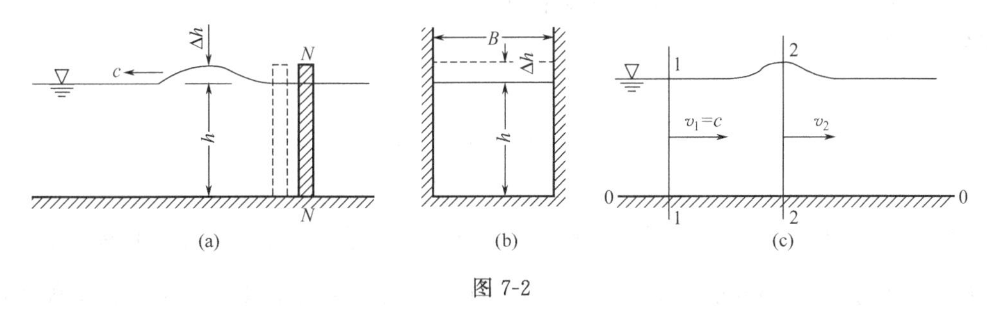

图 7-2

今以渠底为基准面，取波前和波上两个过水断面 1—1 和 2—2，如图 7-2（c）所示。断面 1—1 的水深为 h，流速 c；断面 2—2 的水深为 $h+\Delta h$，流速为 v_2。

由连续性方程在不计摩擦阻力的情况下，建立能量方程，将该方程式整理、简化后得

$$c=\sqrt{gh} \tag{7-1}$$

式（7-1）就是矩形断面明渠中微波传播的相对波速计算公式。

当明渠水流的过水断面为任意形状时，其过水断面面积为 A，水面宽度为 B，平均水深为 $\bar{h}=\dfrac{A}{B}$，则该明渠水流中微波的相对波速 c 为

$$c=\sqrt{g\bar{h}} \tag{7-2}$$

从式（7-1）和式（7-2）可看出，微波的相对波速 c 随断面平均水深 $\bar{h}$ 的增加而变大，与水深的平方根成正比。

因此，明渠水流的三种流态的判别式又可写为

$v<\sqrt{g\bar{h}}$　水流为缓流；

$v=\sqrt{g\bar{h}}$　水流为临界流；

$v>\sqrt{g\bar{h}}$　水流为急流。

（三）流态判别数——弗劳德数 Fr

由上面介绍可知，水流为临界流时，其断面平均流速正好等于微波的相对波速，即 $v=\sqrt{g\bar{h}}$，此式还可以改写为

$$\frac{v}{\sqrt{g\bar{h}}}=1 \tag{7-3}$$

$\frac{v}{\sqrt{g\bar{h}}}$是一个无量纲数，称为弗劳德数，用 Fr 表示。式（7-3）说明，水流为临界流时，$Fr=1$。因此，可用弗劳德数 Fr 来判别明渠水流的流态，即

临界流时，$Fr=\frac{v}{\sqrt{g\bar{h}}}=1$；

缓流时，$Fr=\frac{v}{\sqrt{g\bar{h}}}<1$；

急流时，$Fr=\frac{v}{\sqrt{g\bar{h}}}>1$。

弗劳德数 Fr 在水力学中是一个极为重要的判别数，它是断面平均流速和相对波速的比值，为了加深理解，下面从物理观点来对它进行讨论。

将弗劳德数 Fr 的表示式改写为

$$Fr=\frac{v}{\sqrt{g\bar{h}}}=\sqrt{\frac{2\times\frac{v^2}{2g}}{\bar{h}}} \tag{7-4}$$

由式（7-4）可看出，弗劳德数 Fr 反映了过水断面上单位重量的液体所具有的平均动能 $\frac{v^2}{2g}$和平均势能$\bar{h}$之比。当水流为临界流时，$Fr=1$，则 $2\times\frac{v^2}{2g}=\bar{h}$，即水流的平均势能正好等于平均动能的两倍；水流为缓流时，其平均势能大于两倍的平均动能；水流为急流时，其平均势能小于两倍的平均动能。从式（7-4）还可以看出：弗劳德数 Fr 也代表了惯性力和重力相对大小的比值。

【例 7-1】 有一矩形断面渠道，渠底宽 1.5m，水深 1.0m，渠道中通过的流量为 $Q=2.0\text{m}^3/\text{s}$。试求 c、Fr，并判别渠道中水流的流态。

解：矩形断面的平均流速为

$$v=\frac{Q}{A}=\frac{Q}{bh}=\frac{2.0}{1\times1.5}=1.33\ (\text{m/s})$$

微波的相对波速　　$c=\sqrt{gh}=\sqrt{9.8\times1}=3.13\ (\text{m/s})$

$$Fr=\frac{v}{\sqrt{gh}}=\frac{1.33}{3.13}=0.42$$

因为 $v<c$，$Fr<1$，所以水流为缓流。

【例 7-2】 在某河道中，已测得其过水断面面积为 $A=324\text{m}^2$，水面宽度为 $B=119\text{m}$，

流量 Q 为 2620m³/s。试用流态判别数 Fr 判别水流的流态。

解：河道中的断面平均流速为

$$v=\frac{Q}{A}=\frac{2620}{324}=8.10\ (\text{m/s})$$

断面平均水深　$\bar{h}=\frac{A}{B}=\frac{324}{119}=2.72\ (\text{m})$　　$c=\sqrt{g\bar{h}}=\sqrt{9.8\times2.72}=5.16\ (\text{m/s})$

则弗劳德数　$Fr=\frac{v}{\sqrt{g\bar{h}}}=\frac{8.10}{5.16}=1.57$

因为 $v>\sqrt{g\bar{h}}$，$Fr>1$，则河道中水流为急流。

二、断面比能（断面单位能量）

（一）断面比能

在一底坡较小的明渠水流中，底坡与水平面间的夹角 $\theta<6°$，称为小底坡。任取一过水断面，如图 7-3 所示。取基准面 0—0，其断面最低点的位置高度为 z_0，断面最大水深为 h，断面平均流速为 v，则过水断面上水流的单位重量液体所具有的总机械能 E 为

$$E=z_0+h+\frac{\alpha v^2}{2g}$$

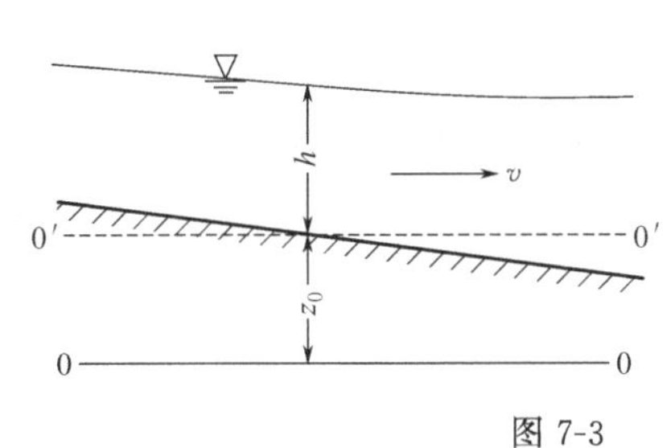

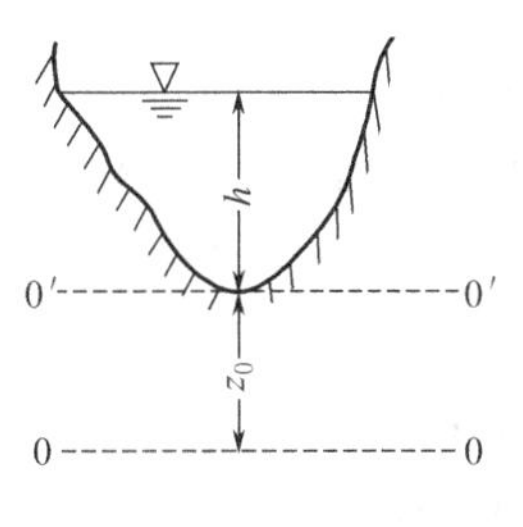

图 7-3

若基准面 0—0 平移到过水断面最低点的位置 0′—0′，则此时该断面上单位重量液体所具有的总机械能称为断面单位能量，简称断面比能，用 E_s 表示，即

$$E_s=h+\frac{\alpha v^2}{2g} \tag{7-5}$$

式（7-5）说明，断面比能是过水断面的最大水深 h 和流速水头$\frac{\alpha v^2}{2g}$之和，也就是以断面最低点为基准面的单位总机械能。

（二）断面比能和水流单位能量比较

比较断面比能和水流的单位总能量，可以看出，它们是两个不同的概念：在计量水流的单位总能量时，整个流程中不同断面都用同一个基准面 0—0；而断面比能 E_s 的基准面是每个过水断面最低点的水平面 0′—0′，沿流程不同过水断面的基准面是不相同的；其次，水流单位总能量 E 始终是沿流程减少的；而断面比能 E_s 沿流程可能减少、增加或不变；比较可以看出，断面比能 E_s 和水流单位总能量 E 始终是相差一个量值，即渠底高程 z_0。

（三）断面比能曲线

利用 $v=\frac{Q}{A}$，式（7-5）可改写为

$$E_s=h+\frac{\alpha Q^2}{2gA^2} \tag{7-6}$$

由式（7-6）可知，断面比能的大小与断面形状、尺寸、水深和流量有关。当明渠中的流量一定，过水断面的形状和尺寸又不变时，断面比能仅与水深有关，即 $E_s=f(h)$。下面分析断面比能随水深的变化情况。

当水深 $h\to 0$ 时，断面面积 $A\to 0$，速度水头$\frac{\alpha Q^2}{2gA^2}\to\infty$，则断面比能 $E_s=h+\frac{\alpha Q^2}{2gA^2}\to\infty$；当水深 $h\to\infty$，$A\to\infty$，$\frac{\alpha Q^2}{2gA^2}\to 0$，因而断面比能 $E_s=h+\frac{\alpha Q^2}{2gA^2}\to\infty$。若以 h 为纵坐标，E_s 为横坐标，则上述讨论结果可绘制出一条曲线，称为断面比能曲线，如图 7-4 所示。该曲线的上段以过原点并与 E_s 轴成 45°角的直线为渐近线，下段则以 E_s 轴为渐近线。

从断面比能曲线上可以看出，当水深由零增大时，断面比能从无穷大逐渐减小，水深到某一数值时，断面比能获得最小值，当水深再继续增大时，断面比能又逐渐增大到无穷大。因此，以断面比能最小值 $E_s=E_{s\min}$ 为分界点，曲线分成上、下两支。上支断面比能随水深增加而增加，即$\frac{dE_s}{dh}>0$；下支断面比能随水深增大而减小，即$\frac{dE_s}{dh}<0$。

三、临界水深 h_k

（一）临界水深 h_k

从断面比能曲线可看出，在水深由零增加到无穷大的过程中，断面比能也随水深变化而变化，其中有一个最小值存在。将断面比能取得最小值时的水深称为临界水深，用 h_k 表示。

（二）临界流方程

1. 临界流方程的建立

将断面比能 E_s 的表达式（7-6）对水深 h 求导，得

$$\frac{dE_s}{dh}=\frac{d}{dh}\left(h+\frac{\alpha Q^2}{2gA^2}\right)=1-\frac{\alpha Q^2}{gA^3}\times\frac{dA}{dh} \tag{7-7}$$

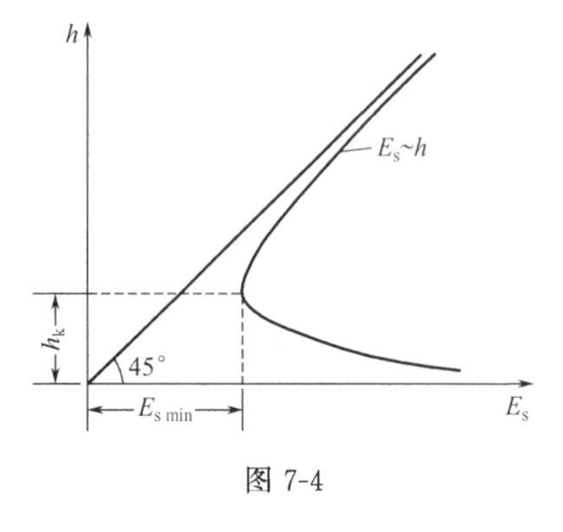

图 7-4

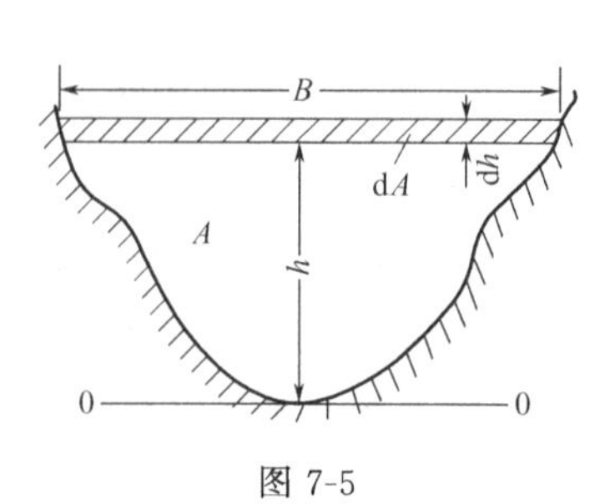

图 7-5

由图 7-5 所示，当过水断面内水深 h 增加一个微量 dh 时，则过水断面面积也相应增加一微量 dA，从图 7-5 中可看出，dA=Bdh，因而有

$$\frac{dA}{dh}=B$$

代入式（7-7）得

$$\frac{dE_s}{dh}=1-\frac{\alpha Q^2 B}{gA^3} \tag{7-8}$$

根据临界水深的定义，令$\frac{dE_s}{dh}=0$，则由式（7-8）得

$$1-\frac{\alpha Q^2 B_k}{gA_k^3}=0$$

或

$$\frac{\alpha Q^2}{g}=\frac{A_k^3}{B_k} \tag{7-9}$$

式中　B_k——过水断面水深为临界水深时的水面宽度；

A_k——过水断面水深为临界水深时的过水断面面积。

式（7-9）就是求解临界水深 h_k 的一般表达式，又叫临界流方程。它是在任意形状断面条件下推导出来的。

2. 临界水深的影响因素

分析式（7-9）可知，临界水深 h_k 的大小仅取决于流量和过水断面的形状、尺寸，而与明渠的底坡 i、糙率 n 无关。

3. 用临界水深判别水流的流态

将式（7-8）右边的第二项，作如下变换，即

$$\frac{\alpha Q^2 B}{gA^3}=\frac{\alpha v^2}{g\dfrac{A}{B}}=\frac{\alpha v^2}{g\bar{h}}=Fr^2$$

则式（7-8）可改写成

$$\frac{dE_s}{dh}=1-Fr^2 \tag{7-10}$$

由式（7-10）可看出，在临界水深 h_k 时，断面比能取得最小值，即$\frac{dE_s}{dh}=0$，此时 $1-Fr^2=0$，即 $Fr=1$，水流就是临界流。断面比能曲线的上支 $h>h_k$，流速 $v<c$，$Fr<1$，水流为缓流；而下支 $h<h_k$，流速 $v>c$，$Fr>1$，水流为急流。因此，又可用临界水深 h_k 和实际水深 h 的相对大小，来判别明渠水流的流态，即

$h>h_k$，$Fr<1$，水流为缓流；

$h=h_k$，$Fr=1$，水流为临界流；

$h<h_k$，$Fr>1$，水流为急流。

（三）临界水深 h_k 的计算

1. 任意形状断面渠道临界水深 h_k 的计算

由计算临界水深 h_k 的一般公式（7-9）可以看出，公式左端为已知量，右端为含有未知量 h_k 的函数，而且是一个高次的隐函数，无法直接求解，只能用一般的试算法求解。

2. 等腰梯形、圆形断面渠道临界水深 h_k 的图解计算

图解法是将式（7-9）简化成为 $h_k=f\left(m,\frac{Q}{b^{5/2}}\right)$的函数而绘制成图形（见附图 3），并利用该图求 h_k 的方法。该图的横坐标为$\frac{Q}{b^{5/2}}$，纵坐标为$\frac{h_k}{b}$，边坡系数 m 为参变量。查图前先计算出$\frac{Q}{b^{5/2}}$的值，在横坐标上找到相应于该数值的 c 点，通过 c 点作垂线交已知 m 值的曲线

一点 k，则 k 点的纵坐标与底宽 b 的乘积，即为所求的临界水深 h_k。如图 7-6 所示。

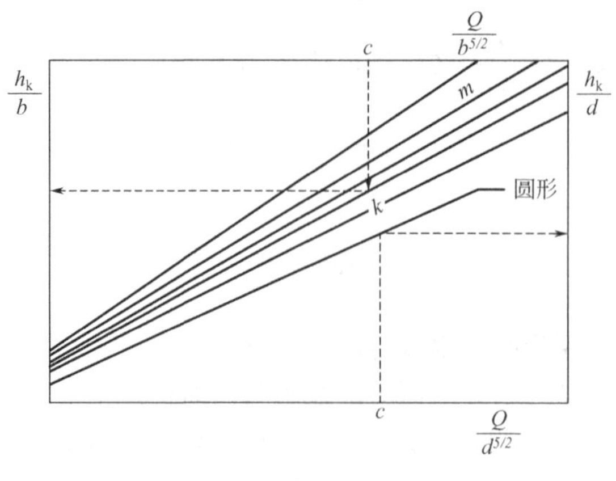

图 7-6

3. 矩形断面渠道临界水深 h_k 计算

对于矩形断面渠道，其水面宽度和底宽相等，即 $B=b$，$A=bh$，代入一般关系式（7-9）中得

$$\frac{\alpha Q^2}{g}=\frac{A_k^3}{B_k}=\frac{b^3h_k^3}{b}=b^2h_k^3$$

令 $q=\frac{Q}{b}$，则可解出矩形断面临界水深 h_k 的求解式

$$h_k=\sqrt[3]{\frac{\alpha q^2}{g}} \tag{7-11}$$

式中　q——单宽流量，$q=\frac{Q}{b}$，$m^3/(s\cdot m)$；

　　α——动能修正系数，一般可取 $\alpha=1.0$。

【例 7-3】 某梯形断面渠道，底宽 $b=2.0$m，边坡系数 $m=1.5$，当通过流量 $Q=10m^3/s$，渠道中的实际水深 $h=1.0$m。试用图解法确定临界水深 h_k，并判别水流的流态。

解：1. 用图解法求 h_k

计算 $\frac{Q}{b^{2.5}}=\frac{10}{2^{2.5}}=1.77$，由 $\frac{Q}{b^{2.5}}=1.77$ 及 $m=1.5$ 查附图 3 临界水深求解图，得 $\frac{h_k}{b}=0.52$，则临界水深

$$h_k=0.52b=0.52\times2=1.04\ (m)$$

2. 流态判别

① 用临界水深判别。

因为 $h_k=1.04$m，大于实际水深（$h=1.0$m），则水流为急流。

② 用弗劳德数 Fr 判别。

渠道中的过水断面面积 $A=(b+mh)h=(2+1.5\times1)\times1=3.50\ (m^2)$，实际流速

$$v=\frac{Q}{A}=\frac{10}{3.50}=2.86\ (m/s)$$

渠道中的水面宽度

$$B=b+2mh=2+2\times1.5\times1=5.0\ (m)$$

弗劳德数

$$Fr=\frac{v}{\sqrt{g\bar{h}}}=\frac{2.86}{\sqrt{9.8\times3.50/5}}=1.09$$

因为 $Fr>1$，渠道中的水流为急流。

【例 7-4】 有一矩形断面明渠 $Q=25\mathrm{m}^3/\mathrm{s}$，底宽 $b=6\mathrm{m}$，渠道中实际水深 $h=3.0\mathrm{m}$。求渠道中的临界水深 h_k，并判别水流的流态。

解：

$$q=\frac{Q}{b}=\frac{25}{6}=4.17\ (\mathrm{m}^3\cdot\mathrm{s}^{-1}\cdot\mathrm{m}^{-1})$$

临界水深

$$h_k=\sqrt[3]{\frac{\alpha q^2}{g}}=\sqrt[3]{\frac{1\times4.17^2}{9.8}}=1.21\ (\mathrm{m})$$

因为 $h(h=3.0\mathrm{m})>h_k$，则渠道中的水流为缓流。

四、陡坡、缓坡、临界坡

（一）临界底坡

设有一长直的棱柱体正坡渠道，水流作均匀流动，其正常水深 h_0 可用均匀流公式求得，若此渠道中的流量和断面形状、尺寸、糙率都不变，只改变渠底坡 i，则其均匀流水深 h_0 也随着改变，h_0 随 i 变化的关系曲线，如图 7-7 所示。

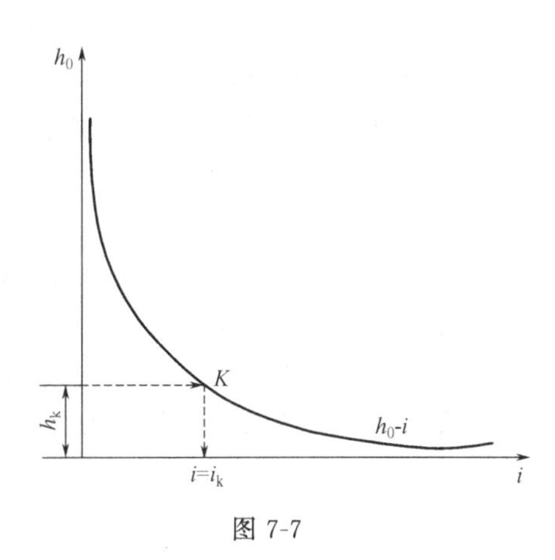

图 7-7

在该渠道的流量、糙率、形状、尺寸不变时，临界水深与底坡无关，这样在 h_k 不变、h_0 变化的过程中，当均匀流水深 h_0 正好等于临界水深 h_k 时，相应的底坡称为临界底坡，用 i_k 表示。

（二）临界底坡的计算公式

从图 7-7 曲线上可找出 $h_0=h_k$ 的点 K，则 K 点对应的底坡即为临界底坡 i_k，临界底坡上的水流为临界均匀流。

此时，水流应满足明渠均匀流的关系

$$Q=A_kC_k\sqrt{R_ki_k}$$

又要满足临界流关系式

$$\frac{\alpha Q^2}{g}=\frac{A_k^3}{B_k}$$

联解上述两式，得临界底坡 i_k 的计算公式

$$i_k=\frac{gA_k}{\alpha C_k^2R_kB_k}=\frac{g\chi_k}{\alpha C_k^2B_k}\tag{7-12}$$

式中，R_k、B_k、χ_k、A_k、C_k 均为临界水深时所对应的水力半径、水面宽度、湿周、过水断面面积和谢才系数。

对于宽浅式明渠，由于 $B\gg h$，$\chi\approx B$，则

$$i_k=\frac{g}{\alpha C_k^2}\tag{7-13}$$

（三）三种底坡

1. 临界底坡的影响因素

从式（7-12）可以看出，临界底坡并不是一个固定不变的底坡，它与流量、断面形状、尺寸、糙率有关，与渠道的实际底坡 i 无关。对某断面形状、尺寸不变的渠道，其临界底坡 i_k 是随着流量的增加而减小的。因此，流量大时渠底坡若为陡坡渠道，当流量变小时，该渠道又可能变成缓坡渠道了。

2. 正坡渠道的三种底坡

明渠的实际底坡 i 与其对应（流量、断面形状、尺寸、糙率均相同）的临界底坡 i_k 比较，可将明渠的正坡渠道的实际底坡分为三类：

① 当 $i<i_k$ 时，实际底坡称为缓坡；

② 当 $i=i_k$ 时，实际底坡为临界底坡；

③ 当 $i>i_k$ 时，实际底坡称为陡坡。

（四）用临界底坡判别均匀流流态

由图 7-7 可以看出，明渠均匀流时，若 $i<i_k$ 时，其正常水深 $h_0>h_k$，则缓坡渠道上的均匀流为缓流；反之若 $i>i_k$ 时，有 $h_0<h_k$，则陡坡渠道上的均匀流为急流。因而，用临界底坡 i_k 也可判别明渠均匀流的流态，即

$i<i_k$，为缓坡，且 $h_0>h_k$，说明缓坡上的均匀流一定为缓流；

$i=i_k$，临界坡，且 $h_0=h_k$，说明临界坡上的均匀流一定为临界流；

$i>i_k$，为陡坡，且 $h_0<h_k$，说明陡坡上的均匀流一定为急流。

【例 7-5】 某梯形断面渠道，底宽 $b=10\text{m}$，边坡系数 $m=1.5$，糙率 $n=0.020$，底坡 $i=0.005$。求流量 $Q=45\text{m}^3/\text{s}$ 时的临界底坡，并判别渠底坡的类型。

解：临界底坡的计算公式为

$$i_k=\frac{g\chi_k}{\alpha C_k^2 B_k}$$

式中，B_k、χ_k、C_k 均与临界水深 h_k 有关，因此必须先计算 h_k。

当 $Q=45\text{m}^3/\text{s}$ 时，图解法求临界水深 h_k，先计算

$$\frac{Q}{b^{2.5}}=\frac{45}{10^{2.5}}=0.142$$

由 $\frac{Q}{b^{2.5}}=0.142$ 及 $m=1.5$ 查附图 3 得 $\frac{h_k}{b}=0.12$，则

$$h_k=0.12b=0.12\times10=1.20\ (\text{m})$$

计算相应的水力要素，求临界底坡 i_k。

$$A_k=(b+mh_k)h_k=(10+1.5\times1.2)\times1.2=14.16\ (\text{m}^2)$$

$$\chi_k=b+2\sqrt{1+m^2}h_k=10+2\sqrt{1+1.5^2}\times1.2=14.33\ (\text{m})$$

$$B_k=b+2mh_k=10+2\times1.5\times1.2=13.60\ (\text{m})$$

$$R_k=\frac{A_k}{\chi_k}=\frac{14.16}{14.33}=0.988\ (\text{m})$$

$$C_k=\frac{1}{n}R_k^{1/6}=\frac{1}{0.020}\times0.988^{1/6}=49.9\ (\text{m}^{\frac{1}{2}}/\text{s})$$

则临界底坡 $$i_k=\frac{g\chi_k}{\alpha C_k^2 B_k}=\frac{9.8\times14.33}{1\times49.9^2\times13.60}=0.00415$$

因为 $i=0.005$，$i>i_k$，此流量时渠道底坡为陡坡。

第三节　水跌与水跃

缓流和急流是明渠水流两种不同的流态。当水流从一种流态向另一种流态转换时，会产生局部急变流水力现象——水跌和水跃。下面分别讨论这两种水力现象。

一、水跌

（一）水跌现象

当明渠水流从缓流过渡到急流时，在水深从大于临界水深降至小于临界水深过程中，水面产生了一种连续而又急剧的降落，这种局部水力现象称为水跌。

如图 7-8 所示，某一棱柱体缓坡明渠末端有一垂直跌坎，上游水流为均匀流，且缓坡渠道上的均匀流为缓流，其水深大于临界水深。水流由渠道末端流经跌坎时阻力减小，则重力作用下作加速运动，水深沿流程减小，水面沿流程下降，并在跌坎附近产生一连续而急剧的降落。水流以临界流状态在近坎处通过，这种局部水力现象就是水跌。

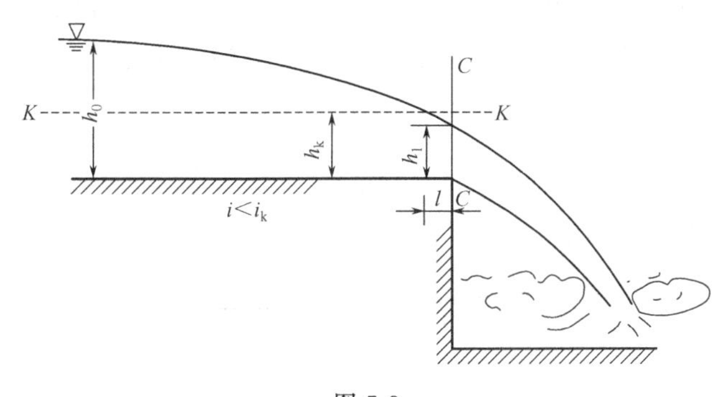

图 7-8

如图 7-9 所示，当渠道底坡由缓坡变为陡坡时，水流从上游缓坡流向下游陡坡的过程中，流速加快，水面下降。同样以临界流状态在 $C—C$ 断面附近通过，形成水跌。

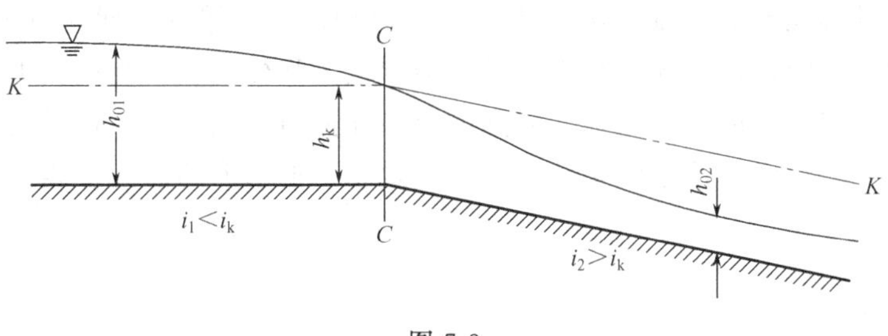

图 7-9

同样如图 7-10 所示，当水流自水库流入陡坡渠道时，水流在渠道进口 $C—C$ 断面附近以临界流通过，形成水跌。

（二）流态转换的控制断面

上述三例说明，水流由缓流过渡到急流时，一定要经过临界流断面。理论上导出的临界流断面并不恰好发生在渠底突变处，而实际出现在渠底突变处偏上游为 l 长度的某断面上，如图 7-8 所示。l 长度很小，在实际计算水面曲线时，常将渠底突变处断面近似当作是发生

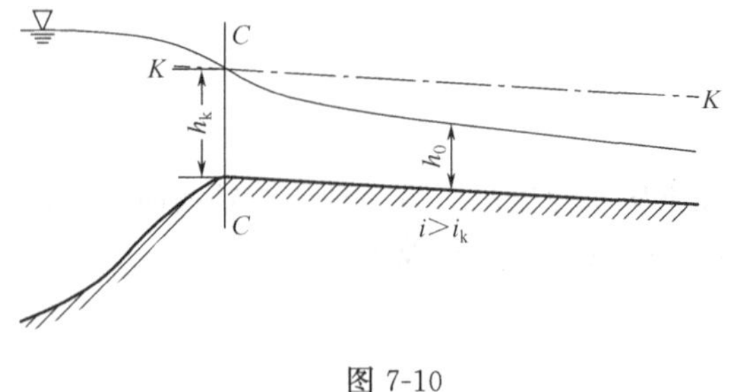

图 7-10

临界流的断面，如图 7-9、图 7-10 所示。由于渠道长度一般很长，这样简化处理并不影响水面线计算的精度。

临界流断面的水深 h_k 和流量 Q 有确定的单值关系——临界流方程。在水文测验中，常把天然河道中局部地形骤变而使水面急剧下降产生水跌的断面看作是控制断面（临界流断向），如急滩、卡口、石梁等，并通过确定这些控制断面的水深进行测流。

二、水跃

（一）水跃现象

当明渠水流由急流过渡到缓流时，会产生一种水面突然跃起，水深由小于临界水深急剧地跃到大于临界水深的局部水力现象，这种水力现象称为水跃。

如图 7-11 所示，水流由陡坡渠道流向缓坡渠道时，由陡坡下泄的急流过渡到缓坡上的缓流时，水流一定产生水跃现象。同样，由闸、坝下泄的急流过渡到下游河渠中的缓流时，也一定会形成水跃。

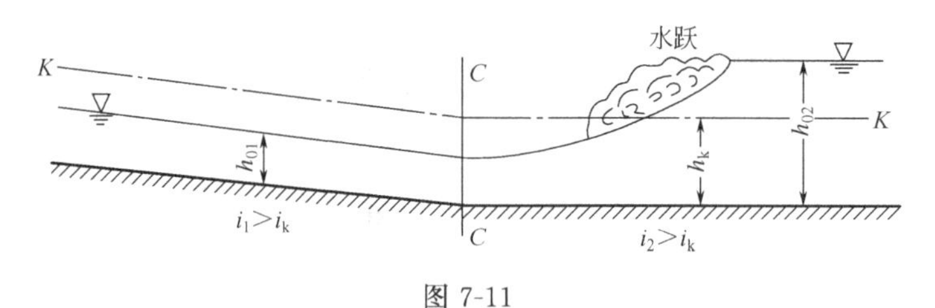

图 7-11

（二）水跃的内部结构

仔细观察水跃现象时发现，水跃的内部结构大体上可分为两部分。水跃的下部为主流区，在此区内水流急剧地扩散，上游下泄的流量全部经过此区流向下游。水跃的上部是一个作剧烈回转运动的表面旋滚，旋滚区的水流翻腾滚动，大量掺气，回转剧烈，如图 7-12 所示。在水跃段内，水流的流速梯度很大，紊动混掺极为强烈，表面旋滚和主流之间有大量的质量和动量交换，使水流内部产生更为强烈的摩擦和撞击，从而使水跃段内产生了很大的能量损失。因此，工程上常利用水跃来消除泄水建筑物下泄水流的巨大余能，以确保建筑物和下游河道的安全。

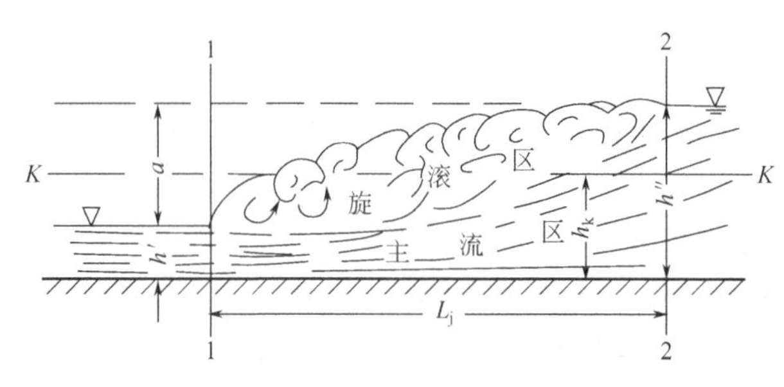

图 7-12

（三）水跃的主要参数

图 7-12 为棱柱体平底明渠中发生的水跃。为便于研究，称表面旋滚起点的过水断面 1—1 为跃前断面，相应的水深 h'为跃前水深；表面旋滚终端的断面 2—2 为跃后断面，相应的水深 h''为跃后水深。水跃前、后两断面的水深差 $h''-h'=a$ 称为水跃高度，水跃前、后两断面之间的水平距离叫水跃长度，用 L_j 表示。

水跃的上部并非任何情况下都有表面旋滚存在。实验观测得知，表面旋滚的是否存在与强烈程度，主要取决于跃前断面的弗劳德数 Fr_1 的大小。

（四）棱柱体平底明渠中的水跃方程

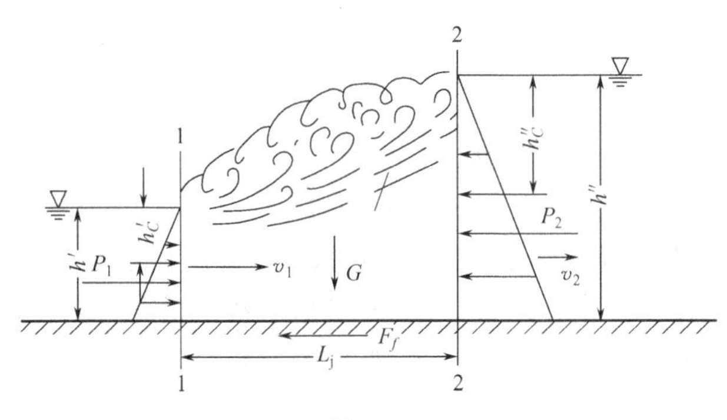

图 7-13

图 7-13 为棱柱体平底明渠中的完全水跃，取跃前断面 1—1 和跃后断面 2—2 之间的水跃段作为脱离体，应用恒定总流的动量方程来推导水跃方程。为简化水跃计算，根据水跃的实际情况作如下三个假设。

① 水跃段长度较短，水流和壁面之间的摩擦阻力 F_f 和水跃前后两过水断面的动水压力相比，要小得很多，可以忽略不计，即 $F_f=0$。

② 跃前和跃后断面处的水流均为渐变流，作用在该两断面上的动水压强近似地按静水压强规律分布，因而有

$$P_1=\gamma h'_C A_1,\ P_2=\gamma h''_C A_2$$

③ 跃前、跃后两断面上的动量修正系数可取 $\alpha'_1=\alpha'_2=1.0$。

根据上述假定，对水跃段取水流方向（水平方向）列动量方程，由于重力在水流方向的投影为零，则得

$$P_1-P_2=\frac{\gamma Q}{g}(v_2-v_1)$$

将 $v_1=\dfrac{Q}{A_1}$，$v_2=\dfrac{Q}{A_2}$和动水压力计算式代入得

$$\gamma h'_C A_1-\gamma h''_C A_2=\frac{\gamma Q}{g}\left(\frac{Q}{A_2}-\frac{Q}{A_1}\right)$$

各项除 γ，整理后得

$$\frac{Q^2}{gA_1}+h'_C A_1=\frac{Q^2}{gA_2}+h''_C A_2 \tag{7-14}$$

式中 A_1——跃前断面面积；

A_2——跃后断面面积；

h'_C——跃前断面形心点的水深；

h''_C——跃后断面形心点的水深。

式（7-14）即为棱柱体平底明渠中完全水跃的基本方程式。该式表明：单位时间内由跃前断面流入的水流动量和该断面上的动水压力之和，等于单位时间内由跃后断面流出的动量和跃后断面的动水压力之和。

水跃方程是在一些假设条件下推导出来的，多年来对矩形断面平底明渠中的水跃进行了广泛的实验研究，实测结果表明，实验值和理论公式计算值基本吻合，公式（7-14）是可信的。

（五）水跃函数

从水跃方程可知，等式两边都是一样的表示形式。当明渠的断面形状、尺寸及流量一定时，又都是水深 h 的函数，称此函数为水跃函数，用 $J(h)$ 表示，即

$$J(h)=\frac{Q^2}{gA}+h_C A \tag{7-15}$$

于是水跃方程式（7-14）又可写成如下形式

$$J(h')=J(h'') \tag{7-16}$$

式（7-16）表明，棱柱体平底明渠中发生水跃时，其跃后水深 h'' 和跃前水深 h' 不相等，且 h'' 明显地大于跃前水深 h'，但两水深对应的水跃函数却是相等的。所以，h' 和 h'' 又称为水跃的共轭水深，其中跃前水深 h' 为第一共轭水深，跃后水深 h'' 为第二共轭水深。

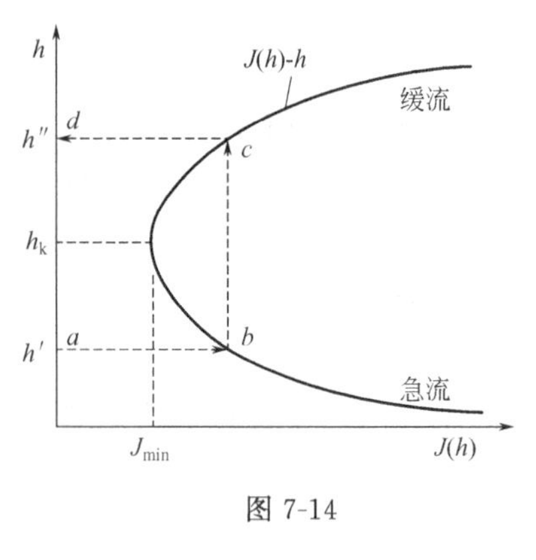

图 7-14

为了认识水跃函数的特性，对于流量和断面形状、尺寸都不变的明渠，设一系列的 h 值，可算出相应的水跃函数 $J(h)$ 值，绘出水跃函数 $J(h)$-h 的关系曲线，如图 7-14 所示。从图 7-14 中的曲线形状可以看出，水跃函数具有下列特性。

① 水跃函数曲线存在着一个极小值 $J_{\min}$，可以证明，水跃函数 $J(h)$ 最小值时的水深就是临界水深 h_k。

② 水跃函数曲线的上支，$J(h)$ 随水深 h 的增加而增加，$h>h_k$，水流为缓流；水跃函数曲线的下支，$J(h)$ 随水深 h 的增加而减小，$h<h_k$，水流为急流。

③ 除极小值点外，一个水跃函数值有两个共轭水深（跃前水深 h' 和跃后水深 h''）与之相对应，并且它代表了一种条件下产生的水跃共轭水深。h' 愈小，h'' 愈大。

（六）矩形断面棱柱体平底明渠中水跃共轭水深计算

对于矩形断面明渠，有 $A=bh$，$q=\frac{Q}{b}$，$h_C=\frac{h}{2}$，代入水跃方程得

$$\frac{(bq)^2}{gbh'}+\frac{h'}{2}bh'=\frac{(bq)^2}{gbh''}+\frac{h''}{2}bh''$$

各项都除 b 后得

$$\frac{q^2}{gh'}+\frac{h'^2}{2}=\frac{q^2}{gh''}+\frac{h''^2}{2}$$

整理简化为

$$h'h''^2+h'^2h''-\frac{2q^2}{g}=0 \tag{7-17}$$

将 h' 看作未知量，h'' 为已知量；或 h'' 看作未知量，h' 为已知量；式（7-17）分别都为对称的二次方程，用求根公式得

$$h''=\frac{h'}{2}\left(\sqrt{1+8\frac{q^2}{gh'^3}}-1\right) \tag{7-18}$$

或

$$h'=\frac{h''}{2}\left(\sqrt{1+8\frac{q^2}{gh''^3}}-1\right) \tag{7-19}$$

因为矩形过水断面的弗劳德数具有下列关系

$$Fr^2=\frac{v^2}{gh}=\frac{q^2}{gh^3}$$

所以式（7-18）、式（7-19）又可写成用断面平均流速 v 和用弗劳德数 Fr 表示的形式

$$h''=\frac{h'}{2}\left(\sqrt{1+8\frac{v_1^2}{gh'}}-1\right) \tag{7-20}$$

$$h'=\frac{h''}{2}\left(\sqrt{1+8\frac{v_2^2}{gh''}}-1\right) \tag{7-21}$$

和

$$h''=\frac{h'}{2}(\sqrt{1+8Fr_1^2}-1) \tag{7-22}$$

$$h'=\frac{h''}{2}(\sqrt{1+8Fr_2^2}-1) \tag{7-23}$$

式（7-18）～式（7-23）就是矩形断面棱柱体平底明渠中水跃方程的几种表示形式，对于底坡不大的矩形棱柱体明渠中的水跃，也可近似地应用。

（七）水跃长度计算

水跃长度是水工建筑物下游消能段长度的主要依据之一，但由于水跃运动非常复杂，至今仍无成熟的计算水跃长度的理论公式。在工程实际中仍采用经验公式进行计算，常用的经验公式有

（1）欧拉-佛托斯基公式 $$L_j=6.9(h''-h') \tag{7-24}$$

（2）吴持恭公式 $$L_j=10(h''-h')Fr_1^{-0.32} \tag{7-25}$$

式中 h'，h''——完全水跃的跃前和跃后水深；

Fr_1——跃前断面的弗劳德数。

对于梯形断面平底明渠中的水跃长度可查阅有关书籍。

应该说明：由于水跃中水流紊动剧烈，水跃长度也是脉动的，同时对跃后断面位置的认识也不一致，因而计算水跃长度的经验公式很多，对同一种水跃，各种公式算出的水跃长度值也有差异。

（八）水跃的消能率与水跃类型

水跃总的消能量应包括水跃段 L_j 和跃后流段 L_{jj} 的消能量。为简便起见，工程中一般只计算水跃段消除的能量，并以跃前断面与跃后断面的能量差作为水跃的消能量，即

$$\Delta H_j=H_1-H_2 \tag{7-26}$$

式中 ΔH_j——表示水跃段的消能量；

H_1，H_2——表示跃前与跃后断面的总水头。

水跃消能量与跃前断面水流的总能量的比值，称为水跃消能率，以 K_j 表示。

$$K_j=\frac{\Delta H_j}{H_1} \tag{7-27}$$

经分析证明：水跃消能率仅是跃前断面弗劳德数 Fr_1 的函数。Fr_1 愈大，消能率愈高。所以 Fr_1 不同，水跃的形式、流态和消能率不同，如图 7-15 所示。

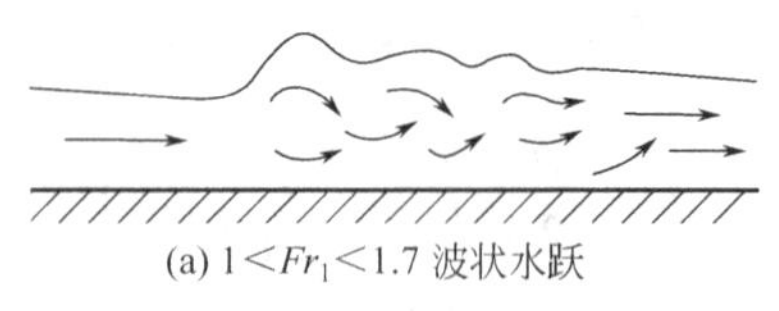

(a) $1<Fr_1<1.7$ 波状水跃

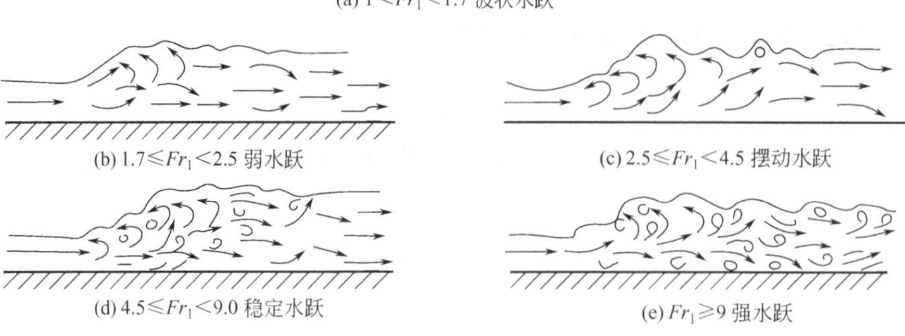

(b) $1.7\leqslant Fr_1<2.5$ 弱水跃

(c) $2.5\leqslant Fr_1<4.5$ 摆动水跃

(d) $4.5\leqslant Fr_1<9.0$ 稳定水跃

(e) $Fr_1\geqslant 9$ 强水跃

图 7-15

当 $1<Fr_1<1.7$，表面只形成一系列起伏不大的波浪，波峰沿程下降，直至消失，为波状水跃。因跃前断面的动能小，水跃段表面不能形成旋滚，只有部分动能转变为波动能量，消能率很小，又名不完全水跃。

当 $1.7\leqslant Fr_1<2.5$，为弱水跃。水面产生许多小旋滚，但紊动微弱，消能率 $K_j<20\%$，跃后水面较平稳。

当 $2.5\leqslant Fr_1<4.5$，为摆动水跃。水跃不稳定，水跃段中的底部高速水流间歇向上窜升，跃后水面波动较大，消能率 $K_j<45\%$。

当 $4.5\leqslant Fr_1<9.0$，为稳定水跃。水跃的消能率较高，$K_j=45\%\sim70\%$，跃后水面平稳。若建筑下游采用水跃消能时，最好使 Fr_1 位于此范围。

当 $Fr_1\geqslant 9$ 时，为强水跃。水跃消能率 $K_j>70\%$，但跃后段会产生较强的水面波动，并且向下游传播的距离较远，通常需要采取措施稳定水流。

【例 7-6】 有一矩形断面棱柱体平底明渠中的水跃，已知流量 $Q=8\text{m}^3/\text{s}$，渠宽 $b=2\text{m}$，跃前水深 $h'=0.6\text{m}$。求跃后水深 h'' 及水跃长度 L_j。

解：单宽流量 $q=\dfrac{Q}{b}=\dfrac{8}{2}=4(\text{m}^3\cdot\text{s}^{-1}\cdot\text{m}^{-1})$，将 q 及 h' 代入水跃方程式（7-18），得

$$h''=\frac{h'}{2}\left(\sqrt{1+8\frac{q^2}{gh'^3}}-1\right)=\frac{0.6}{2}\times\left(\sqrt{1+8\frac{4^2}{9.8\times0.6^3}}-1\right)=2.05\ (\text{m})$$

水跃长度 L_j 为

$$L_j=6.9(h''-h')=6.9\times(2.05-0.6)=10.01\ (\text{m})$$

第四节　明渠恒定非均匀渐变流基本方程式

前面几节已介绍了明渠水流的有关概念，从现在起开始介绍明渠非均匀渐变流水面曲线的分析和计算。为此，必须先建立明渠恒定非均匀渐变流的基本方程。

图 7-16 为一底坡较小的明渠恒定非均匀渐变流，沿水流方向任取一微小流段 dl，其上游断面 1—1 的水位为 z，水深为 h，渠底高程为 z_0，断面平均流速为 v；下游断面 2—2 的

水位为 $z+\mathrm{d}z$，水深为 $h+\mathrm{d}h$，渠底高程为 $z_0+\mathrm{d}z_0$，断面平均流速为 $v+\mathrm{d}v$。由于水流为渐变流，则对微小流段上、下游两断面列能量方程得

$$z_0+h+\frac{\alpha v^2}{2g}=(z_0+\mathrm{d}z_0)+(h+\mathrm{d}h)+\frac{\alpha(v+\mathrm{d}v)^2}{2g}+\mathrm{d}h_\mathrm{f}+\mathrm{d}h_\mathrm{j} \tag{7-28}$$

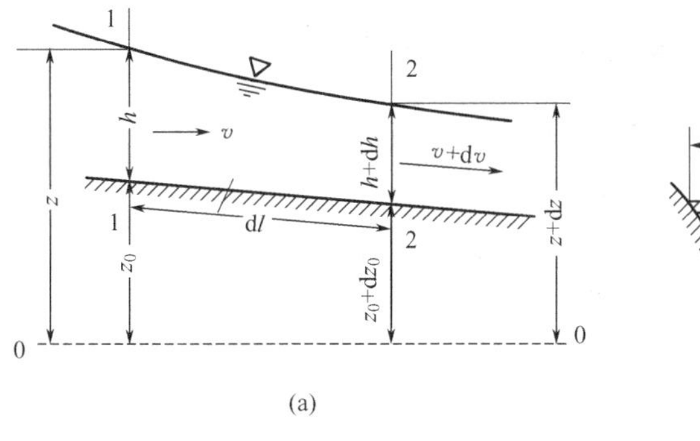

(a)

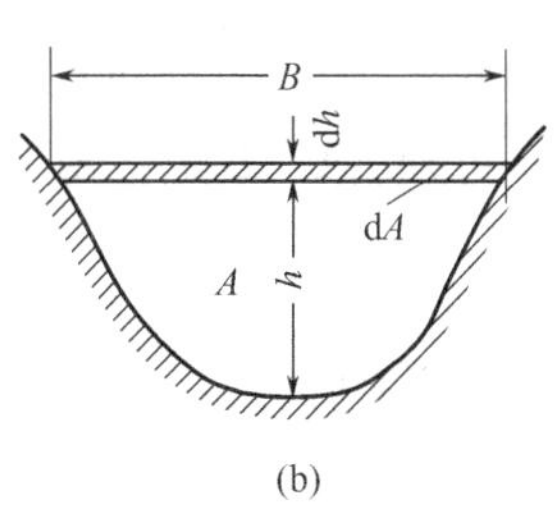

(b)

图 7-16

式（7-28）中 $(v+\mathrm{d}v)^2$ 按二项式展开，忽略高阶微量 $(\mathrm{d}v)^2$ 后得

$$\frac{\alpha(v+\mathrm{d}v)^2}{2g}=\frac{\alpha v^2}{2g}+\mathrm{d}\left(\frac{\alpha v^2}{2g}\right)$$

代入式（7-28），整理后得

$$\mathrm{d}z_0+\mathrm{d}h+\mathrm{d}\left(\frac{\alpha v^2}{2g}\right)+\mathrm{d}h_\mathrm{f}+\mathrm{d}h_\mathrm{j}=0 \tag{7-29}$$

由于底坡定义为单位长度上的渠底下降量，即

$$i=\frac{z_0-(z_0+\mathrm{d}z_0)}{\mathrm{d}l}=-\frac{\mathrm{d}z_0}{\mathrm{d}l}$$

代入式（7-29）得

$$i\mathrm{d}l=\mathrm{d}h+\mathrm{d}\left(\frac{\alpha v^2}{2g}\right)+\mathrm{d}h_\mathrm{f}+\mathrm{d}h_\mathrm{j} \tag{7-30}$$

式（7-30）即为底坡较小的明渠恒定非均匀渐变流基本方程的一般表达式。该式说明：底坡下降量所提供的能量，一部分使水流中的水深（势能）和流速水头（动能）增加，另一部分用于克服沿程和局部阻力而被消耗了。

第五节　棱柱体渠道中非均匀渐变流水面曲线的分析

一、建立水深沿程变化的微分方程

上面讨论了明渠非均匀渐变流的基本微分方程。对于棱柱体明渠中的恒定非均匀渐变流，流段内的局部水头损失很小，可以忽略不计；流段内的沿程水头损失，由于目前尚无非均匀渐变流沿程水头损失的计算公式，只能近似地用均匀流公式计算，即 $\mathrm{d}h_\mathrm{f}=\frac{Q^2}{K^2}\mathrm{d}l$，或 $J=\frac{Q^2}{K^2}$，其中 K、J 为微小流段的平均流量模数值和平均水力坡降值。于是式（7-30）可改写为

$$i\mathrm{d}l=\mathrm{d}h+\mathrm{d}\left(\frac{\alpha v^2}{2g}\right)+\frac{Q^2}{K^2}\mathrm{d}l$$

将各项都除以 dl，整理后得

$$\frac{\mathrm{d}h}{\mathrm{d}l}+\frac{\mathrm{d}}{\mathrm{d}l}\left(\frac{\alpha v^2}{2g}\right)=i-\frac{Q^2}{K^2} \tag{7-31}$$

由于 $A=f(h)$，$h=f(l)$，左边第二项可由复合函数求导得

$$\frac{\mathrm{d}}{\mathrm{d}l}\left(\frac{\alpha v^2}{2g}\right)=\frac{\mathrm{d}}{\mathrm{d}l}\left(\frac{\alpha Q^2}{2gA^2}\right)=-\frac{\alpha Q^2}{gA^3}\times\frac{\mathrm{d}A}{\mathrm{d}h}\times\frac{\mathrm{d}h}{\mathrm{d}l}$$

由图 7-16（b）可知 d$A=B$dh，则上面导数变为

$$\frac{\mathrm{d}}{\mathrm{d}l}\left(\frac{\alpha v^2}{2g}\right)=-\frac{\alpha Q^2}{gA^3}\ B\ \frac{\mathrm{d}h}{\mathrm{d}l}$$

代入式（7-31），整理后得

$$\frac{\mathrm{d}h}{\mathrm{d}l}=\frac{i-\dfrac{Q^2}{K^2}}{1-\dfrac{\alpha Q^2 B}{gA^3}}$$

即

$$\frac{\mathrm{d}h}{\mathrm{d}l}=\frac{i-\dfrac{Q^2}{K^2}}{1-Fr^2} \tag{7-32}$$

对于正坡明渠，它能发生均匀流，式（7-32）中的流量可用均匀流公式 $Q=K_0\sqrt{i}$，则式（7-32）变为

$$\frac{\mathrm{d}h}{\mathrm{d}l}=i\ \frac{1-\left(\dfrac{K_0}{K}\right)^2}{1-Fr^2} \tag{7-33}$$

式（7-33）是棱柱体正坡明渠中水面线分析的水深沿程变化的方程，它说明，水深 h 沿流程 l 变化的大小是与底坡 i、弗劳德数 Fr 和流量模数比值 $\dfrac{K_0}{K}$ 三个因素有关。

二、水面线的分类

（一）棱柱体渠道的底坡

明渠中的底坡有正坡（$i>0$）、平坡（$i=0$）、逆坡（$i<0$）三种。正坡渠道有可能发生均匀流，有确定的正常水深 h_0。正坡渠道又可分为缓坡（$h_0>h_k$）渠道、陡坡（$h_0<h_k$）渠道、临界坡（$h_0=h_k$）渠道三种。平坡、逆坡渠道中不可能产生均匀流，或者说其均匀流水深 h_0 为无穷大。这样，棱柱体渠道的底坡可分为五种，将上述五种底坡绘出，如图 7-17 所示。

（二）棱柱体渠道中的水深控制线

当棱柱体正坡渠道中通过某一流量而发生非均匀渐变流时，其水深 h 沿程是变化的。若渠道中发生均匀流或临界流时，可以通过均匀流公式或临界流公式确定对应的正常水深 h_0 或临界水深 h_k。正常水深就是均匀流时的水深，而正常水深线为均匀流水面线，用 N—N 表示。棱柱体渠道中的临界水深 h_k 也是沿流程不变的，用 K—K 线表示渠道中各断面的临界水深 h_k 的大小。N—N 线、K—K 线和渠底线是三条相互平行的直线。在水面线定性分析中，N—N 线和 K—K 线是两条控制线，将 N—N 线、K—K 线分别绘制在不同的底坡上，如图 7-17 所示。

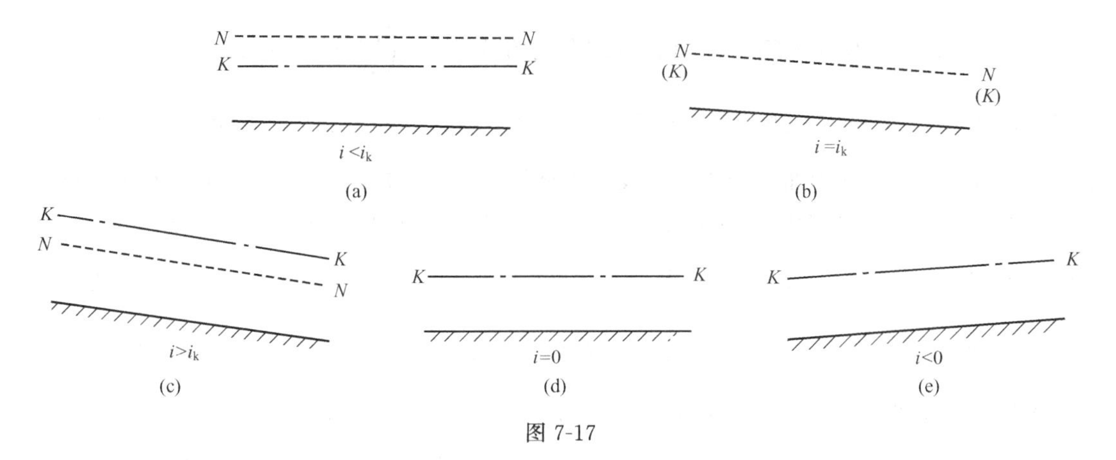

图 7-17

（三）棱柱体渠道中水面线的分类

图 7-17 表示了各种底坡时的正常水深 $N—N$ 线和临界水深 $K—K$ 线的相对关系。从图 7-17 上可明显地看出，$N—N$ 线和 $K—K$ 线将底坡以上空间分成三个区。为了区分各区中的水面曲线，规定：

① $N—N$ 线和 $K—K$ 线以上的流区，即 $h>h_0$，$h>h_k$，称为 a 区，a 区中产生的水面曲线称为 a 型水面曲线；

② $N—N$ 线和 $K—K$ 线之间的流区，即 $h_0>h>h_k$ 或 $h_k>h>h_0$，称为 b 区，b 区中产生的水面曲线叫 b 型水面曲线；

③ $N—N$ 线和 $K—K$ 线以下的流区，即 $h<h_0$，$h<h_k$，称为 c 区，c 区中产生的水面曲线称为 c 型水面曲线。

因此，正坡渠道中的缓坡和陡坡渠道里，存在有 a、b、c 三区。正坡中的临界坡渠道，因为 $h_0=h_k$，$N—N$ 线和 $K—K$ 线重合，没有 b 区，而只有 a 区和 c 区。平坡和逆坡渠道中，也不可能发生均匀流，或者可以说正常水深变为无穷大，因而没有 a 区，而只有 b 区和 c 区。

由于不同底坡中同流区的水面线也不相同，因而又规定：缓坡渠道中的水面线用右下角标“1”表示，即 a_1、b_1、c_1；陡坡渠道的水面线用右下角标“2”表示，即 a_2、b_2、c_2；临界坡渠道中的水面线用右下角标“3”表示，即 a_3、c_3；平坡渠道中的水面线用右下角标“0”表示，即 b_0、c_0；逆坡渠道中的水面线用右上角标“$'$”表示，即 b'、c'。这样，在棱柱体渠道中可能发生的水面线共有 a_1、b_1、c_1、a_2、b_2、c_2、a_3、c_3、b_0、c_0、b'、c' 十二种。

三、棱柱体渠道中水面曲线的定性分析

水面线是一条平面曲线，该曲线在平面坐标（h,l）中的位置和形状，反映了水深沿流程变化的特性。水面曲线定性分析的内容为：①水面曲线是壅水曲线还是降水曲线；②水面线的凹凸性；③水面曲线两端的变化趋势；④产生某种水面曲线时的工程边界条件。

下面就应用式（7-33）$\dfrac{dh}{dl}=i\dfrac{1-\left(\dfrac{K_0}{K}\right)^2}{1-Fr^2}$，对缓坡 a 区内的水面曲线进行具体的分析。

（一）缓坡（$i<i_k$）渠道中的水面曲线

（1）a 区　缓坡渠道中的 a 区的水深 h 应满足的条件为 $h>h_0>h_k$。

因为 $h>h_0$，则有 $K>K_0$，所以分析式右边的分子 $1-\left(\dfrac{K_0}{K}\right)^2>0$；又因为 $h>h_k$，水流为缓流，$Fr<1$，分析式右边分母 $1-Fr^2>0$。分子与分母同号，因而分析式 $\dfrac{dh}{dl}>0$，它表示水深沿流程增加，水面曲线为壅水曲线。缓坡渠道上 a 区的壅水曲线称为 a_1 型壅水曲线。

a_1 型壅水曲线上游端的水深最小。当水深 h 向上游逐渐减小而接近正常水深 h_0，即 $h\rightarrow h_0$ 时，则有 $K\rightarrow K_0$，分析式右端分子 $1-\left(\dfrac{K_0}{K}\right)\rightarrow 0$；由于 $h>h_k$，a 区的水流为缓流，$Fr<1$，分析式右端分母 $1-Fr^2\neq 0$。由分析式可知，$\dfrac{dh}{dl}\rightarrow 0$，它说明水深趋近于逆流程不变。故当上游端水深 h 接近正常水深 h_0 时，水面曲线以 N—N 线为渐近线。

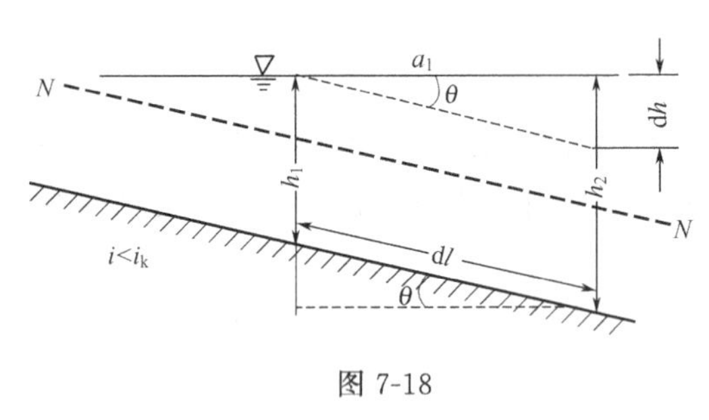

图 7-18

a_1 型水面曲线沿流程愈来愈大，当 $h\rightarrow\infty$ 时，$K\rightarrow\infty$，分析式右端分子 $1-\left(\dfrac{K_0}{K}\right)\rightarrow 1$；而此时的 $Fr\rightarrow 0$，分析式右端分母 $1-Fr^2\rightarrow 1$。因而分析式变为 $\dfrac{dh}{dl}\rightarrow i$，即水深沿流程的变化率等于底坡 i。它说明，水深趋近于无穷大时，流速趋近于零，水面曲线趋近于静水时的水面。如图 7-18 所示，当水面曲线为水平线时，水面曲线与 N—N 线的夹角 θ 与底坡线的倾角相等，所以存在 $\dfrac{dh}{dl}\rightarrow i$。

根据上述分析，a_1 型水面曲线为壅水曲线，其上游渐近 N—N 线，下游渐近水平线。缓坡渠道或河道上修建闸、坝时，其闸、坝上游的水面曲线就是 a_1 型壅水曲线的典型实例，如图 7-19 所示。

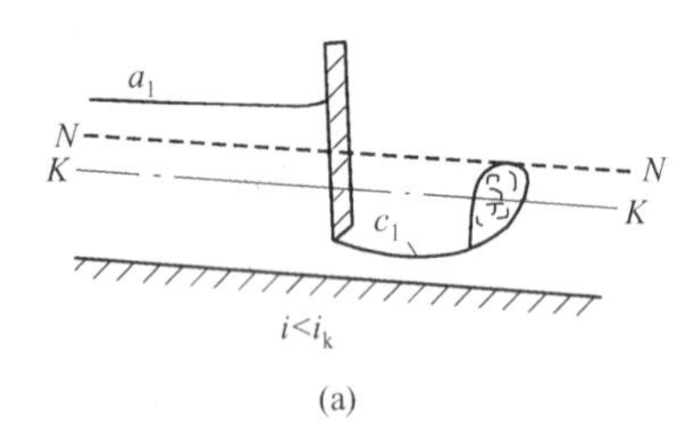

(a)

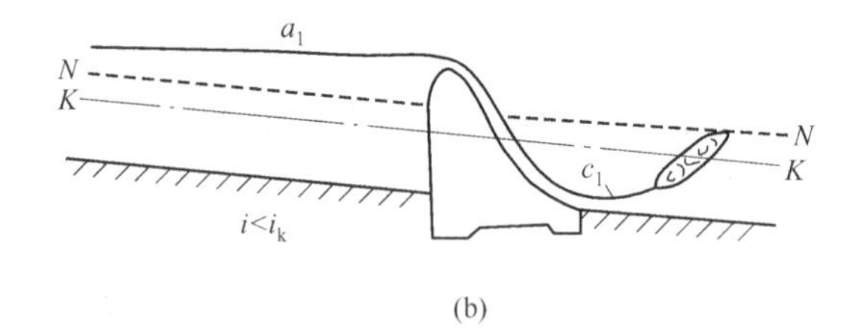

(b)

图 7-19

同样，应用分析式（7-33）

$$\frac{dh}{dl}=i'\frac{1-\left(\dfrac{K_0}{K}\right)^2}{1-Fr^2}$$

可以对其他十一种水面线逐一进行具体分析，由于篇幅所限，下面仅介绍其他十一种水面线分析的结果。

（2）b 区　缓坡渠道中的 b 区应满足的水深条件为 $h_0>h>h_k$。

缓坡渠道中 b 区的水流为缓流，水深沿流程减小，水面曲线为降水曲线，称缓坡渠道上 b 区的降水曲线为 b_1 型降水曲线。

b_1 型降水曲线的上游端水深大，当水深 h 向上游逐渐增大而接近正常水深 h_0，并以

$N—N$ 线为渐近线。

b_1 型降水曲线的下游端水深小，当水深 h 沿流程减小到 h_k 时，与 $K—K$ 线有成垂直正交的趋势。当水深接近临界水深 h_k 时，水流产生了急变流，形成水跌现象。

根据上面所述，b_1 型水面曲线为一条上凸时的降水曲线，其上游端以 $N—N$ 线为渐近线，下游端与水跌相连接。当缓坡渠道的末端为跌坎，或与陡坡渠道相连接时，则缓坡渠道中产生的水面线就是 b_1 型降水曲线，如图 7-20 所示。

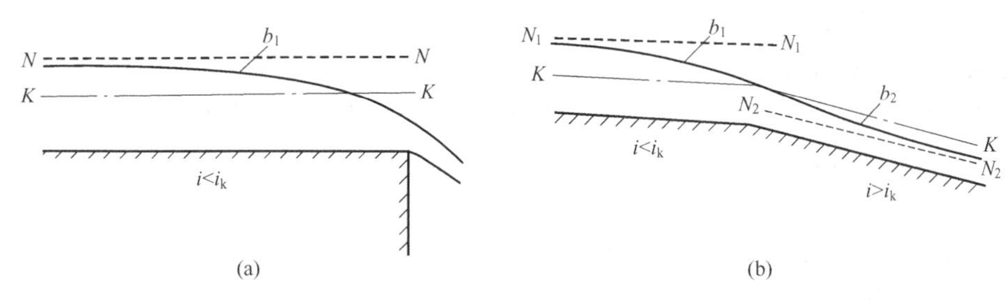

图 7-20

(3) c 区　缓坡渠道中的 c 区的水深 h 应满足的条件为 $h<h_k<h_0$。

水深沿流程增加，则缓坡渠道中 c 区的水面曲线为 c_1 型壅水曲线。

c_1 型壅水曲线的上游端水深小，由于明渠中只要有水流存在，其水深就不能为零。也就不存在 $h \to 0$ 的趋势。水面曲线上游端的最小水深一般是已知的，是受来流条件所控制的。

c_1 型壅水曲线的下游端水深大，水深 h 沿流程增加，即 $h \to h_k$，当水深 h 接近于 h_k 时，水面曲线的下游端也有与 $K—K$ 线成垂直正交的趋势。水流在此处由急流过渡到缓流，产生了水跃，c_1 型壅水曲线的下游端为水跃的跃前水深。

因此，缓坡渠道中 c 区的水面线为一条下凹的壅水曲线，其上游端为受来流条件控制的某个已知水深，下游端与水跃相连接。缓坡渠道或河道上修建闸、坝时，其闸、坝下游急流区产生的水面曲线就是 c_1 型壅水曲线的典型实例，闸下收缩水深就是 c_1 型水面线的上游控制水深，如图 7-19 所示。

（二）陡坡（$i>i_k$）渠道中的水面曲线

(1) a 区　陡坡渠道中 a 区的水深条件为 $h_0<h_k<h$。

水流为缓流，水深沿流程增加，陡坡渠道中 a 区的水面曲线为 a_2 型壅水曲线。a_2 型壅水曲线的上游端水深最小，水深 h 逆流减小，水深 h 接近临界水深 h_k 时，水面曲线的上游端有与 $K—K$ 线成垂直正交的趋势。a_2 型壅水曲线的上游端为水跃的跃后水深，a_2 型壅水曲线的下游端水深最大，当水深 h 沿流程增加到无穷大，此时的水面曲线渐近于水平线。

a_2 型是一条上凸的壅水曲线，一般都发生在陡坡渠道或河道上闸、坝的上游，如图 7-21 所示。

(2) b 区　陡坡渠道中 b 区的水面曲线的水深应满足的条件为 $h_0<h<h_k$。

因 $h<h_k$，水流为急流，水深沿流程减小，陡坡渠道中 b 区的水面曲线为 b_2 型降水曲线。b_2 型降水曲线的上游端有与 $K—K$ 线相垂直的趋势，与水跃相连接，b_2 型降水曲线的下游端

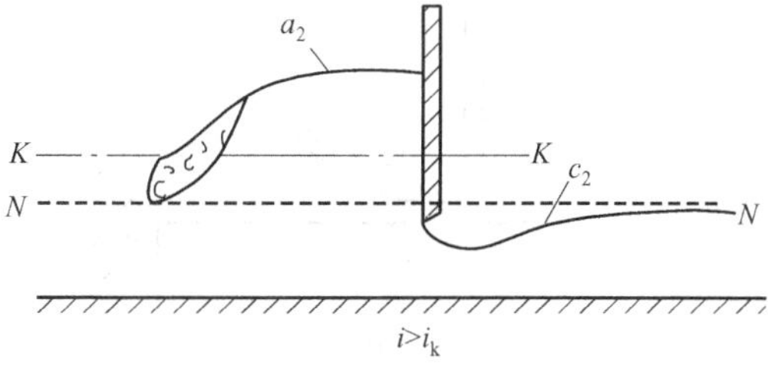

图 7-21

水深最小，水面曲线的下游端渐近 N—N 线。

当陡坡渠道的上游端与缓坡渠道或水库相连时，其渠道内水流的水面曲线，就是 b_2 型降水曲线的典型实例，如图 7-20（b）所示。

（3）c 区　陡坡渠道中 c 区的水面曲线的水深应满足的条件为 $h<h_0<h_k$。

因为 $h<h_k$，水流为急流，水深沿流程增加，陡坡渠道中 c 区的水面曲线为 c_2 型壅水曲线。c_2 型壅水曲线的上游端水深最小，系由来流条件控制的某水深所确定，为已知值，下游端的水深最大，以 N—N 线为渐近线。

当在陡坡渠道或河道上修建闸、坝时，其闸、坝下游产生的一条上凸的水面曲线就是 c_2 型壅水曲线，如图 7-21 所示，闸下收缩水深即为 c_2 曲线的上游控制水深。

（三）其他坡度渠道中的水面曲线

1. 临界坡（$i=i_k$）渠道中的水面曲线

临界坡渠道中只有 a 区和 c 区，没有 b 区。a 区中的水面曲线为 a_3 型壅水曲线，上游端与 K—K 线相交，下游端为水平线。a_3 型壅水曲线常发生在下游与水库、湖泊、水池相连接的临界坡渠道的下游段，或者是临界坡渠道上修建闸、坝后的闸、坝前壅水段。如图 7-22 所示。

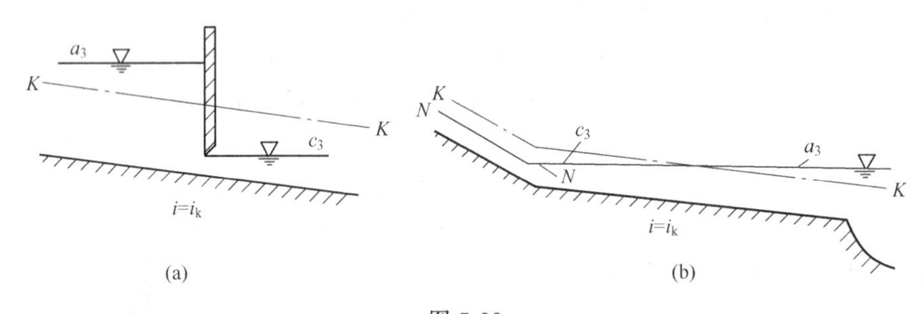

图 7-22

c 区的水面曲线为 c_3 型壅水曲线，其上游端为某一由来流条件确定的已知值，下游端与 K—K 线相交，水面曲线呈一水平直线。当水流由陡坡进入临界坡渠道时，或临界坡渠道中闸、坝下游的水面曲线就是 c_3 型水面曲线，如图 7-22 所示。c_3 型水面曲线由于不产生水跃，所以常在筏道中应用。

2. 平坡（$i=0$）渠道中的水面曲线

平坡渠道中不能形成均匀流，所以只有 b 区和 c 区。

b 区水面曲线为一条上凸的 b_0 型降水曲线，该曲线在上游与某一来流条件的水深相连，下游端与水跃相连接。c 区的水面曲线为一条下凹的 c_0 型壅水曲线，其上游端为由来流条件确定的某个已知值，下游端为水跃的跃前水深，如图 7-23（a）所示。

3. 逆坡（$i<0$）渠道中的水面曲线

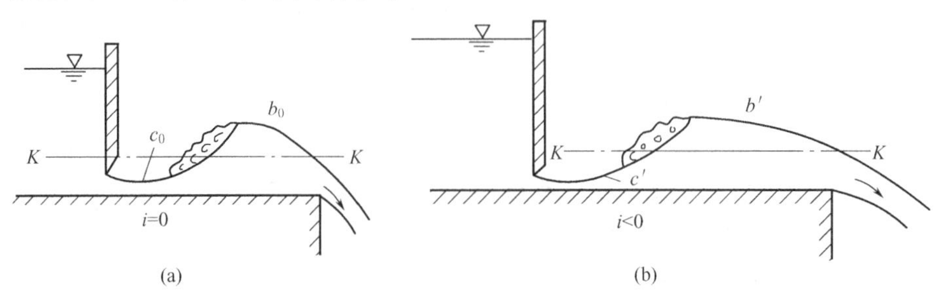

图 7-23

逆坡渠道中也不可能发生均匀流，只有 b 区和 c 区。

b 区中的水面曲线称为一条上凸的 b' 型降水曲线，该曲线在上游与某一来流条件的水深相连，下游端与水跌相连接。c 区的水面曲线为一条下凹的 c' 型壅水曲线，上游端为由来流条件确定的某个已知值，下游端为水跃的跃前水深，如图 7-23（b）所示。

四、明渠中水面线连接问题及分析实例

（一）水面曲线的变化规律

将五种底坡下的十二种水面曲线集中绘在图 7-24 中，从此图中可以看出以下几点。

① 每一个区都有一根而仅有一根确定的水面曲线。

② 所有 a 区及 c 区的水面曲线都是水深沿流程增加的壅水曲线，所有 b 区都是水深沿流程减小的降水曲线。

③ 除急变流外水面曲线不能穿越 $N—N$ 线和 $K—K$ 线。

④ 除 a_3 及 c_3 型壅水曲线外的所有水面曲线，当水深接近正常水深时水面线渐近 $N—N$ 线；当水深接近临界水深时，水面线趋近于垂直 $K—K$ 线，实际上其水流与急变流水力现象——水跌和水跃相衔接。

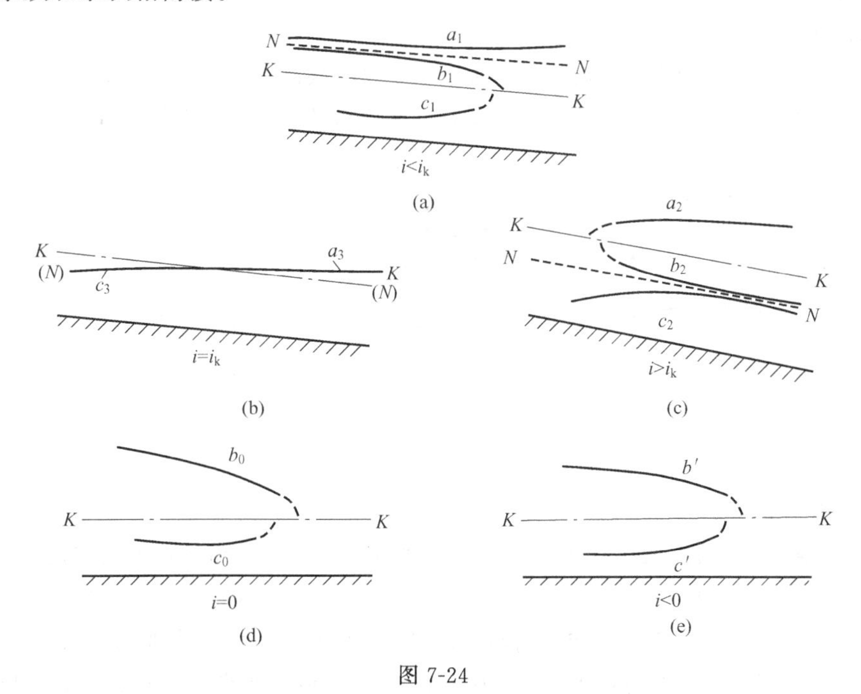

图 7-24

（二）明渠中水面线连接中应注意的几个问题

在水利工程中，河床上、下游水面线的相互连接，除应遵循上述共同的特性外，还应注意以下几个问题。

① 同一棱柱体渠道中，若流段的底坡不同时，其正常水深 h_0 也不相同。底坡 i 大时，h_0 就小；反之，底坡 i 小时，h_0 就大。因此，不同流段的 $N—N$ 线虽然都平行各自的渠底，但距渠底的高度是不相同的。临界水深 h_k 与底坡 i 无关，只要各流段渠道的断面形状、尺寸一致，流量相同，则其临界水深 h_k 都相同，$K—K$ 线为一条首尾相接，平行各自渠底的折线。

② 缓坡渠道下游很远处的水流一定是均匀流，缓坡渠道上的均匀流为缓流，由于干扰

波传播的特性，缓坡上的均匀流可一直向上游延伸；陡坡渠道上游很远处也一定是均匀流，而且是急流，根据干扰波传播特性，急流状态的均匀流可以一直向下游延伸。

③ 水流从急流过渡到缓流时，一定产生水跃，其跃前水深为急流区水面曲线 c_1、c_0、c'的终点，跃后水深为缓流区水面曲线 a_2、b_0、b'的起点。而水流由缓流过渡到急流时，则一定产生水跌，临界水深 h_k 为缓流区降水曲线 b_1、b_0、b'的终点，急流区降水曲线 b_2 的起点。

④ 对水面线进行定性分析和定量计算时的起始断面称为控制断面，通常控制断面的位置是确定的，水深是已知的。根据干扰传播特性可知，缓流的控制断面在下游，水面曲线分析和计算应从下游向上游推算。急流的控制断面在上游，水面曲线分析计算应从上游向下游推算。如闸、坝前的水深是上游河渠中 a 型水面曲线的下游断面，分析计算的起点；而下游收缩断面水深，则是下游 c 型壅水曲线分析计算的起始水深。又如缓坡渠道下游的跌坎处，陡坡渠道的水库进口处，缓坡渠道与下游陡坡渠道的交界处等，也都是控制断面，其控制水深为临界水深 h_k。

(三) 水面线连接中实例分析

【例 7-7】 某棱柱体缓坡渠道，糙率 n 沿流程不变，因地形条件限制，渠道分为两段，每段都有足够的长度，下游段渠底较上游段陡，即 $i_1<i_2<i_k$。试分析渠道中可能产生的水面曲线。

解： 1. 画 $N—N$ 线和 $K—K$ 线

因为 $i_1<i_2<i_k$，则有 $h_{01}>h_{02}>h_k$，所以 $N_1—N_1$ 线高于 $N_2—N_2$ 线，又高于 $K—K$ 线。因为 h_k 的大小与底坡 i 无关，所以 $K—K$ 线是一条平行各自渠底的折线，如图 7-25 所示。

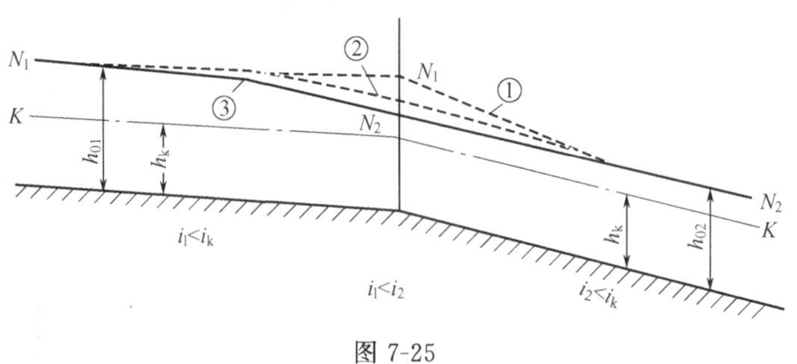

图 7-25

2. 水面线分析

由于两段渠道都是缓坡渠道，且 $h_{01}>h_{02}$，两段渠道的上、下游很远处为均匀流，因而渠道中水面一定产生降水曲线。其形式大体有三种，假定：①上游段为均匀流，下游段为非均匀渐变流降水曲线；②上、下游段都产生非均匀渐变流降水曲线；③上游段为非均匀渐变流降水曲线，下游段为均匀流。在下游段根据缓渠道上 a 区只存在 a_1 型壅水曲线，而不能有降水曲线的特性，则①、②两种情况在下游段均不可能发生，只能在上游段产生③中的 b_1 型降水曲线。

【例 7-8】 如图 7-26 所示，某水库的溢洪道为平坡渠道上的泄水闸，在闸后一段长度之后接一陡坡渠道，若缓坡和陡坡渠道的断面形状、尺寸相同，糙率均一，且各段均有足够的长度。试分析闸后可能出现的水面曲线类型。

解： 1. 画 $N—N$ 线和 $K—K$ 线

由于平坡和陡坡渠道的断面形状、尺寸一致，临界水深 h_k 也相等，可画出平行各自渠底的 $K—K$ 线，平坡渠道上不可能产生均匀流，陡坡段的均匀流为急流，$h_{02}<h_k$，$N_2—N_2$ 线在 $K—K$ 线下方。

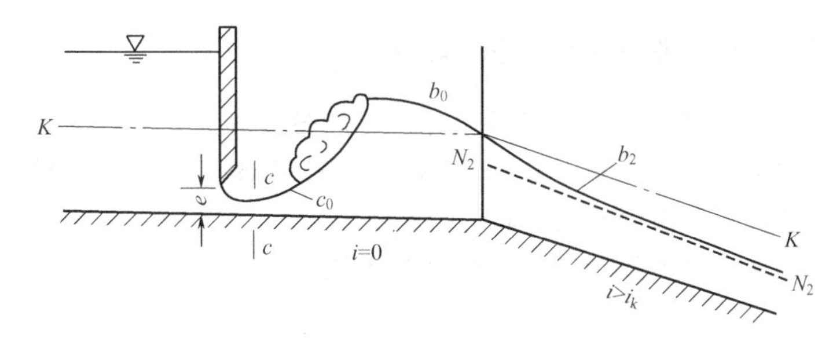

图 7-26

2. 水面线分析

水面线分析从控制断面开始，闸下游的控制断面为收缩断面。

① 闸后收缩断面的水深 $h_C<h_k$，水流为急流，属于 c 区，平坡上 c 区的水面线为 c_0 型壅水曲线。当水深 h 沿流程增大至临界水深 h_k 时，水流与水跃相连接。由于该段有足够长，则在缓坡渠道上一定发生水跃，跃后的水流为缓流，$h>h_k$，属于 b 区。

② 水流由缓坡渠道进入陡坡渠道，水流由缓流过渡到急流，一定产生水跌。因此，平坡渠道上的水面线为 b_0 型降水曲线，其上游端为水跃的跃后水深，下游端与水跌相连接。水流以水跌的形式进入陡坡渠道后，属于 b 区，满足 $h_k>h>h_0$ 条件，则在陡坡上形成 b_2 型降水曲线，水深沿流程减小，当水深接近正常水深时，水面线渐近 $N—N$ 线。

上述分析结果绘于图 7-26 中。

第六节　棱柱体渠道中非均匀渐变流水面曲线的计算

一、明渠中恒定非均匀渐变流断面比能沿流程变化的微分方程

对于人工渠道，不管是棱柱体渠道还是非棱柱体渠道，只要其水流为恒定非均匀渐变流，其局部水头损失 dh_j 都很小，可以忽略不计，沿程水头损失仍近似地用均匀流关系式 $dh_f=\frac{Q^2}{K^2}dl=J\,dl$ 来计算。

于是非均匀渐变流的一般方程式（7-30）又可改写成下面的形式

$$i\,dl=dh+d\left(\frac{\alpha v^2}{2g}\right)+J\,dl=d\left(h+\frac{\alpha v^2}{2g}\right)+J\,dl \tag{7-34}$$

式（7-34）右边第一项就是断面比能 $E_s=h+\frac{\alpha v^2}{2g}$ 的微小增量。因此，该方程式（7-30）又可用断面比能 E_s 沿流程的变化来表示

$$i\,dl=dE_s+J\,dl$$

两边同除 dl，整理后得

$$\frac{dE_s}{dl}=i-J \tag{7-35}$$

式（7-35）就是人工渠道中恒定非均匀渐变流的断面比能沿流程变化的微分方程。该式表明断面单位能量沿程的变化与水流的均匀程度有关，它是一般明渠中的恒定非均匀渐变流水面曲线计算的基本公式。

二、棱柱体渠道中水面曲线计算的分段求和法

分段求和法的理论依据是断面比能沿流程变化的微分方程式（7-35），由于该方程是在底坡较小的棱柱体明渠中作恒定非均匀渐变流时（不计局部水头损失）推导出来的，所以它只适用于底坡较小的人工渠道中的恒定非均匀渐变流。

当断面比能和平均水力坡降在较小的流段内可看成是线性变化时，上述微分方程可改写成差分的形式，即

$$\Delta l=\frac{\Delta E_s}{i-\overline{J}}=\frac{E_{s2}-E_{s1}}{i-\overline{J}} \tag{7-36}$$

式中　E_{s2}——流段下游断面的断面比能；

E_{s1}——流段上游断面的断面比能；

$\overline{J}$——流段内的平均水力坡降；

i——渠道的底坡；

Δl——流段长度。

式（7-36）就是分段求和法计算明渠中恒定非均匀渐变流水面曲线的基本公式。公式中，流段的上、下游断面的断面比能 $E_{s1}\left(E_{s1}=h_1+\dfrac{\alpha_1 v_1^2}{2g}\right)$、$E_{s2}\left(E_{s2}=h_2+\dfrac{\alpha_2 v_2^2}{2g}\right)$和流段长度 Δl 都是概念明确、可以计算出来的，而流段内的平均水力坡降 $\overline{J}$，应是流段内非均匀渐变流的沿程水头损失和流段长度的比值。由于目前还没有非均匀渐变流沿程水头损失计算的关系式，只能近似地采用均匀流关系式来计算，因而存在着平均水力坡降 $\overline{J}$ 的各种近似计算方法，一般有下列几种。

（1）$\overline{J}=\dfrac{1}{2}(J_1+J_2)$　　(7-37)

（2）$\overline{J}=\dfrac{Q^2}{\overline{K}^2}$　　(7-38)

（3）$\dfrac{1}{\overline{K}^2}=\dfrac{1}{2}\left(\dfrac{1}{K_1^2}+\dfrac{1}{K_2^2}\right)$　　(7-39)

（4）$\overline{K}^2=\dfrac{1}{2}(K_1^2+K_2^2)$　　(7-40)

上述式中，v、R、C、A、K 为过水断面的断面平均流速、水力半径、谢才系数、过水断面面积、流量模数，各物理量符号的右下标“1”表示上游断面，“2”表示下游断面，物理量符号上面的“－”表示流段上、下游断面相应物理量的平均值。

用分段求和法计算棱柱体渠道中的非均匀渐变流水面线时，一般都采用两种方法。

① 按水深分段的计算方法，具体解法见例 7-9，即通过微段的两断面水深求微段长度 Δl。

② 当已知水面线总长求末端水深时，分段计算最后的一个微段，是已知微段长度 Δl 和一个断面水深，求另一断面水深的问题。这种问题必须用试算法求解，或者用内插法求解，具体解法见例 7-10。分段求和法也适用于非棱柱体渠道，但每一分段都是已知分段长度求一端水深的试算，故此时分段法又称分段试算法。

三、实例计算

【例 7-9】 有一长直的梯形断面棱柱体渠道，底宽 $b=20\text{m}$，边坡系数 $m=2.5$，糙率

$n=0.0225$，底坡 $i=0.0001$，渠道末端修一水闸，当通过流量为 $Q=160\text{m}^3/\text{s}$，闸前水深 $h=6.0\text{m}$。求渠道的全长，并绘制水面曲线。

解：1. 计算 h_0、h_k，判别水面线类型

（1）用图解法求正常水深 h_0。

$$K_0=\frac{Q}{\sqrt{i}}=\frac{160}{\sqrt{0.0001}}=16000\ (\text{m}^3/\text{s})$$

$$\frac{b^{2.67}}{nK_0}=\frac{20^{2.67}}{0.0225\times16000}=8.27$$

查附图 1 正常水深求解图，由 $\frac{b^{2.67}}{nK_0}=8.27$，$m=2.5$，在图上查得 $\frac{h_0}{b}=0.246$，则 $h_0=0.246\times20=4.92\ (\text{m})$

（2）用图解法求临界水深 h_k。

$$\frac{Q}{b^{2.5}}=\frac{160}{20^{2.5}}=0.0894$$

查附图 3 临界水深求解图，由 $\frac{Q}{b^{2.5}}=0.0894$，$m=2.5$，在图上查得 $\frac{h_k}{b}=0.086$，则 $h_k=0.086\times20=1.72\ (\text{m})$

（3）判别水面线类型。

因为 $h_0>h_k$，渠底坡为缓坡；因为渠道末端水深 $h=6\text{m}$，满足 $h>h_0>h_k$ 条件，则水面线为 a_1 型壅水曲线。

2. 选控制断面，确定末端水深，进行分段

因为 $h>h_k$，则渠道中的水流为缓流，缓流的控制断面在下游，水面线从控制断面向上游推算，取闸前断面为控制断面，其水深 $h=6\text{m}$。水面线全长的终止水深为

$$h=1.01h_0=1.01\times4.92=4.97\ (\text{m})$$

对棱柱体渠道，为避免试算，常按水深分段，分段后各流段的上游断面水深为 5.8m，5.6m，5.4m，5.2m，5.1m，5.03m，4.97m。共七段。

3. 第一流段的流段长计算

本流段的水深为 $h_1=5.8\text{m}$，$h_2=6.0\text{m}$。

（1）计算 E_{s1}、E_{s2}、ΔE_s。

下游断面
$$A_2=(b+mh_2)h_2=(20+2.5\times6)\times6=210.0\ (\text{m}^2)$$

$$v_2=\frac{Q}{A_2}=\frac{160}{210}=0.762\ (\text{m/s})$$

$$E_{s2}=h_2+\frac{\alpha_2v_2^2}{2g}=6+\frac{1\times0.762^2}{19.6}=6.030(\text{m})$$

上游断面
$$A_1=(b+mh_1)h_1=(20+2.5\times5.8)\times5.8=200.1\ (\text{m}^2)$$

$$v_1=\frac{Q}{A_1}=\frac{160}{200.1}=0.800\ (\text{m/s})$$

$$E_{s1}=h_1+\frac{\alpha_1v_1^2}{2g}=5.8+\frac{1\times0.800^2}{19.6}=5.833\ (\text{m})$$

则两断面的断面比能之差为

$$\Delta E_s=E_{s2}-E_{s1}=6.030-5.833=0.197\ (\text{m})$$

（2）计算平均水力坡降 $\overline{J}$。

a_1 型水面线计算时，其平均水力坡降 $\overline{J}$ 采用式（7-37）$\overline{J}=\frac{1}{2}(J_1+J_2)$ 计算，式中 J 采用 $J=\frac{v^2}{C^2R}$ 计算。

下游断面

$$\chi_2=b+2h_2\sqrt{1+m^2}=20+2\times6\sqrt{1+2.5^2}=52.31\text{（m）}$$

$$R_2=\frac{A_2}{\chi_2}=\frac{210.0}{52.31}=4.015\text{（m）}$$

$$C_2=\frac{1}{n}R_2^{1/6}=\frac{1}{0.0225}\times4.015^{1/6}=56.03$$

$$J_2=\frac{v_2^2}{C_2^2R_2}=\frac{0.762^2}{56.03^2\times4.015}=0.00004607$$

上游断面

$$\chi_1=b+2h_1\sqrt{1+m^2}=20+2\times5.8\times\sqrt{1+2.5^2}=51.23\text{（m）}$$

$$R_1=\frac{A_1}{\chi_1}=\frac{200.1}{51.23}=3.906\text{（m）}$$

$$C_1=\frac{1}{n}R_1^{1/6}=\frac{1}{0.0225}\times3.906^{1/6}=55.77$$

$$J_1=\frac{v_1^2}{C_1^2R_1}=\frac{0.800^2}{55.77^2\times3.906}=0.00005268$$

平均水力坡降

$$\overline{J}=\frac{1}{2}(J_1+J_2)=\frac{1}{2}\times(0.00005268+0.00004607)=0.00004937$$

（3）流段长度 Δl 计算。

将 ΔE_s、$\overline{J}$、i 代入式（7-36）得

$$\Delta l=\frac{\Delta E_s}{i-\overline{J}}=\frac{0.197}{0.0001-0.00004937}=3882\text{（m）}$$

4. 列表计算水面线的全长

成果见表 7-1。

5. 按比例绘制水面线

如图 7-27 所示。

【例 7-10】 有一棱柱体渠道，末端有垂直的跌坎，渠道为梯形断面，底宽 $b=4\text{m}$，

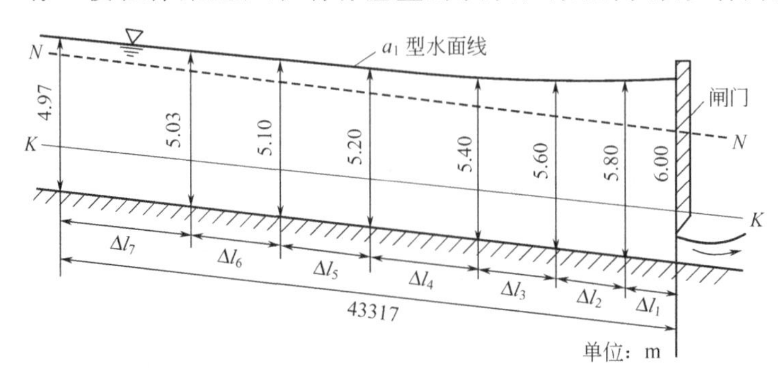

图 7-27

表 7-1　水面线计算过程及成果表

断面序号	h /m	A /m²	χ /m	R /m	$C=\frac{1}{n}R^{1/6}$	v /(m/s)	$J=\frac{v^2}{C^2R}$ /×10⁻⁵m	$\frac{\alpha v^2}{2g}$ /m	$E_s=h+\frac{\alpha v^2}{2g}$	$\Delta E_s=E_{s2}-E_{s1}$ /m	$\overline{J}=\frac{1}{2}(J_1+J_2)$ /×10⁻⁵	$i-\overline{J}$ /×10⁻⁵	$\Delta l=\frac{\Delta E_s}{i-\overline{J}}$ /m	$\Sigma\Delta l$ /m
(1)	(2)	(3)	(4)	(5)	(6)	(7)	(8)	(9)	(10)	(11)	(12)	(13)	(14)	(15)
1	6.00	210.0	52.31	4.015	56.03	0.7619	4.605	0.0296	6.0296					
										0.1970	4.934	5.066	3889	3889
2	5.80	200.1	51.23	3.906	55.77	0.7996	5.263	0.0326	5.8326					
										0.1966	5.650	4.350	4519	8408
3	5.60	190.4	50.16	3.796	55.51	0.8403	6.037	0.0360	5.6360					
										0.1961	6.496	3.504	5596	14004
4	5.40	180.9	49.08	3.686	55.24	0.8845	6.956	0.0399	5.4399					
										0.1955	7.504	2.496	7817	51821
5	5.20	171.6	48.00	3.575	54.96	0.9324	8.051	0.0444	5.2444					
										0.0976	8.366	1.634	5973	27794
6	5.10	167.0	47.46	3.518	54.81	0.9579	8.681	0.0468	5.1468					
										0.0681	8.916	1.084	6282	34076
7	5.03	163.9	47.09	3.481	54.71	0.9765	9.151	0.0487	5.0787					
										0.0584	9.367	0.633	9226	43302
8	4.97	161.2	46.76	3.447	53.63	0.9928	9.583	0.0503	5.0203					

$m=1.0$，糙率 $n=0.0225$，底坡 $i=0.0005$。当通过流量 $Q=30\text{m}^3/\text{s}$，求离坎 $l=2500\text{m}$ 处的上游水深，并绘制水面曲线。

解：1. 求 h_0、h_k，判别水面线类型

(1) 用图解法求正常水深 h_0　计算过程略，$h_0=3.02$ (m)。

(2) 用图解法求临界水深 h_k　计算过程略，$h_k=1.56$ (m)。

(3) 水面线判别　因为 $h_0>h_k$，渠道为缓坡渠道。由于渠道末端有跌坎，所以渠道内产生 b_1 型降水曲线。

2. 选控制断面，按水深分段

b_1 型水面线在缓流区，控制断面在下游，应取渠末跌坎处为控制断面，水深就是临界水深 $h_k=1.56\text{m}$，按水深分段，其各流段的上游断面水深为 1.90m，2.20m，2.40m，2.60m，2.80m，2.90m，2.95m 等。

计算从下游控制断面开始往上游推算。

3. 列表计算

本例中水面线为 b_1 型降水曲线，平均水力坡降 $\overline{J}$ 的计算式采用 $\overline{J}=\dfrac{Q^2}{\overline{K}^2}$，$\overline{K}^2=\dfrac{1}{2}(K_1^2+K_2^2)$。计算结果列于表 7-2 中。

表 7-2　计算过程及成果表

断面序号	h /m	A /m²	$K^2=\frac{A^2}{n^2}(\frac{A}{\chi})^{4/3}$ /×10⁵	$E_s=h+\frac{\alpha Q^2}{2gA^2}$ /m	$\Delta E_s=E_{s2}-E_{s1}$ /m	$\overline{K}^2=\frac{1}{2}(K_1^2+K_2^2)$ /×10⁵	$\Delta l=\frac{\Delta E_s}{i-\frac{Q^2}{\overline{k}^2}}$ /m	$\Sigma\Delta l$ /m
(1)	(2)	(3)	(4)	(5)	(6)	(7)	(8)	(9)
1	1.56	8.674	1.548	2.1703				
					−0.0951	2.350	28.6	28.6
2	1.90	12.21	3.151	2.2654				
					−0.1864	4.275	116.1	114.7
3	2.20	13.64	5.398	2.4468				
					−0.1478	6.431	164.3	309.0
4	2.40	15.36	7.465	2.5946				
					−0.1613	8.777	307.0	616.0
5	2.60	17.16	10.089	2.7559				
					−0.1708	11.730	639.1	1255.1
6	2.80	19.04	13.371	2.9267				
					−0.0880	14.333	687.9	1943.0
7	2.90	20.01	15.295	3.0147				
					−0.0446	15.810	644.0	2587.0
8	2.95	20.50	16.326	3.0593				

从表 7-2 所列计算结果看出，当渠首水深 $h=2.95\text{m}$ 时，其渠长 $\Sigma\Delta l=2587\text{m}$，已超过了已知的水面线长度 $l=2500\text{m}$。

4. 渠首水深的最后确定

确定相应于 $l=2500\text{m}$ 时的渠首水深的方法有两种，即直接试算法和按比例内插法。

① 直接试算法是重新假定第七段的上游断面水深 h（应小于 2.95m），再计算第七段的水面线长度 Δl_7，若其长度等于 $l-\sum_{i=1}^{6}\Delta l_i=2500-1943=557.0$ (m)，则所设的水深就是所求的渠道长深。

设 $h=2.945\text{m}$，则表 7-2 中相应的项目为

$A=(b+mh)h=(4+1\times2.945)\times2.945=20.45$ (m²)

$$K^2=\left[\frac{A}{n}\left(\frac{A}{b+2\sqrt{1+m^2}h}\right)^{2/3}\right]^2=\left[\frac{20.45}{0.0225}\times\left(\frac{20.45}{4+2\times\sqrt{1+1^2}\times 2.945}\right)^{2/3}\right]^2$$

$$=16.218\times10^5\ (\mathrm{m^3/s})$$

$$E_{s1}=h+\frac{\alpha Q^2}{2gA^2}=2.945+\frac{1\times30^2}{19.6\times20.45^2}=3.0548\ (\mathrm{m})$$

$$\Delta E_s=E_{s2}-E_{s1}=3.0147-3.0548=-0.0401\ (\mathrm{m})$$

$$\overline{K}^2=\frac{1}{2}(K_1^2+K_2^2)=\frac{1}{2}\times(16.218\times10^5+15.295\times10^5)$$

$$=15.756\times10^5(\mathrm{m^3/s})$$

$$\Delta l'=\frac{\Delta E_s}{i-\dfrac{Q^2}{\overline{K}^2}}=\frac{-0.0401}{0.0005-\dfrac{30^2}{15.756\times10^5}}=563.1\ (\mathrm{m})$$

计算结果与已知的 $\Delta l_7=557\mathrm{m}$ 相差很小，因此，$h=2.945\mathrm{m}$，即为所求的渠首水深值。

② 也可按直线内插求得渠道水深 $h=2.943\mathrm{m}$。

根据计算的成果可绘制出此渠道中的 b_1 型降水曲线，如图 7-28 所示。

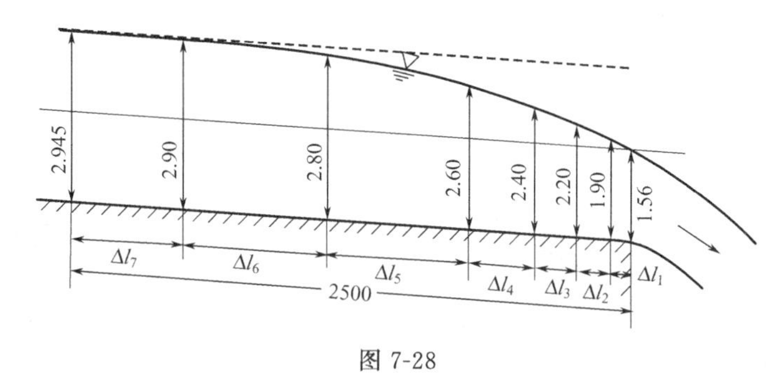

图 7-28

从以上两例水面线的计算过程可以看出，要能准确而又快速地进行水面线计算，还应注意以下两点。

① 按水深分段不能简单地等分，而应结合水面曲线性质进行分段。如水深愈接近正常水深 h_0，其流段的水深差应取得愈小；而水深接近临界水深 h_k 时，其流段水深差就可以取大一些。

② 各计算项目的有效数字应尽量精确。

第七节　弯道水流简介

天然河道的平面形态大多是蜿蜒曲折的，比较顺直的河段长度往往不及弯道的长度大。因此，弯道水流的运动规律，也是水力学研究的内容之一。弯道水流和水跌、水跃一样都是一种明渠非均匀急变流动，弯道水流的流速有大有小，水流有急有缓。根据水流的急缓程度，又可将弯道水流分为急流弯道水流和缓流弯道水流两种。本节只介绍缓流弯道水流的一些基本概念。

当水流从顺直流段进入弯道以后，水流由于惯性作用，将沿原流动方向流动，弯道的侧壁则阻碍并约束水流的流动，迫使水流在运动过程中不断改变流动方向而作曲线运动。因此，处于弯道水流中的水流质点，其所受的质量力除重力以外，还有离心惯性力。水流在重力和惯性力的同时作用下，不但有沿河槽轴线方向的纵向流动，还有与轴向相垂直的水平方向及铅垂方向的流动。几个方向流速的共同作用，使水流在沿轴线方向流动的同时，也产生了一种次生的环形流动，称为断面环流，如图 7-29 所示。这种断面环流是一种不能单独存在的次生水流，它是随着主流被迫转向流动而产生的横向水流运动，是从属于主流的水流。弯道中的纵向主流与断面环流又叠加在一起，就构成了弯道中的螺旋流，如图 7-30 所示。作螺旋运动的水流，其表层水流从凸岸斜向流向凹岸，在凹岸受岸壁的阻挡之后，潜入河底，沿斜向流到凸岸；到达凸岸后，又翻至水流表层流向凹岸。所以整个弯道的水流就成为沿着一条螺旋状路线流动的水流。

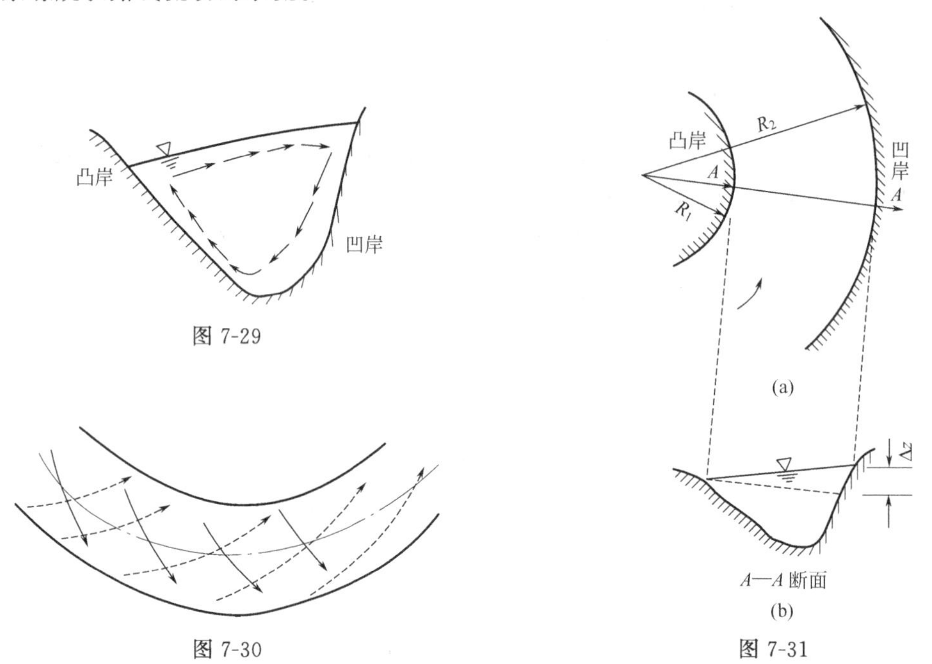

图 7-29

图 7-30

图 7-31

由于弯道中水流的螺旋状流动，使得水流在凹岸受阻而水位壅高，出现了凹岸附近的水面高于凸岸附近的水面，即产生了横向的水面坡度，又叫横比降，如图 7-31 所示。弯道水流横比降的大小与弯道的弯曲程度、弯道中的断面平均流速有关。一般讲，弯道的曲率半径愈小，断面平均流速愈大，则横向的水面坡度也愈大，两岸的水面高差也就愈大。

弯道中的水流为什么会产生断面环流、形成横向比降呢？这是因为弯道中的水流在作曲线运动时，其所受到的质量力，除重力外还有离心惯性力。离心惯性力的作用方向是指向凹岸。因此，在研究弯道中单宽微小柱体的横向受力平衡时，其离心惯性力只能由微小柱体两侧的动水压力之差来平衡，即微小柱体两侧的压力差等于作用在微小柱体上的离心惯性力。对于同一横断面，微小柱体两侧的压力差是由两侧的水位差形成的，所以也就形成了横断面上的横向比降，凹岸的水位高于凸岸的水位，如图 7-32（a）所示。

由于离心惯性力的大小与弯道水流的纵向流速的平方成正比，即 $F \propto u^2$，而弯道水流的纵向流速 u 在垂线上是呈曲线（可近似地看作对数曲线或指数曲线）分布的，故作用在单宽微小柱体上的离心惯性力在垂线上也是呈曲线分布的，如图 7-32（b）所示。微小柱体两侧的动水压强分布图如图 7-32（c）所示，其压强差的分布图为一矩形，如图 7-32（d）所示。单宽上离心惯性力沿垂线分布图与压强差分布图的图形叠加，即为作用单宽微小柱体上的横向合力沿垂线的分布图，如图 7-32（e）所示。从图 7-32（e）上可以看出，合力分布图上

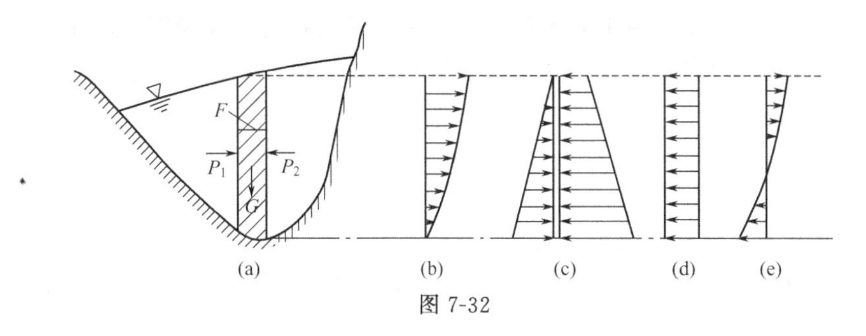

图 7-32

部，离心惯性力大于动水压力，此部分的合力方向是指向凹岸；合力分布图的下部，离心惯性力小于动水压力，则河底部分的合力是指向凸岸。上、下两部分的合力正好组成一个力偶，使水流产生横向旋转运动。水流在表层由凸岸流向凹岸，然后转入水底，由凹岸流回凸岸，形成断面环流。图 7-33 表示了整个弯道横断面上各垂线上的流速分布图。

弯道水流的螺旋式流动就是由纵向水流与横向的断面环流组合而得的结果。水流在表层由凸岸流向凹岸，往往造成凹岸岸壁的冲刷，甚至造成岸壁的坍塌。冲刷和坍塌后的泥沙颗粒或沉积在河床底部，或悬浮在水中，然后又被潜入河底的水流，从凹岸斜向带至凸岸，最后在凸岸的弯道回流旋涡区沉积下来。这种凹岸冲刷、凸岸沉积的长期作用，使得弯道的凹岸愈来愈凹、愈冲愈深，形成深槽，而凸岸的淤积愈来愈多、形成浅滩。因而使弯道河床的横断面成为不对称的形状，如图 7-34 中的 A—B 断面。

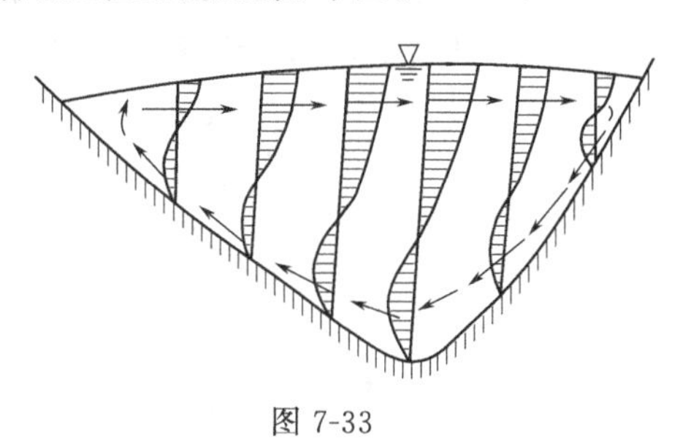
图 7-33

从图 7-34 的弯道冲淤平面图可以看出，由于凹岸的不断冲刷、塌方，凸岸的不断淤积，浅滩逐渐向河中心扩展，使整个河道弯段更加弯曲。如此发展，使凹岸的大片土地塌失，岸边的建筑物安全受到了威胁，堤防出现险段，甚至造成汛期的决口；凸岸浅滩的不断扩展，也会使码头淤积，船只无法靠岸，各种进水口堵塞，无法引水、提水。所有这些都说明，弯道水流对工、农业生产和人民生活都有很大的影响，有时甚至带来灾难性的破坏（如河道的决提）。因此，在弯道及其下游设置有关引水工程时，如农田灌溉工程，城市、工业及人畜等各种引水、取水工程，航运的港口工程等，都必须考虑弯道水流的特性，尽可能设置在弯道的凹岸，并采取工程措施稳定弯道。这样做，不仅可避免进口淤积，而且由于引进的是表层的清水，含沙量很小，可以使提灌机械减少磨损，延长了使用寿命。此外，在航道的整治工程中，在泥沙运动和河床演变的研究中，也都要考虑弯道水流的特点和影响。

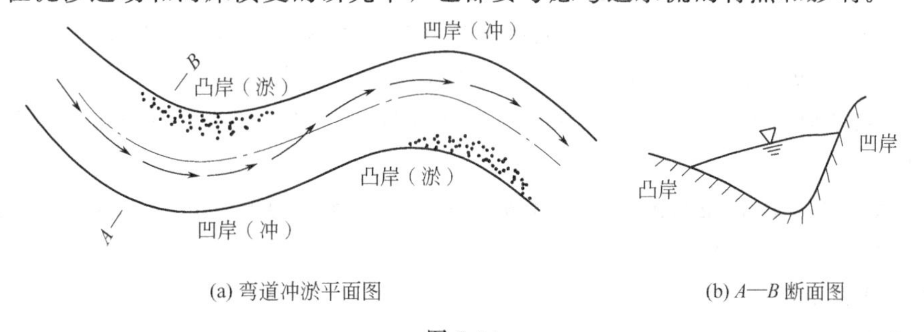

(a) 弯道冲淤平面图　　(b) A—B 断面图

图 7-34

在河汊、分水口附近及支流汇入的地方也会出现断面环流，并伴随有河岸的冲、淤现象发生。因此，在这些地段布置建筑物时，也要特别注意河道冲、淤的影响。

习　题

7-1　断面比能与水流比能有何不同？

7-2　两条渠道断面形状、尺寸、糙率、底坡都一样，流量不一样，它们的临界水深一样吗？若两条渠道的流量相同，断面形状、尺寸一样，糙率、底坡不一样，这两条渠的临界水深是否相等？

7-3　在同一条梯形渠道里，有两个渠段，当下述三种情况时，问两段的 h_k、h_0 是否相同？如果不同，哪段大？哪段小？① $n_2>n_1$（Q、m、b、i 都相等）；② $b_2>b_i$（Q、m、n、i 都相等）；③ $i_2>i_1$（Q、m、n、b 都相等）。

7-4　说明下列几种水流情况中，哪些情况是可能发生的，哪些情况是不可能发生的。

① 缓坡上
- 均匀流
  - 缓流
  - 急流
- 非均匀流
  - 缓流
  - 急流

② 陡坡上
- 均匀流
  - 缓流
  - 急流
- 非均匀流
  - 缓流
  - 急流

③ 平坡上
- 均匀流
  - 缓流
  - 急流
- 非均匀流
  - 缓流
  - 急流

7-5　缓流或急流为均匀流时，只能分别在缓坡或陡坡上发生，对不对？为什么？在非均匀流时，缓坡上能否有急流？陡坡上能否有缓流？试各举一例说明。

7-6　“底坡一定的渠道，就可以肯定它是陡坡或缓坡”，这个说法对吗？为什么？

7-7　弯道水流有何特点？

7-8　有一矩形断面长渠，底宽 $b=5\text{m}$，底坡 $i=0.001$，糙率 $n=0.018$，通过的流量 $Q=10\text{m}^3/\text{s}$。试分别用不同的方法判别渠中水流的流态。

7-9　有一梯形断面长渠，底宽 $b=8\text{m}$，边坡系数 $m=1.5$，底坡 $i=0.006$，糙率 $n=0.025$，流量 $Q=16\text{m}^3/\text{s}$。试分别用不同的方法判别渠中水流是急流还是缓流？

7-10　某矩形断面长渠，底宽 $b=2\text{m}$，糙率 $n=0.017$，底坡 $i=0.0007$，通过的流量 $Q=6.9\text{m}^3/\text{s}$。试用不同的方法判断渠道的底坡是属于陡坡还是缓坡，渠道中产生的均匀流是急流还是缓流？

7-11　某灌溉渠道为矩形断面，底宽 $b=4\text{m}$，通过流量 $Q=12\text{m}^3/\text{s}$，当渠道中发生水跃时，并已知跃前水深 $h=0.3\text{m}$。求：

① 跃后水深 h''；

② 水跃长度 L_j。

7-12　试定性分析下面流量 Q 和糙率 n 值都沿程不变的长棱柱体渠道中的水面线的形式，并标注水面线的名称，渠底坡如图 7-35 所示。

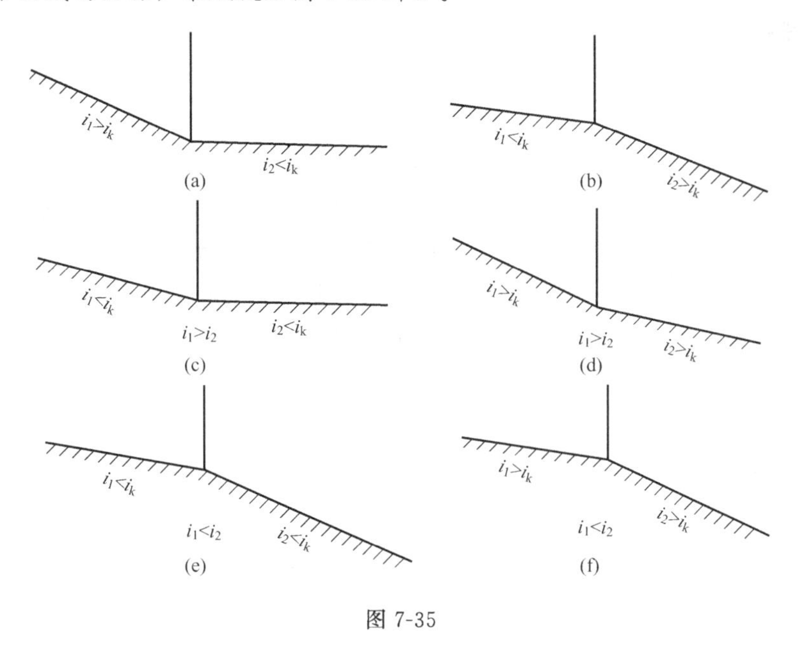

图 7-35

7-13　试定性分析图 7-36 所示条件下，长棱柱体渠道中产生的水面线。并标注水面线名称（渠道有足够长度，且流量 Q 和糙率 n 都沿流程不变）。

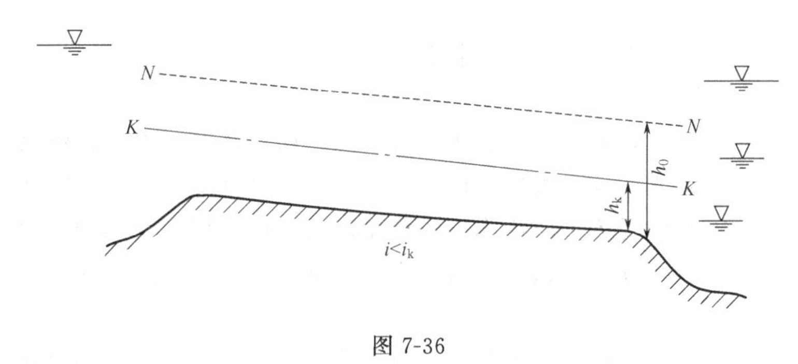

图 7-36

7-14　有一矩形断面渠道，已知渠底宽为 $b=4\text{m}$，底坡 $i=0.0002$，渠道为充分地长直，今测得渠道末端跌坎处的水深为 2m，上游很远处的水深为 3m，渠底形状如图 7-37 所示。求：

① 定性分析水面的类型；

② 求通过渠道中的流量 Q；

③ 求该渠道的糙率 n 值；

④ 绘制水面曲线。

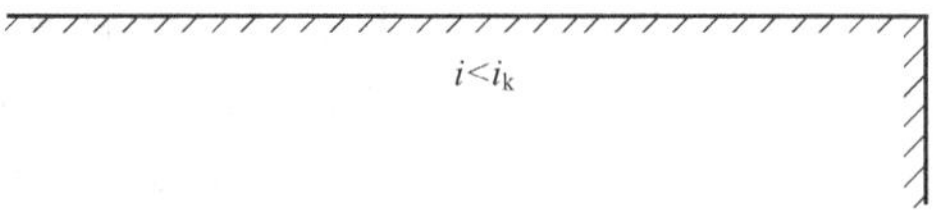

$i<i_k$

图 7-37

7-15　某水库平底溢洪道接一矩形断面的泄水渠，渠内表面用浆砌块石护面，其糙率为 $n=0.0225$，底宽 $b=3\text{m}$，底坡 $i=0.15$，渠长 $l=45\text{m}$。当通过最大流量 $Q=25\text{m}^3/\text{s}$ 时，求渠道末端的水深。若渠中的最大允许流速为 $v_{允}=10\text{m/s}$，试校核渠中的流速。

第八章

堰流和闸孔出流

提要

本章的主要任务是介绍水流通过堰、闸等水工建筑物时的水流现象、计算公式，分析影响堰、闸出流的因素及其水力计算的方法。

第一节 概述

水利工程中为了泄放洪水、引水灌溉、发电、给水等目的，常修建水闸和溢洪道等泄水建筑物，以控制和调节河渠中的水位和流量。水流受到闸门或胸墙的控制，水流由闸门下缘的闸孔射出，其自由水面不连续，这种水流现象称为闸孔出流，如图 8-1（a）、图 8-1（b）所示。

当闸门（或胸墙）对水流不起控制作用或无闸泄流时，水流受到挡水部分建筑物或两侧边墙束窄的影响，上游水位壅高，水流经过建筑物顶部溢流，这种对水流有局部约束作用而顶部自由泄水的建筑物叫堰。过堰溢流水面为连续的自由降落水面，这种水流现象称为堰流，如图 8-1（c）、8-1（d）所示。

1. 闸孔出流与堰流是两种既相区别又有联系的建筑物过流现象

闸孔出流的水面线闸前、闸后不连续，堰流的水面线堰前、堰后是连续的。它们共同的特点是对水流都有局部约束作用；在通过堰闸之前都是水位升高、势能增大；泄水时都是以势能减小而动能增大、流速加快、单宽流量集中为特征；泄流的过程中以局部水头损失为主，沿程水头损失较局部水头损失小得多，可以忽略不计。闸、堰出流的判别主要是从水面是否受闸门（或胸墙）的控制来区分。闸孔出流和堰流又是可以相互转化的，如图 8-1（a）过渡到图 8-1（c）所

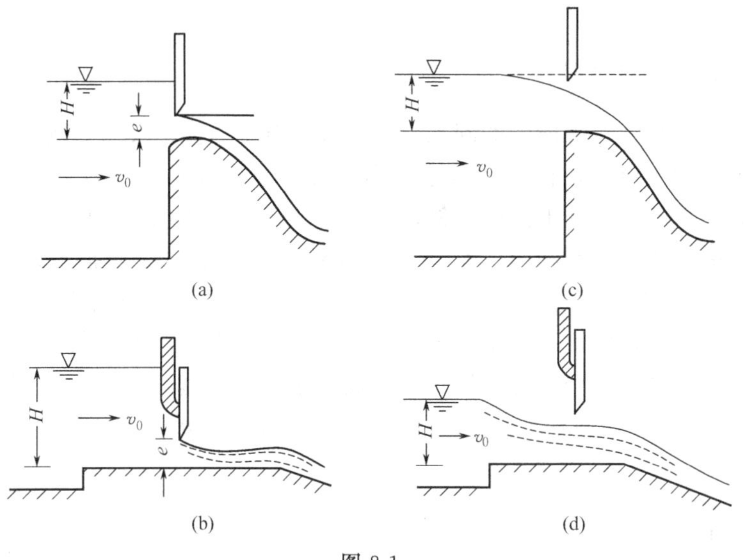

图 8-1

示。随着闸门的开度 e 逐渐加大，其过闸水流受到闸门的约束愈来愈小；当闸门开度增大到一定值时，闸前水面下降并脱离闸门底缘，水流不再受闸门的约束，此时水流由闸孔出流转变为堰流。相反，当闸门开度减小到一定数值后，水面将接触闸门的下缘，闸门又对水流起控制作用，此时水流由堰流转变为闸孔出流，如图 8-1（d）过渡到图 8-1（b）所示。

2. 堰、闸出流的判别

工程上一般采用下列经验数值来判别孔流与堰流，其中 e 为闸孔开度，H 为闸前水头，$\frac{e}{H}$ 为闸门的相对开度。

① 闸底坎为平顶堰时，如图 8-1（b）所示，$\frac{e}{H}\leqslant 0.65$，为闸孔出流；如图 8-1（d）所示，$\frac{e}{H}>0.65$，为堰流。

② 闸底坎为曲线形堰时，如图 8-1（a）所示，$\frac{e}{H}\leqslant 0.75$，为闸孔出流；如图 8-1（c）所示，$\frac{e}{H}>0.75$，为堰流。

堰流及闸孔出流是水利工程中常见的水流现象，下面将分别介绍闸孔出流和堰流的计算公式并讨论其影响因素。

第二节　闸孔出流

水利工程中修建的水闸，主要用于控制和调节河流或渠道中的水位和流量。研究过闸流量的大小、闸孔尺寸、闸门上下游水位以及闸门形式与闸底坎的形状对水流的影响，并给出相应的水力计算公式，是闸孔出流解决的主要课题。

常见闸门的形式主要有弧形闸门和平板闸门两种。闸门的底坎形式主要有平顶堰形底坎和曲线堰形底坎两种。根据闸下游水位是否影响过闸流量，闸孔出流的流态分为自由出流和淹没出流。

一、闸孔出流流态的判别

凡闸下游水位不影响泄流能力的闸孔出流，称为自由出流。反之，闸下游水位影响泄流能力的闸孔出流，称为淹没出流。下游水位是怎样影响闸孔出流的，以及如何判别水流流态，下面以平底平板闸门的闸下出流为例，来分析闸孔出流的水流现象。

从闸孔泄出的水流，在距闸门（0.5～1)e 的地方，出现收缩断面，其水深用 h_C 表示。收缩水深 h_C 的形成，是因为水流受到闸门的约束作用。闸前的水流呈虚线所示的方向流动，如图 8-2（a）所示，向闸孔集中。出闸之后由于惯性作用，水股流线不能在闸孔处剧烈改变其流向，所以这种收缩趋势要保持一定距离，水深越来越小。在距闸门（0.5～1)e 处，达到最小值 h_C，在最小收缩断面之后，由于边界阻力作用，水深有所回升。

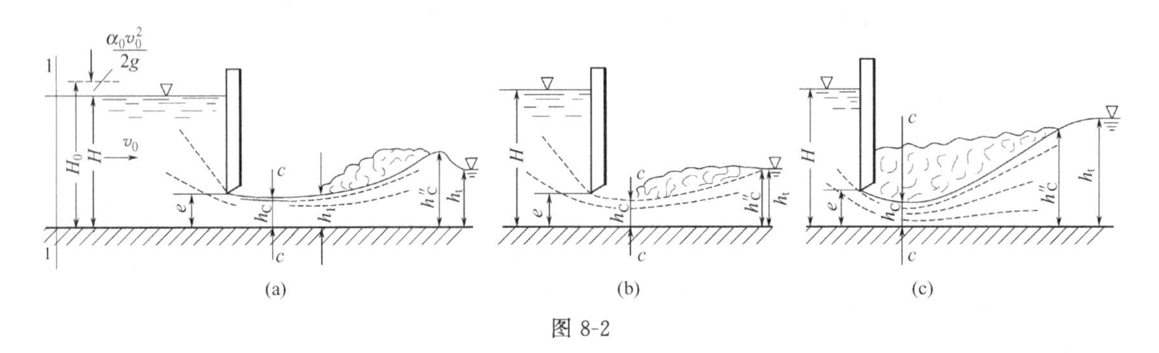

图 8-2

收缩断面水深 h_C 与闸门开启度 e 的比值$\frac{h_C}{e}=\varepsilon'$称为垂直收缩系数，则收缩断面水深

$$h_C=\varepsilon' e \tag{8-1}$$

收缩断面水深常小于临界水深，因此该处常为急流。但闸下游的河渠多为缓坡，即下游水深 h_t 常大于临界水深。因此，在闸后存在由急流到缓流的衔接问题。由第七章知道，从急流到缓流必然发生水跃。根据水跃与收缩断面的相对位置，会出现闸孔出流自由出流和淹没出流两种情况之分。以收缩断面水深 h_C 为跃前水深，在矩形平底渠槽里产生的共轭水深为 h_C''，可按式（7-18）确定，即

$$h_C''=\frac{h_C}{2}\left(\sqrt{1+\frac{8q^2}{gh_C^3}}-1\right)$$

将下游水深 h_t 与跃后水深 h_C'' 相比较，可有三种不同的情况。

① $h_t<h_C''$，下游水深不足以在收缩断面处发生水跃，则在收缩断面之后形成 c_1 型壅水曲线，并在与 h_t 共轭的 h_1 处发生水跃，如图 8-2（a）所示。由于这种水跃的位置在远离收缩断面的下游，故称为远离式水跃。发生远离式水跃时，下游水位不影响闸门泄水的有效作用水头，所以，此时的闸孔出流为自由出流。

② $h_t=h_C''$，水跃发生在收缩断面处，这种位置的水跃称为临界式水跃，如图 8-2（b）所示。发生临界水跃时，下游水位也不影响闸孔泄流，故此时闸孔泄流仍为自由出流。

③ $h_t>h_C''$，也就是说，下游水深具有较大的势能，对从收缩断面冲过来的急流具有很大的遏制作用。在这个势能作用下，使水流壅至闸门，淹没了收缩断面，形成了淹没式水跃，如图 8-2（c）所示，从而影响了闸孔泄流的有效水头。此时的闸孔泄流，称为淹没

出流。

由以上的讨论，得出判别闸孔出流是否淹没的准则：如果 $h_t > h''_C$，在闸后发生淹没水跃，闸孔出流是淹没出流；如果 $h_t \leqslant h''_C$，闸后发生远离水跃或临界水跃，闸孔出流为自由出流。所以，有了 h''_C 及 h_t 后即可判别闸孔出流的流态。h''_C 是与 h_C 相共轭的跃后水深，在已知 h_C 时，可应用水跃公式求得。而收缩断面的水深 $h_C=\varepsilon' e$。ε' 为垂直收缩系数，其值与闸门的形式、底缘情况及闸门的相对开启度 $\frac{e}{H}$ 有关。锐缘平板闸门的垂直收缩系数 ε' 列于表 8-1 中。

表 8-1　平板闸门垂直收缩系数

$\frac{e}{H}$	0.10	0.15	0.20	0.25	0.30	0.35	0.40
ε'	0.615	0.618	0.620	0.622	0.625	0.628	0.630
$\frac{e}{H}$	0.45	0.50	0.55	0.60	0.65	0.70	0.75
ε'	0.638	0.645	0.650	0.660	0.675	0.690	0.705

二、平顶堰上闸孔自由出流

（一）平板闸门下自由出流

如图 8-2（a）、8-2（b）所示，水流通过闸孔后，出现水深最小的收缩断面其流线近似平行，可看作渐变流断面。断面上的压强近似按静水压强分布。此时，以闸底为基准面，对符合渐变流条件的断面 1—1 与 c—c 写能量方程。

$$H+0+\frac{\alpha_0 v_0^2}{2g}=h_C+\frac{\alpha_c v_c^2}{2g}+\zeta\frac{v_c^2}{2g}$$

式中　$\zeta\frac{v_c^2}{2g}$——水流从断面 1—1 至断面 c—c 的局部水头损失。

令 $H_0=H+\frac{\alpha v_0^2}{2g}$，则 H_0 为由闸底板起算的闸前总水头。

经整理得

$$H_0=h_C+(\alpha_c+\zeta)\frac{v_c^2}{2g}$$

故

$$v_c=\frac{1}{\sqrt{\alpha_c+\zeta}}\sqrt{2g(H_0-h_C)}=\varphi\sqrt{2g(H_0-h_C)}$$

$$\varphi=\frac{1}{\sqrt{\alpha_c+\zeta}}$$

式中　φ——闸孔的流速系数。

设闸孔宽度为 b，则收缩断面面积 $A_c=bh_C=b\varepsilon' e$，通过闸孔的流量

$$Q=\varphi\varepsilon' be\sqrt{2g(H_0-h_C)}=\mu_0 be\sqrt{2g(H_0-h_C)} \tag{8-2}$$

$$\mu_0=\varphi\varepsilon'$$

式中　μ_0——闸孔流量系数，它与过闸水流的收缩程度，收缩断面的流速分布和闸孔水头损失等因素有关。

平板闸门的流速系数 φ 与闸坎形式、闸门底缘形状和闸门的相对开度等因素有关，目前

尚无准确的计算方法，一般计算可由表 8-2 查得。

表 8-2　平板闸门的流速系数值

建筑物泄流方式	图　形	φ
闸孔出流的跌水		0.97～1.00
闸下底孔出流		0.95～1.00
堰顶有闸门的曲线型实用堰溢流		0.85～0.95
闸底板高于渠底的闸孔出流		0.85～0.95
折线型实用堰溢流		0.80～0.90
无闸门曲线实用堰（溢流面光滑）①溢流面长度较短		1.00
无闸门曲线实用堰（溢流面光滑）②溢流面长度中等		0.95
无闸门曲线实用堰（溢流面光滑）③溢流面长度较长		0.90

在实际工程中，为便于实际应用，式（8-2）还可化为更简单的形式。

$$Q=\mu_0 be\sqrt{1-\varepsilon'\frac{e}{H_0}}\sqrt{2gH_0}=\mu be\sqrt{2gH_0} \tag{8-3}$$

$$\mu=\mu_0\sqrt{1-\varepsilon'\frac{e}{H_0}}$$

式中　μ——闸孔自由出流的流量系数，其大小可按下列经验公式计算。

$$\mu=0.60-0.18\times\frac{e}{H} \tag{8-4}$$

应用范围 $0.1<\frac{e}{H}<0.65$。

式（8-2）和式（8-3）都是平顶堰为底的闸孔自由出流的计算公式，由于式（8-3）的形式更简单一些，所以常使用该式进行讨论和计算。

为了简化计算，当闸前水头 H 较高，而开度 e 较小或上游坎高较大时，行近流速 v_0 较小，在计算中可以不计行近流速水头，即令 $H=H_0$。

对于有边墩和闸墩存在的闸孔出流，由于边墩及闸墩对流量影响很小，一般不再单独考虑侧收缩的影响。

【例 8-1】 某泄洪闸，如图 8-2（a）所示，闸门采用矩形平板门，当闸孔开度 $e=2$m 时，闸前水头 $H=8.0$m。已知来流宽 $B_0=10$m，闸孔宽 $b=8$m，流速系数 φ 取 0.97，下游水深较小，为自由出流。求过闸流量。

解：① 按公式（8-2）计算流量。

由$\frac{e}{H}=\frac{2}{8}=0.25<0.65$，故为闸孔出流。

查表 8-1 得垂直收缩系数 $\varepsilon'=0.622$，流量系数 $\mu_0=\varphi\varepsilon'=0.97\times0.622=0.603$，$h_C=\varepsilon' e=0.622\times2=1.244$（m）。

初步计算取 $H_0\approx H=8$m，得

$$Q=\mu_0 be\sqrt{2g(H_0-h_C)}$$
$$=0.603\times8\times2\times\sqrt{2\times9.8\times(8-1.244)}=111.02\ (\mathrm{m^3/s})$$

根据初步计算的流量，求行近流速 $v_0=\frac{Q}{B_0H}=\frac{111.02}{10\times8}=1.39$（m/s）

则
$$H_0=H+\frac{v_0^2}{2g}=8+\frac{1.39^2}{2\times9.8}=8.10\ (\mathrm{m})$$

$$Q=0.603\times8\times2\times\sqrt{2\times9.8\times(8.10-1.244)}=111.8\ (\mathrm{m^3/s})$$

② 按公式（8-3）计算流量。

流量系数按式（8-4）计算　$\mu=0.60-0.18\times\frac{e}{H}=0.60-0.18\times0.25=0.555$

初步计算取 $H_0\approx H=8$m，得

$$Q=\mu be\sqrt{2gH_0}=0.555\times8\times2\times\sqrt{2\times9.8\times8}=111.2\ (\mathrm{m^3/s})$$

$$v_0=\frac{111.2}{10\times8}=1.39\ (\mathrm{m/s})$$

则
$$H_0=H+\frac{v_0^2}{2g}=8+\frac{1.39^2}{2\times9.8}=8.1\ (\mathrm{m})$$

$$Q=0.555\times8\times2\times\sqrt{2\times9.8\times8.1}=111.9\ (\mathrm{m^3/s})$$

计算结果基本一致。

（二）弧形闸门下自由出流

如图 8-3 所示，弧形闸门闸孔出流的水流特性与平板闸门相似；其不同点在于，弧形闸门的挡水面板更接近于流线的形状，对水流的阻力影响小于平板闸门。

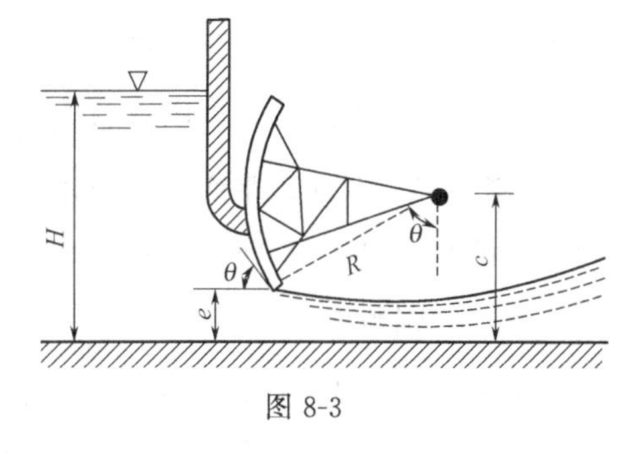

图 8-3

弧形闸门的垂直收缩系数 ε'，主要与闸门下缘切线与水平方向夹角 θ 的大小有关，一般可根据表 8-3 确定。表中 θ 值按式（8-5）计算

$$\cos\theta=\frac{c-e}{R} \qquad (8\text{-}5)$$

式中符号如图 8-3 所示。

表 8-3　弧形闸门垂直收缩系数 ε′

θ	35°	40°	45°	50°	55°	60°	65°	70°	75°	80°	85°	90°
ε'	0.789	0.766	0.742	0.720	0.698	0.678	0.662	0.646	0.635	0.627	0.622	0.620

由于弧形闸门在出流时，收缩断面水深 h_C 更难测定，因而常采用流量系数 μ 来计算流

量。弧形闸门的流量系数，可用下边给出的经验公式来确定，即

$$\mu=\left(0.97-0.81\times\frac{\theta}{180^{\circ}}\right)-\left(0.56-0.81\times\frac{\theta}{180^{\circ}}\right)\frac{e}{H} \tag{8-6}$$

适用条件是：$25^{\circ}<\theta\leqslant 90^{\circ}$，$0<\frac{e}{H}<0.65$。

【例 8-2】 如图 8-3 所示，为单孔弧形闸门自由出流，闸宽 $b=5$m，弧形闸门半径 $R=5$m，$c=3.5$m，闸门开度 $e=0.6$m，闸前水头 $H=3$m，不计行近流速。试计算过闸流量。

解： 因$\frac{e}{H}=\frac{0.6}{3}=0.2<0.65$，故为闸孔出流。

$$\cos\theta=\frac{c-e}{R}=\frac{3.5-0.6}{5}=0.58$$

所以 $\theta=54.6^{\circ}$，则流量系数

$$\begin{aligned}\mu&=\left(0.97-0.81\times\frac{\theta}{180^{\circ}}\right)-\left(0.56-0.81\times\frac{\theta}{180^{\circ}}\right)\frac{e}{H}\\&=\left(0.97-0.81\times\frac{54.6^{\circ}}{180^{\circ}}\right)-\left(0.56-0.81\times\frac{54.6^{\circ}}{180^{\circ}}\right)\times 0.2\\&=0.66\end{aligned}$$

过闸流量

$$Q=\mu be\sqrt{2gH_0}=0.66\times 5\times 0.6\times\sqrt{2\times 9.8\times 3}=15.18\ (\mathrm{m^3/s})$$

三、平顶堰上的闸孔淹没出流

前面已指出，闸孔淹没出流的判别标准是下游水深大于收缩水深的共轭水深，即 $h_t>h_C''$。当闸孔为淹没出流时，其泄流能力比同样情况下自由出流的泄流能力要小，可用小于 1.0 的淹没系数 σ_s 反映淹没对闸孔出流的影响，即

$$Q=\sigma_s\mu be\sqrt{2gH_0} \tag{8-7}$$

式中　μ——闸孔自由出流的流量系数；

σ_s——淹没系数，可由$\frac{e}{H}$及$\frac{\Delta z}{H}$查图 8-4 得到，Δz 为闸上下游水位差。

【例 8-3】 某无坎平底闸，设矩形平面闸门。闸前水头 $H=5.04$m，闸孔净宽 $b=7.0$m，闸门开度 $e=0.6$m，下游水深 $h_t=3.92$m，流速系数 $\varphi=0.97$。求过闸流量。

解： 先判断出流性质$\frac{e}{H}=\frac{0.6}{5.04}=0.119<0.65$，为闸孔出流。

查表 8-1 得 $\varepsilon'=0.616$，$h_C=\varepsilon' e=0.616\times 0.6=0.37$ (m)，取 $v_0\approx 0$，则收缩断面的流速

$$v_c=\varphi\sqrt{2g(H_0-h_C)}=0.97\times\sqrt{2\times 9.8\times(5.04-0.37)}=9.28\ (\mathrm{m/s})$$

$$Fr_c=\frac{v_c}{\sqrt{gh_C}}=\frac{9.28}{\sqrt{9.8\times 0.37}}=4.873$$

$$h_C''=\frac{h_C}{2}\left(\sqrt{1+8Fr_c^2}-1\right)=\frac{0.37}{2}\times\left(\sqrt{1+8\times 4.873^2}-1\right)=2.37\ (\mathrm{m})$$

流量系数　　$\mu=0.60-0.18\times\frac{e}{H}=0.60-0.18\times\frac{0.6}{5.04}=0.579$

因 $h_t=3.92>h_C''=2.37$m，故为淹没出流。

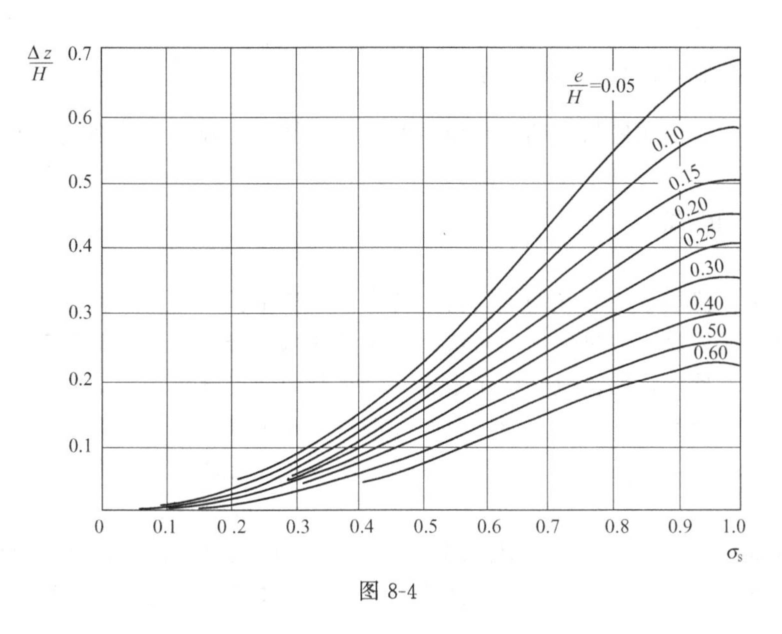

图 8-4

由$\frac{e}{H}=\frac{0.6}{5.04}=0.119$和$\frac{\Delta z}{H}=\frac{5.04-3.92}{5.04}=0.222$，查图 8-4 得 $\sigma_s=0.53$

$Q=\sigma_s \mu be\sqrt{2gH_0}=0.53\times0.579\times0.6\times7.0\times\sqrt{2\times9.8\times5.04}=12.81\ (\mathrm{m^3/s})$

四、曲线坎上闸孔自由出流

因曲线坎上闸孔自由出流的流线受坎顶曲线的影响，当闸前水流沿整个坎前水深向闸孔汇流时，水流的收缩比平底闸孔出流要完善得多，过闸后水流沿溢流堰面下泄，堰上水流为急变流。因受重力作用，下泄水流的厚度越向下越薄，不像平底闸那样具有明显的收缩断面。因此曲线堰上闸孔出流的流量系数不同于平顶堰闸孔，它们有不同的流量系数。流量公式与平顶堰公式相同，即

$$Q=\mu be\sqrt{2gH_0} \tag{8-8}$$

式中　μ——曲线坎上闸孔自由出流的流量系数。它与闸门的形式、闸门的相对开度、堰坎剖面曲线的形状以及闸门在堰顶的位置有关。

1. 对于平板闸门

曲线坎上的平板闸门，其流量系数与闸门的形式、闸门的相对开度$\frac{e}{H}$、闸门底缘切线与水平线的夹角θ以及闸门在堰顶的位置有关，可按式（8-9）计算

$$\mu=0.745-0.274\times\frac{e}{H} \tag{8-9}$$

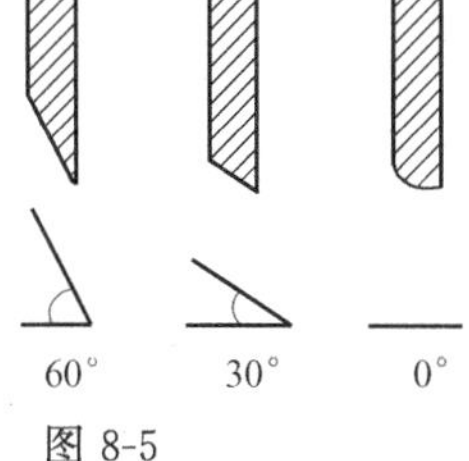

图 8-5

式（8-9）适用于$\frac{e}{H}=0.05\sim0.75$，$\theta=0°\sim90°$以及闸门位于坎最高点的情况。

2. 对于弧形闸门

在初步计算时，可按式（8-10）计算

$$\mu=0.685-0.19\times\frac{e}{H} \tag{8-10}$$

式（8-10）适用于 $0.1<\frac{e}{H}<0.75$。

在实际工程中，曲线底坎上的闸孔出流为淹没的情况比较少见。在这里不再进行讨论。

第三节　堰流

水利工程中常修堰来控制和调节河流中的水位和流量。堰的主要特点是：对水流有局部约束作用，且顶流溢流，流过堰顶的水流，有明显的水面降落，这种降落急骤而又平顺。研究堰的过水能力，确定过堰流量、作用水头、过水断面及局部水头损失之间的相互关系，是堰流所解决的主要问题，下面先介绍一下有关堰流的几个概念，如图 8-6 所示。

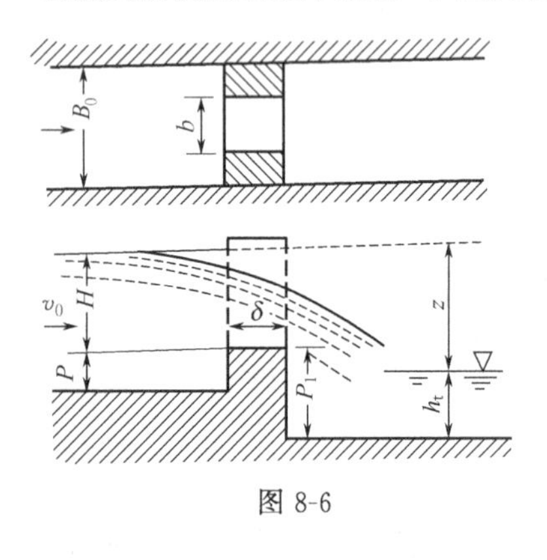

图 8-6

堰宽（b）——水流溢过堰顶的宽度（沿垂直水流方向量取）；

堰顶水头（H）——距堰的上游（3～4)H 处的堰顶水深；

堰顶厚度（δ）——水流溢过堰顶的厚度（沿水流方向量取）；

行近流速（v_0）——量取 H 处的断面平均流速；

上游堰高（P）——堰顶至上游渠底的高度；

下游堰高（P_1）——堰顶至下游渠底的高度。

其他如引水槽的宽度（B_0）、下游水深（h_t）、上下游水位差（z）等。

为了便于研究常以堰顶水头 H 和堰顶厚度 δ 间比值的不同，将堰流分为三种类型。

（1）薄壁堰流　堰顶很薄，$\frac{\delta}{H}<0.67$，此时水流沿流动方向几乎不受堰顶厚度的影响。堰顶常做成锐缘，水流自由下降，形成水舌，水舌下缘与堰顶只有线的接触，水面呈单一的自由跌落，如图 8-7（a）所示。

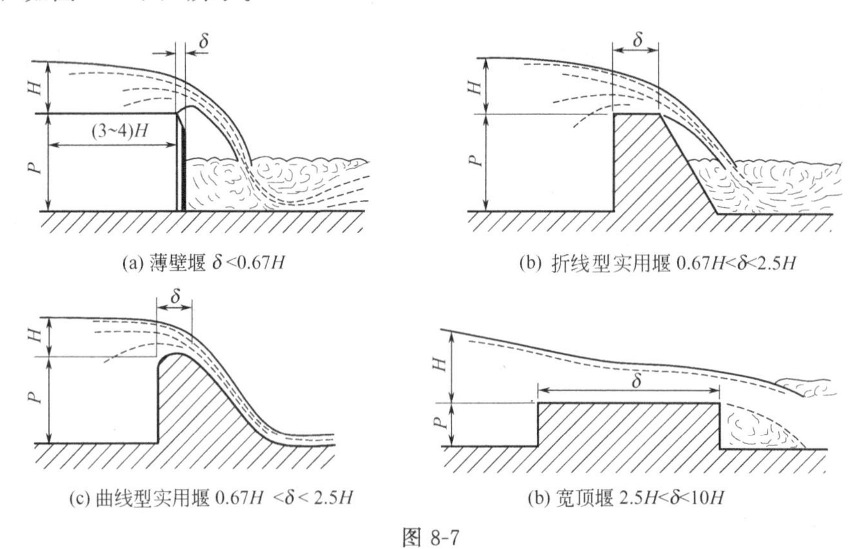

(a) 薄壁堰 $\delta<0.67H$　(b) 折线型实用堰 $0.67H<\delta<2.5H$

(c) 曲线型实用堰 $0.67H<\delta<2.5H$　(b) 宽顶堰 $2.5H<\delta<10H$

图 8-7

（2）实用堰流　堰顶稍厚，$0.67<\frac{\delta}{H}<2.5$，此时水舌的下缘与堰顶呈面的接触，水流

受到堰顶的约束和顶托，但这种作用不大。水流通过堰顶时主要受重力作用，水流仍然是单一的自由跌落，如图 8-7（b）、图 8-7（c）所示。前者图 8-7（b）为折线型实用堰，后者图 8-7（c）称为曲线型实用堰。

（3）宽顶堰流　堰顶厚度较大，$2.5<\frac{\delta}{H}<10$，此时堰顶厚度对水流的顶托作用已经非常明显。在堰顶进口处，水面会发生明显跌落，以后水面线与堰顶成近似平行的流动，出口水面线还会发生第二次变化，如图 8-7（d）所示。

如果堰顶厚度继续增加，即$\frac{\delta}{H}>10$ 时，堰顶水流的沿程水头损失不能忽略，此时水流已是明渠水流了。

不同类型的堰流，它们虽然有各自不同的水流现象和水力特征，但也有共同点，那就是：水流流经堰顶时，流速增大，其自由水面连续降落；堰顶上流线弯曲很大，属急变流动；从受力分析来看，都是重力起主要作用；另外，考虑到水流经过堰顶的距离较短，流动变化急剧，它们的能量损失以局部水头损失为主，沿程水头损失均可忽略不计。

一、堰流的基本公式

现应用能量方程来推求堰流的基本公式。

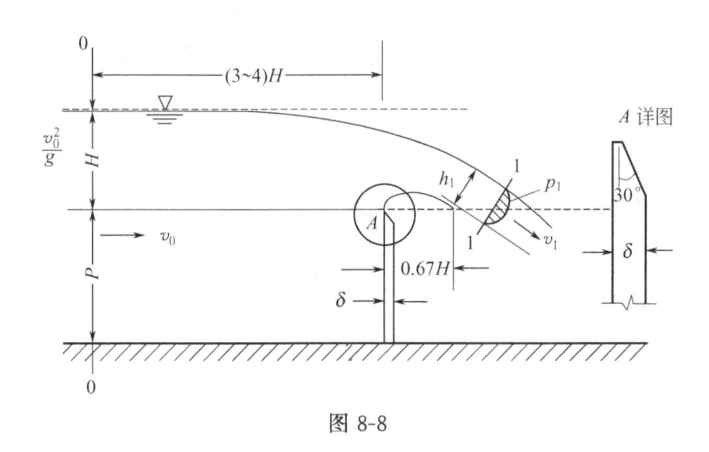

图 8-8

如图 8-8 所示，为薄壁堰自由出流。以通过堰顶的水平面为基准面，对断面 0—0 和 1—1 写能量方程。堰前断面 0—0 位于堰前（3～4）H 的距离，水流符合渐变流条件；而 1—1 断面流线弯曲为急变流断面，该断面动水压强不符合直线分布规律，故用$\overline{Z+\frac{P}{\gamma}}$表示 1—1 断面单位势能的平均值。过堰水流的能量损失可以只考虑局部水头损失，由此可得

$$H+0+\frac{\alpha_0 v_0^2}{2g}=\overline{Z+\frac{P}{\gamma}}+(\alpha_1+\zeta)\frac{v_1^2}{2g}$$

令 $H+\frac{\alpha_0 v_0^2}{2g}=H_0$，$\frac{\overline{Z+\frac{P}{\gamma}}}{H_0}=\xi$，$\overline{Z+\frac{P}{\gamma}}=\xi H_0$，$\varphi=\frac{1}{\sqrt{\alpha_1+\zeta}}$，可得

$$v_1=\varphi\sqrt{2gH_0(1-\xi)}$$

设堰的溢流宽度为 b，1—1 断面水舌厚度 h_1 用 kH_0 表示，则$\frac{h_1}{H_0}=k$，k 为反映堰顶水流垂

直收缩的系数。则 1—1 断面的过水面积按矩形计算为 $h_1b=kH_0b$，故流量

$$Q=Av=kH_0b\varphi\sqrt{2gH_0(1-\xi)}$$

令 $\varphi k\sqrt{1-\xi}=m$，则

$$Q=mb\sqrt{2g}H_0^{3/2} \tag{8-11}$$

式中 m——流量系数，反映了堰顶水头 H 及堰的边界条件对流量的综合影响。

公式（8-11）虽是针对堰顶过水断面为矩形的薄壁堰流建立的，但它具有普遍性，对实用堰流和宽顶堰流都是适用的。从式（8-11）可知，过堰的流量与堰顶全水头 H_0 的 3/2 次成比例。

在实际应用中，有的堰顶总净宽度 B 小于上游引水渠道宽度 B_0，或堰顶上设有边墩（或翼墙）及闸墩，$B=nb$（n 为闸孔数，b 为单孔净宽），如图 8-9 所示。这将使过堰水流发生侧向收缩，减小了有效溢流宽度，降低了过水能力，这种堰流称为有侧收缩堰流；反之称为无侧收缩堰流。另外，当堰的下游水位较高，或下游堰高较小时，会使堰的泄流量减小，这种堰流就称为淹没出流；反之就叫自由出流。因此在堰流计算中，考虑到侧收缩与淹没对流量减小的影响，在公式中分别乘上两个都小于 1 的系数，即侧收缩系数 ε、淹没系数 σ_s 进行修正，这样堰流的基本公式为

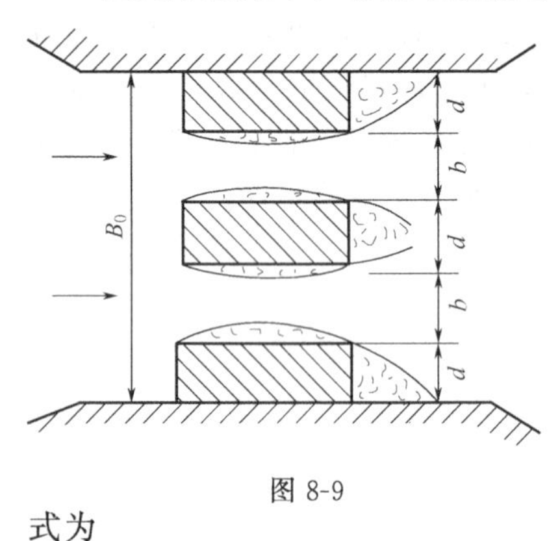

图 8-9

$$Q=\sigma_s\varepsilon mB\sqrt{2g}H_0^{3/2} \tag{8-12}$$

二、薄壁堰流的水力计算

根据堰口形状的不同，薄壁堰可分为矩形薄壁堰、三角形薄壁堰和梯形薄壁堰等，如图 8-10 所示。由于薄壁堰流具有稳定的水头与流量关系，量水精度高，制作简单，使用方便，一般多用于实验室及小河渠的流量测量。

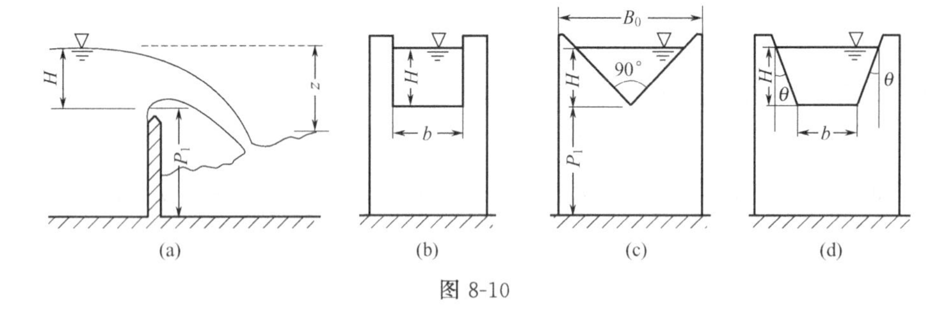

图 8-10

（一）矩形薄壁堰流

利用矩形薄壁堰测流时，为了得到较高的量测精度，一般要求如下。

① 单孔无侧收缩（堰宽与上游引水渠宽度相同，即 $b=B_0$）。

② 下游水位低，不影响出流量。

③ 堰上水头 $H>2.5$cm。因为当 H 过小时，由于表面张力作用，水流将贴堰溢出，不起挑，出流很不稳定。

④ 水舌下面的空间应与大气相通。否则由于溢流水舌把空气带走，压强降低，水舌下面形成局部真空，出流将不稳定。

故在无侧收缩、自由出流时，矩形薄壁堰流的流量公式为

$$Q=mb\sqrt{2g}H_0^{3/2}$$

为应用方便，可以把行近流速水头$\frac{\alpha_0 v_0^2}{2g}$的影响包括在流量系数中，改写为

$$Q=mb\sqrt{2g}\left(H+\frac{\alpha_0 v_0^2}{2g}\right)^{3/2}=mb\sqrt{2g}H^{3/2}\left(1+\frac{\alpha_0 v_0^2}{2gH}\right)^{3/2}$$

$$=m\left(1+\frac{\alpha_0 v_0^2}{2gH}\right)^{3/2}b\sqrt{2g}H^{3/2}$$

$$Q=m_0 b\sqrt{2g}H^{3/2} \tag{8-13}$$

式中　m_0——考虑行近流速水头影响的流量系数，$m_0=m\left(1+\frac{\alpha_0 v_0^2}{2gH}\right)^{3/2}$。

无侧收缩的矩形薄壁堰的流量系数可由雷保克公式计算，即

$$m_0=0.403+0.053\times\frac{H}{P}+\frac{0.0007}{H} \tag{8-14}$$

式中　H——堰顶水头；

P——上游堰高。

适用条件为 $H\geqslant 0.025\text{m}$，$\frac{H}{P}\leqslant 2$，$P\geqslant 0.3\text{m}$。

有侧收缩的矩形薄壁堰的流量系数可用巴青公式确定，即

$$m_0'=\left(0.405+\frac{0.0027}{H}-0.030\times\frac{B_0-B}{B}\right)\left[1+0.55\times\left(\frac{H}{H+P}\right)^2\times\left(\frac{B}{B_0}\right)^2\right] \tag{8-15}$$

式中　H——堰顶水头；

P——上游堰高；

B——溢流堰总净宽；

B_0——引水渠宽。

当下游水位超过堰顶一定高度时，堰的过水能力开始减小，这种溢流状态称为淹没堰流。在淹没出流时，水面有较大的波动，水头不易准确测量，故作为测流工具的薄壁堰不宜在淹没条件下工作。

（二）三角形薄壁堰流

当测量较小流量时，为了提高量测精度，常采用三角形薄壁堰。三角形薄壁堰在小水头时堰口水面宽度较小，流量的微小变化将引起水头的显著变化，因此在量测小流量时比矩形堰的精度高，如图 8-10（c）所示。

直角三角形薄壁堰的流量计算公式为

$$Q=1.4H^{5/2} \tag{8-16}$$

适用条件为 $H=0.05\sim 0.25\text{m}$，堰高 $P\geqslant 2H$，渠宽 $B_0\geqslant(3\sim 4)H$。

【例 8-4】 某矩形渠道设有一矩形无侧收缩薄壁堰，已知堰宽 $B=1\text{m}$，上、下游堰高 $P=P_1=0.8\text{m}$，堰上水头 $H=0.5\text{m}$，为自由出流。求通过薄壁堰的流量。

解： 按公式（8-14）计算流量系数 m_0，有

$$m_0 = 0.403 + 0.053 \times \frac{H}{P} + \frac{0.0007}{H}$$
$$= 0.403 + 0.053 \times \frac{0.5}{0.8} + \frac{0.0007}{0.5}$$
$$= 0.438$$
$$Q = m_0 b\sqrt{2g}H^{3/2} = 0.438 \times 1 \times \sqrt{2 \times 9.8} \times 0.5^{3/2} = 0.686\ (\mathrm{m^3/s})$$

三、实用堰流的水力计算

（一）实用堰的剖面形状

在实际工程中，实用堰可分为两大类型：一是用当地材料修筑的中、低溢流堰，堰顶剖面常做成折线形，称为折线型实用堰；二是用混凝土修筑的中、高溢流堰，堰顶制成适合水流自由溢流情况的曲线形，称为曲线型实用堰。

曲线型实用堰常做成与同样条件下薄壁堰自由出流的水舌下缘相吻合的形式，则水流将紧贴堰面下泄，如图 8-11（a）所示；或将堰面曲线突入于水舌下缘，如图 8-11（b）所示，则堰面将顶托水流，过流能力降低；反之，若堰面低于水舌下缘，水舌脱离堰面会形成真空，如图 8-11（c）所示。

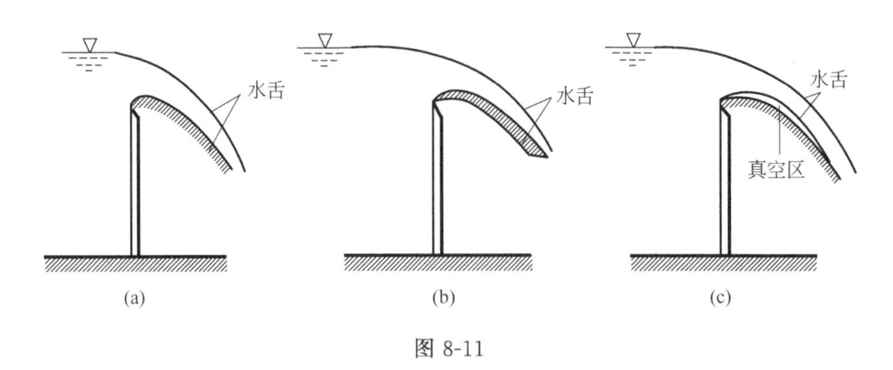

图 8-11

曲线型实用堰又可分为真空和非真空两种剖面形式。水流溢过堰面时，堰顶表面不出现真空现象的剖面，称为非真空剖面堰；反之，称为真空剖面堰。真空剖面堰在溢流时，溢流水舌部分脱离堰面，脱离部分的空气不断地被水流带走，压强降低，从而造成真空。由于真空现象的存在，堰面出现负压，势能减少，过堰水流的动能和流速增大，流量也相应增大，所以真空堰具有过水能力较大的优点。但另一方面，堰面发生真空，使堰面可能受到正、负压力的交替作用，造成水流不稳定。当真空达到一定程度时，堰面还可能发生气蚀而遭到破坏。所以，这里仅介绍常用的非真空剖面堰，真空剖面堰的水力计算可参阅《水力计算手册》。

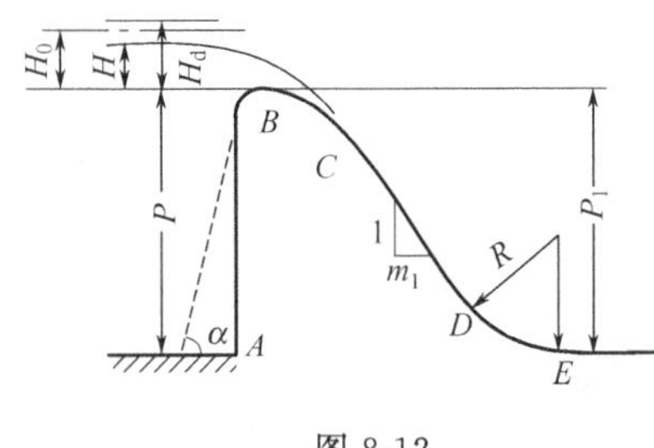

图 8-12

一般曲线型实用堰的剖面系由以下几个部分组成：上游直线段 AB（可为铅垂线，也可做成斜坡线），堰顶曲线段 BC，下游斜坡段 CD 及反弧段 DE，如图 8-12 所示。

下游斜坡段的坡度由堰的稳定和强度要求而定，一般取（1∶0.65）～（1∶0.75）；反弧段 DE 的圆弧半径 R 可根据下游堰高 P_1 和设计水头 H_d 由表 8-4 查得。

表 8-4　曲线型实用堰的圆弧半径值　　单位：m

P_1 \ H_d	1	2	3	4	5	6	7	8	9
10	3.0	4.2	5.4	6.5	7.5	8.5	9.6	10.6	11.6
20	4.0	6.0	7.8	8.9	10.0	11.0	12.2	13.3	14.3
30	4.5	7.5	9.7	11.0	12.4	13.5	14.7	15.8	16.8
40	4.7	8.4	11.0	13.0	14.5	15.8	17.0	18.0	19.0
50	4.8	8.8	12.2	14.5	16.5	18.0	19.2	20.3	21.3
60	4.9	8.9	13.0	15.5	18.0	20.0	21.2	22.2	23.2

堰顶曲线段是设计曲线型实用堰的关键。国内外对堰面形状有不同的设计方法，其轮廓线可用坐标或方程来确定。以往多采用克-奥型剖面，设计出的堰面偏厚，流量系数小。目前国内外采用较多的是WES型剖面，该剖面与其他形式的剖面相比，在过水能力、堰面压强分布和节省材料等方面要优越一些。

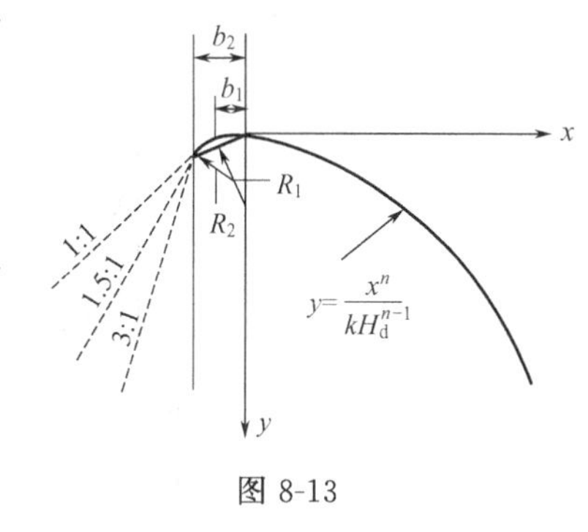

图 8-13

WES型剖面如图 8-13 所示，堰顶曲线以堰顶为界分为两部分，堰顶上游部分为几段圆弧构成，堰顶下游为幂曲线。最初其堰顶上游部分曲线用两段圆弧连接。对上游面垂直的WES型实用堰，后人通过试验，又将原堰顶上游的两段圆弧改为三段圆弧，即在上游面增加了一个半径为 R_3 的圆弧，如图 8-14 所示。这样设计避免了原有的上游面边界上存在的折角，改善了堰面压力条件，增加了堰的过流能力。

有关堰剖面设计的方法，可参阅有关水力学书籍。

（二）流量系数

曲线型实用堰的流量系数主要取决于上游堰高与设计水头之比$\frac{P}{H_d}$、堰顶全水头与设计水头之比$\frac{H_0}{H_d}$以及堰上游面的坡度，式中 H_d 为设计水头。在工程设计中，一般选用 $H_d=(0.75-0.95)H_{max}$（H_{max}为相应于最高洪水位的堰顶水头），这样可以保证在实际 H_0 等于或小于 H_d 的大部分情况下堰面不会出现真空。当然，H_0 大于 H_d 时，堰面仍可能出现真空，但因这种

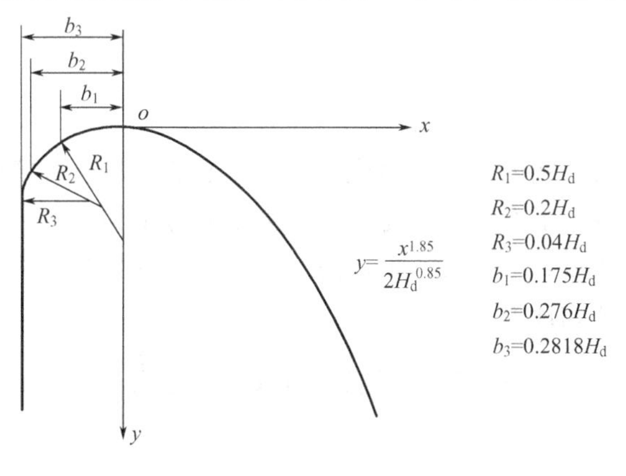

图 8-14

水头出现的机会少，所以堰面出现暂时的、在允许范围内的真空值是可以的。

对于 WES 型实用堰，在对堰上游面垂直且$\frac{P}{H_d}\geqslant 1.33$时，可认为是高堰，此时，行近流速水头较小，可以忽略不计。在这种情况下，若 $H_0=H_d$，即实际工作全水头刚好等于设计水头时，WES 型堰的流量系数 $m_d=0.502$。

在堰的运用过程中，H_0 常不等于 H_d。当 $H_0<H_d$ 时，过水能力减小，$m<m_d$；当 $H_0>H_d$ 时，堰的过水能力增大，$m>m_d$；若 $H_0\neq H_d$ 时，m 值由图 8-15 查出。

在$\frac{P}{H_d}<1.33$时，认为是低堰时，行近流速较大，流量系数值应为 $c\frac{m}{m_d}m_d$ 的乘积。其中，$\frac{m}{m_d}$的大小由图 8-15 右下角的曲线查出，c 由图 8-15 中左上角的曲线查出，c 为考虑上游面坡度影响的修正系数（堰的上游面为垂直时，$c=1$）。

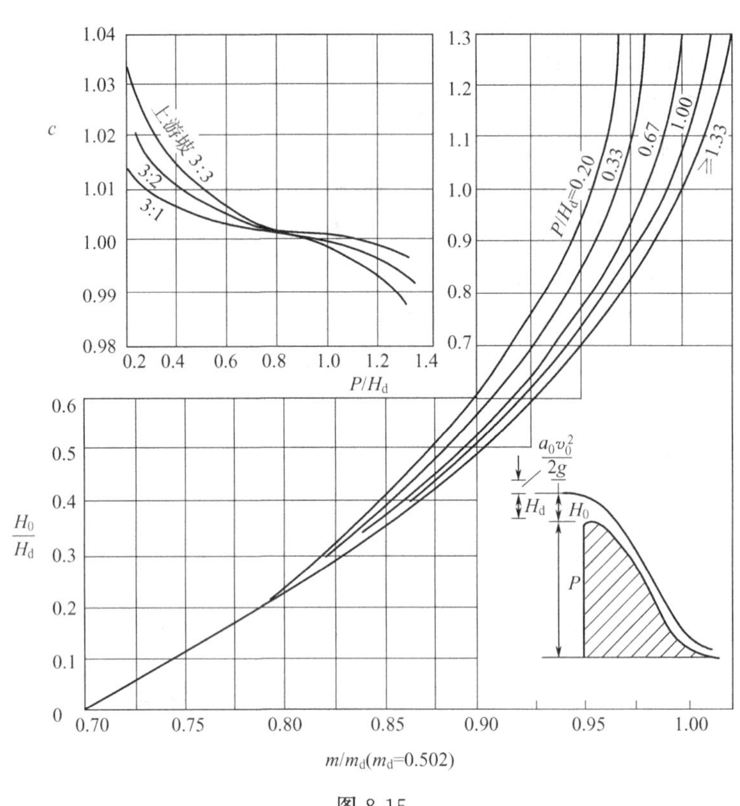

图 8-15

（三）侧收缩系数

一般溢流堰都有边墩，宽度较大的溢流坝为控制水流，还设有闸墩，边墩和闸墩将使水流在平面上发生收缩，减小了有效过水宽度，增大了局部水头损失，降低了过流能力。

试验证明，侧收缩系数 ε 与边墩、闸墩头部形式、堰孔数目、堰孔尺寸以及总水头 H_0 有关。可按下面的经验公式计算

$$\varepsilon=1-0.2[(n-1)\zeta_0+\zeta_k]\frac{H_0}{nb} \tag{8-17}$$

式中 n——溢流孔数；

b——每孔的净宽；

H_0——堰顶全水头；

ζ_0——闸墩形状系数，在$\frac{h_s}{H_0}\leqslant 0.75$时由图8-16查得，$\frac{h_s}{H_0}>0.75$时由表8-5查得；

ζ_k——边墩形状系数，由图8-16查得。

式（8-17）在应用中，若$\frac{H_0}{b}>1$时，不管$\frac{H_0}{b}$数值多少，仍用$\frac{H_0}{b}=1$代入计算。

表8-5 闸墩形状系数值

闸墩头部平面形状	各种$\frac{h_s}{H_0}$的ζ_0值				
	≤0.75	0.8	0.85	0.9	0.95
矩　形	0.8	0.86	0.92	0.98	1.00
半圆形或尖角形	0.45	0.51	0.57	0.63	0.69
尖圆形	0.25	0.32	0.39	0.46	0.53

注：h_s为下游水位超过堰顶的高度，适用条件$\frac{h_s}{H_0}\geqslant 0.75$。

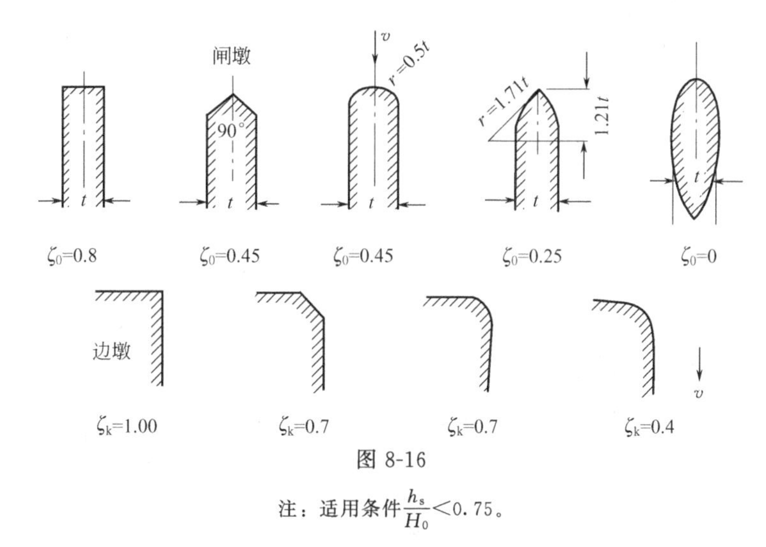

图8-16

注：适用条件$\frac{h_s}{H_0}<0.75$。

（四）淹没系数

对WES型剖面，当下游水位超过堰顶一定数值，即$\frac{h_s}{H_0}>0.15$时（h_s为下游水面超过堰顶的高度），堰下游形成淹没水跃，过堰水流受到下游水位顶托，过水能力减小，形成淹没出流。

如果下游堰高较小，即$\frac{P_1}{H_0}<2$时，即使下游水位低于堰顶，过堰水流受下游护坦的影响，也会产生类似淹没的效果而使过水能力减小。因此，淹没系数可根据$\frac{P_1}{H_0}$及$\frac{h_s}{H_0}$由图8-17查得。图中$\sigma_s=1.0$的曲线右下方的区域即为自由出流区（即$\frac{h_s}{H_0}\leqslant 0.15$，$\frac{P_1}{H_0}\geqslant 2$），它不受下游水位及护坦高程的影响。

（五）折线型实用堰的水力计算

中、小型水利工程常用当地材料如条石、砖或木材做成折线型低堰，断面形状一般有梯形、矩形、多边形等，如图8-18所示。

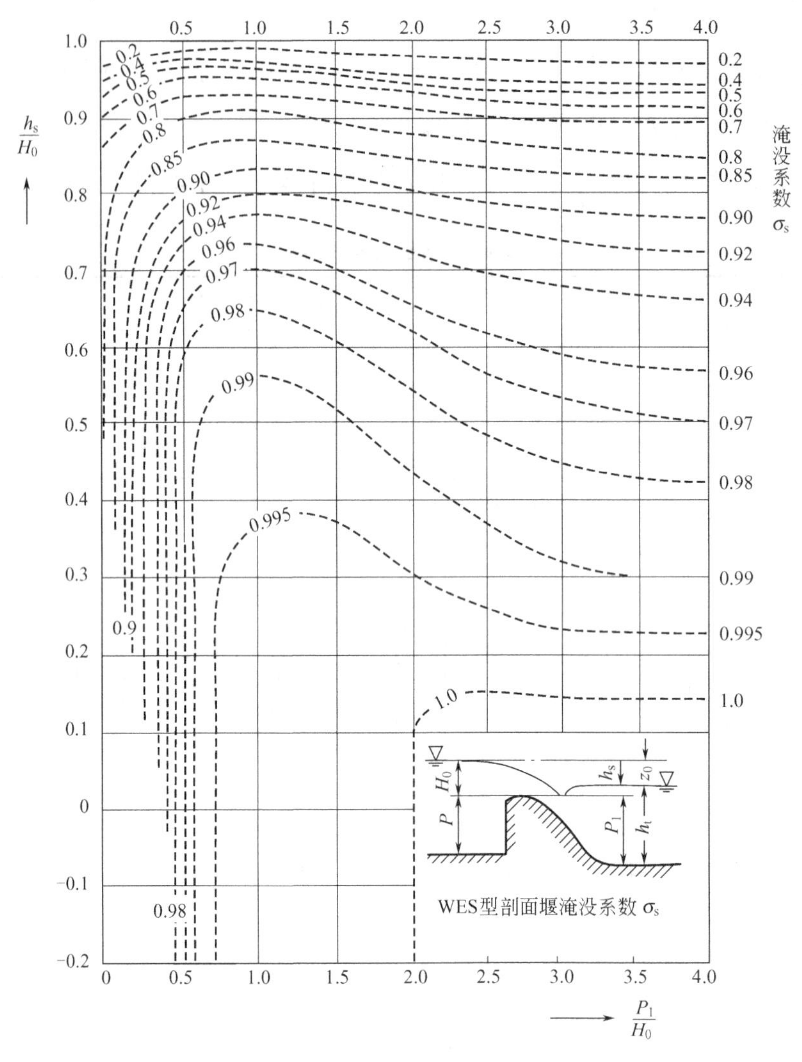

图 8-17

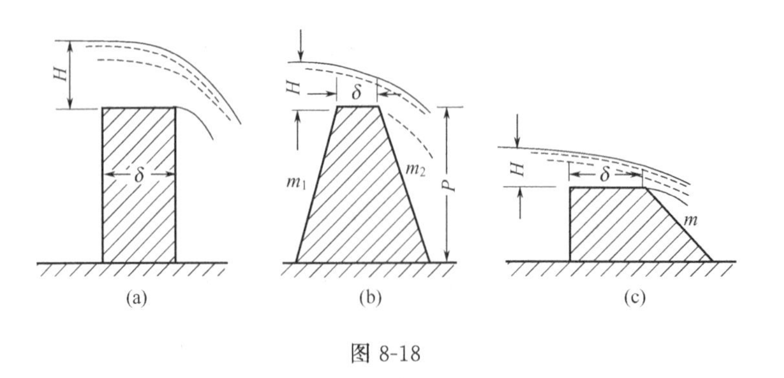

图 8-18

折线型实用堰中以梯形实用堰用得较多，梯形实用堰流量仍可按堰流的基本公式计算。其流量系数 m 与堰顶厚度、相对堰高 $\frac{P_1}{H}$ 和前后坡度有关，应用时可按表 8-6 选用。侧收缩系数、淹没系数可近似按曲线型实用堰的方法来确定。

表 8-6　折线型实用堰的流量系数 m

下游坡 $a:b$	P_1/H	δ/H			
		2.0	1.0	0.75	0.5
1∶1	2～3	0.33	0.37	0.42	0.46
1∶2	2～3	0.33	0.36	0.40	0.42
1∶3	0.5～2	0.34	0.36	0.40	0.42
1∶5	0.5～2	0.34	0.35	0.37	0.38
1∶10	0.5～2	0.34	0.35	0.36	0.38

【例 8-5】 某水力枢纽的溢流坝采用 WES 型标准剖面实用堰，闸墩的头部为半圆形，边墩头部为圆角形，共 16 孔，每孔净宽 10.0m。已知堰顶高程为 110.0m，下游河床高程为 30.0m。当上游设计水位高程为 125.0m 时，相应下游水位高程为 52.0m，流量系数 $m_d=0.502$。求过堰流量。

解：因下游水位比堰顶低得多，应为自由出流，$\sigma_s=1.0$。

因 $\dfrac{P}{H_d}=\dfrac{80}{15}=5.33>1.33$，为高堰，取 $H_0\approx H=15\text{m}$。

查图 8-16 得圆角形边墩的形状系数 $\zeta_k=0.7$，查表 8-5 闸墩形状系数 $\zeta_0=0.45$，侧收缩系数

$$\begin{aligned}\varepsilon&=1-0.2[(n-1)\zeta_0+\zeta_k]\frac{H_0}{nb}\\&=1-0.2\times[(16-1)\times0.45+0.7]\times\frac{15}{16\times10}\\&=0.86\end{aligned}$$

$$\begin{aligned}Q&=\sigma_s\varepsilon mB\sqrt{2g}H_0^{3/2}\\&=1.0\times0.86\times0.502\times10\times16\times\sqrt{2\times9.8}\times15^{3/2}\\&=17766(\text{m}^3/\text{s})\end{aligned}$$

【例 8-6】 某河道宽 160m，设有 WES 型实用堰，堰上游面垂直。闸墩头部为圆弧形，边墩头部为半圆形。共 7 孔，每孔净宽 10m。当设计流量 $Q=5500\text{m}^3/\text{s}$ 时，下游为自由出流，相应的上游水位为 55.0m，下游水位为 39.2m，上、下游河床高程为 20.0m。试确定该实用堰堰顶高程。

解：因该题要设计堰顶高程，所以为设计状态，其堰顶高程应是上游设计水位减去设计状态下堰前水头 H(此时 $H=H_d$)，已知上游设计水位为 55.0m，需计算设计水头 H_d，再算堰顶高程。因 $H=H_0-\dfrac{\alpha_0 v_0^2}{2g}$，所以应计算 H_0。

堰上全水头　$H_0=\left(\dfrac{Q}{\sigma_s\varepsilon mB\sqrt{2g}}\right)^{2/3}$

已知 $Q=5500\text{m}^3/\text{s}$，$B=7\times10=70\text{m}$，对 WES 型实用堰，在设计水头下（$H_0=H_d$ 时)，流量系数 $m_d=0.502$。侧收缩系数 ε 与 H_0 有关，应先假定 ε，求出 H_0，再核校所设 ε。现假定 $\varepsilon=0.9$，有

$$H_0=\left(\frac{5500}{0.9\times0.502\times70\times\sqrt{2\times9.8}}\right)^{2/3}=11.56\ (\text{m})$$

用求得的 H_0 近似值代入公式（8-17)，求 ε 值。

因为下游为自由出流，故 $\dfrac{h_s}{H_0}\leqslant0.75$，查图 8-16 得边墩形状系数 $\zeta_k=0.7$，查表 8-5 得

闸墩形状系数 $\zeta_0=0.45$。

因 $\frac{H_0}{b}=\frac{11.55}{10}=1.155>1$，应按 $\frac{H_0}{b}=1$ 代入计算，即

$$\varepsilon=1-0.2[(n-1)\zeta_0+\zeta_k]\frac{H_0}{nb}=1-0.2\times[(7-1)\times0.45+0.70]\times\frac{1}{7}=0.903$$

用求得 ε 近似值代入公式重新计算 H_0，有

$$H_0=\left(\frac{5500}{0.903\times0.502\times70\times\sqrt{2\times9.8}}\right)^{2/3}=11.53\ (\mathrm{m})$$

因 $\frac{H_0}{b}=\frac{11.53}{10}=1.153>1$，应仍按 $\frac{H_0}{b}=1$ 计算，则所求 ε 不变，这说明以上所求 $H_0=11.53\mathrm{m}$ 是正确的。

已知上游河道宽为 160m，上游设计水位为 55.0m，河床高程为 20.0m，近似按矩形计算上游过水断面面积，即

$$A_0=160\times(55.0-20.0)=5600\ (\mathrm{m}^2)$$

$$v_0=\frac{Q}{A_0}=\frac{5500}{5600}=0.98\ (\mathrm{m/s})$$

则堰的设计水头 $\quad H_d=H_0-\frac{\alpha_0 v_0^2}{2g}=11.53-0.05=11.48\ (\mathrm{m})$

$$堰顶高程=上游设计水位-H_d=55.0-11.48=43.52\ (\mathrm{m})$$

【例 8-7】 某小型折线型实用堰，如图 8-18（c）所示，流量 $Q=180.0\mathrm{m^3/s}$，$\delta=4\mathrm{m}$，相应的水头 $H=3\mathrm{m}$。溢流堰高 $P=P_1=6\mathrm{m}$，下游坡 $b:a=3$，单孔无侧收缩，坝前行近流速 $v_0=1.5\mathrm{m/s}$，下游水深 $h_t=5.0\mathrm{m}$。试确定该溢流堰的溢流宽度。

解： 因 $h_t=5.0\mathrm{m}<P_1=6\mathrm{m}$，为自由出流。

$$\frac{P_1}{H}=\frac{6}{3}=2$$

$$\frac{\delta}{H}=1.33$$

下游坡 $b:a=3$，查表 8-6 得 $m=0.354$。

由 $Q=mB\sqrt{2g}H_0^{3/2}$ 得溢流宽度

$$B=\frac{Q}{m\sqrt{2g}H_0^{3/2}}=\frac{180}{0.354\times4.43\times\left(3+\frac{1.5^2}{2\times9.8}\right)^{3/2}}=20.88\ (\mathrm{m})$$

取 $B=21\mathrm{m}$。

四、宽顶堰流的水力计算

如图 8-19（a）所示，水流进入有底坎的堰顶后，水流在垂直方向受到堰坎边界的约束，堰顶上的过水断面缩小，流速增大，势能转化为动能。同时，堰坎前后产生的局部水头损失，也导致堰顶上势能减小。所以宽顶堰过堰水流的特征是进口处水面会发生明显跌落，堰顶范围内产生一段流线近似平行的渐变流动。宽顶堰流可采用堰流基本公式进行水力计算。从水力学观点看，过水断面的缩小，可以是堰坎引起。在无坎的情况下，当明渠水流流经桥墩、渡槽、隧洞（或涵洞）等进口建筑物时，由于进口段两侧横向的收缩，使过水断面减小，流速加大，部分势能转化为动能，也会形成水面跌落，这种流动现象称为无坎宽顶堰

流，仍按宽顶堰流的方法进行分析、计算，如图 8-19（b）、图 8-19（c）所示。

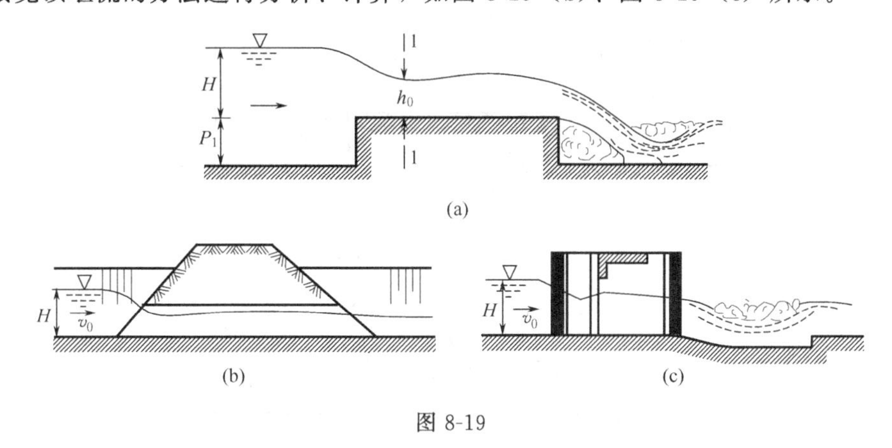

图 8-19

（一）流量系数

宽顶堰的流量系数取决于堰的进口形状和堰的相对高度$\frac{P}{H}$，不同的进口堰头形状，可按下列方法确定。

（1）直角前沿进口［图 8-19（a）］

$$m=0.32+0.01\times\frac{3-\frac{P}{H}}{0.46+0.75\frac{P}{H}} \tag{8-18}$$

（2）圆角前沿进口（图 8-20）

$$m=0.36+0.01\times\frac{3-\frac{P}{H}}{1.2+1.5\frac{P}{H}} \tag{8-19}$$

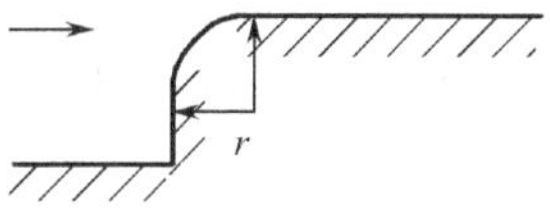

图 8-20

在公式（8-18）、式（8-19）中 P 为上游堰高。当$\frac{P}{H}\geqslant 3$ 时，由堰高引起的水流垂向收缩已达到相当充分程度，故计算时不再考虑堰高变化的影响，按$\frac{P}{H}=3$代入公式计算 m 值。

由两式可以看出，直角前沿进口的宽顶堰的流量系数变化范围在 0.32～0.385 之间；圆角前沿进口的宽顶堰的流量系数变化范围在 0.36～0.385 之间。当$\frac{P}{H}=0$ 时，$m=0.385$，此时宽顶堰的流量系数值最大。比较一下实用堰和宽顶堰的流量系数，可以发现，实用堰比宽顶堰的过流能力大。

（二）侧收缩系数

宽顶堰的侧收缩系数仍可按公式（8-17）计算。

（三）淹没系数

试验证明，当下游水位较低时，进入堰顶的水流，因受到堰顶垂直方向的约束，在进口产生水面跌落，并在进口后约 $2H$ 处形成收缩断面。该断面的水深 $h_C<h_k$，堰顶水流处于急流状态，水流流出堰顶后，水面产生第二次跌落，称此宽顶堰流为自由出流，如图 8-21（a）所示。当下游水位升高，只要它低于堰顶的临界水深或 $K—K$ 线，则宽顶堰仍然还是

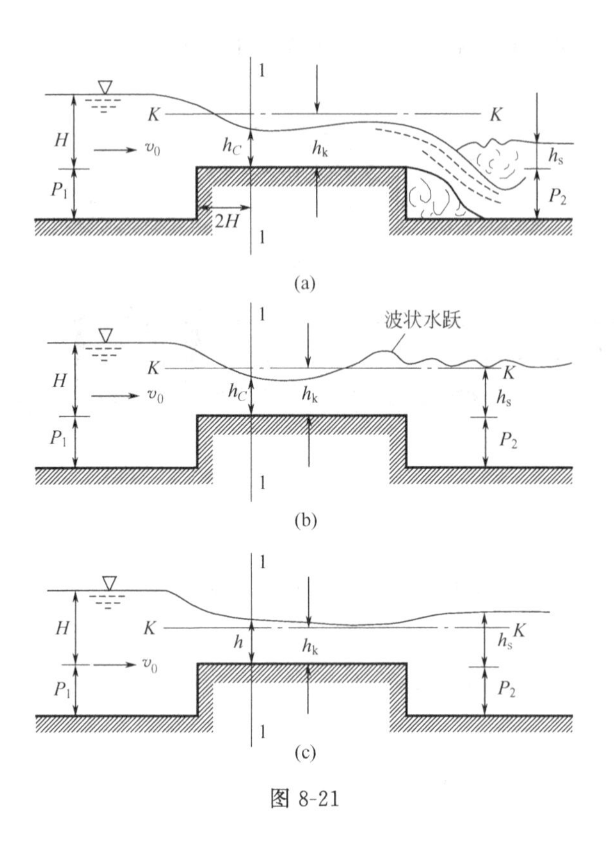

图 8-21

自由出流，如图 8-21（b）所示。

当堰下游水位升高到 $K—K$ 线以上，堰顶水流处于缓流状态，就会影响宽顶堰的过流能力，成为淹没出流，如图 8-21（c）所示。试验表明：当 $\frac{h_s}{H_0}>0.8$ 时，形成淹没出流。

淹没系数 σ_s 可根据 $\frac{h_s}{H_0}$ 由表 8-7 查出。

表 8-7　宽顶堰的淹没系数 σ_s

$\frac{h_s}{H_0}$	0.80	0.81	0.82	0.83	0.84	0.85	0.86	0.87	0.88	0.89
σ_s	1.00	0.995	0.99	0.98	0.97	0.96	0.95	0.93	0.90	0.87
$\frac{h_s}{H_0}$	0.90	0.91	0.92	0.93	0.94	0.95	0.96	0.97	0.98	
σ_s	0.84	0.82	0.78	0.74	0.70	0.65	0.59	0.50	0.40	

（四）无坎宽顶堰流

无坎宽顶堰流在计算流量时，仍可使用宽顶堰流的公式。但在计算中不再单独考虑侧向收缩的影响，而是把它包含在流量系数中一并考虑，即

$$Q=\sigma_s m' B\sqrt{2g}H_0^{3/2} \tag{8-20}$$

式中　m'——包含侧收缩影响在内的流量系数。可根据进口翼墙形式及平面收缩程度，由表 8-8 查得。表 8-8 中 B_0 为引水渠的宽度，B 为闸孔总净宽，r 为翼墙圆角半径。

无坎宽顶堰流的淹没系数可近似由表 8-7 查得。

表 8-8 无坎宽顶堰的流量系数值

$\frac{B}{B_0}$	直角形翼墙	八字形翼墙 $\cot\theta$			圆角形翼墙 $\frac{r}{B}$		
		0.5	1.0	2.0	0.2	0.3	≥0.5
0	0.320	0.343	0.350	0.353	0.349	0.354	0.360
0.1	0.322	0.344	0.351	0.354	0.350	0.355	0.361
0.2	0.324	0.346	0.352	0.355	0.351	0.356	0.362
0.3	0.327	0.348	0.354	0.357	0.353	0.357	0.363
0.4	0.330	0.350	0.356	0.358	0.355	0.359	0.364
0.5	0.334	0.352	0.358	0.360	0.357	0.361	0.366
0.6	0.340	0.356	0.361	0.363	0.360	0.363	0.368
0.7	0.346	0.360	0.364	0.366	0.363	0.366	0.370
0.8	0.355	0.365	0.369	0.370	0.368	0.371	0.373
0.9	0.367	0.373	0.375	0.376	0.375	0.376	0.378
1.0	0.385	0.385	0.385	0.385	0.385	0.385	0.385

【例 8-8】 某进水闸，闸底坎为具有圆角前沿进口的宽顶堰，堰顶高程为 22.0m，渠底高程为 21.0m。共 10 孔，每孔净宽 8m，闸墩头部为半圆形，边墩头部为流线形。当闸门全开，上游水位为 25.50m，下游水位为 23.20m，不考虑闸前行近流速的影响。求过闸流量。

解： ① 判断下游是否淹没出流。

$$P=22.0-21.0=1.0\ (\text{m})$$
$$H=25.50-22.0=3.5\ (\text{m})$$
$$h_s=23.2-22.0=1.2\ (\text{m})$$

因 $\frac{h_s}{H_0}=\frac{1.2}{3.5}=0.34<0.8$，故为自由出流。

② 求流量系数。

$$m=0.36+0.01\times\frac{3-\frac{P}{H}}{1.2+1.5\times\frac{P}{H}}=0.36+0.01\times\frac{3-\frac{1.0}{3.5}}{1.2+1.5\times\frac{1.0}{3.5}}=0.377$$

③ 求侧收缩系数 ε。

查图 8-16 得边墩形状系数 $\zeta_k=0.4$，闸墩形状系数 $\zeta_0=0.45$，则

$$\varepsilon=1-0.2[(n-1)\zeta_0+\zeta_k]\frac{H_0}{nb}$$
$$=1-0.2\times[(10-1)\times0.45+0.4]\times\frac{3.5}{10\times8}=0.961$$

$$Q=\varepsilon mB\sqrt{2g}H_0^{3/2}$$
$$=0.961\times0.377\times10\times8\times\sqrt{2\times9.8}\times3.5^{3/2}$$
$$=840.2\ (\text{m}^3/\text{s})$$

【例 8-9】 某进水闸，如图 8-22 所示，具有直角形的前沿闸坎，坎前河底高程为 100.0m，河水位高程为 107.0m，坎顶高程为 103.0m。闸分两孔，闸墩头部为半圆形，边墩头部为圆角形。下游水位很低，对溢流无影响。引水渠及闸后渠道均为矩形断面，宽度均

为 20m。求下泄流量为 $200m^3/s$ 时所需闸孔宽度。

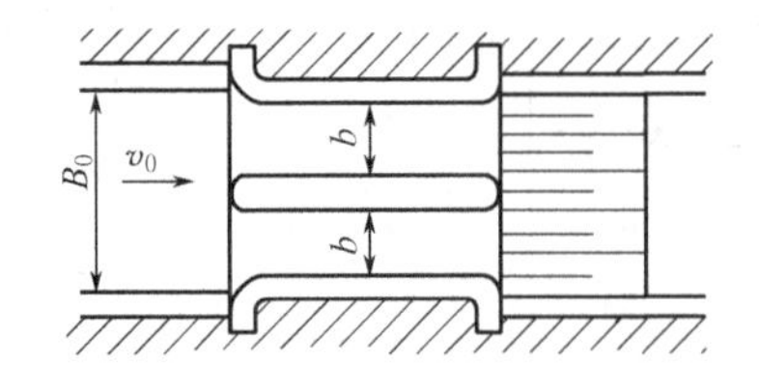

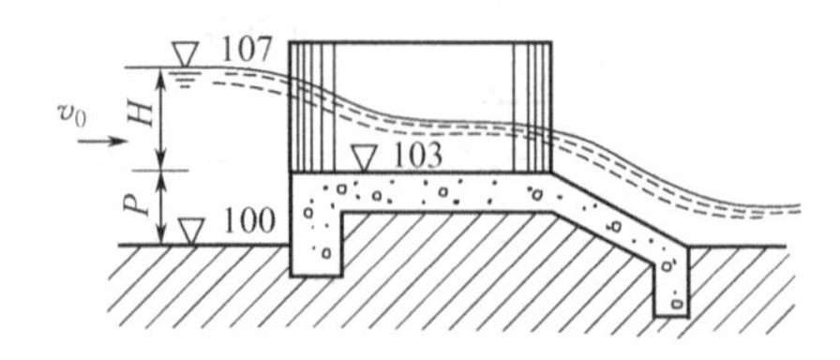

图 8-22

解： ① $H=107.0-103.0=4$ (m)，$P=P_1=103.0-100.0=3$ (m)

总水头

$$H_0=H+\frac{v_0^2}{2g}=H+\frac{1}{2g}\times\left[\frac{Q}{B_0(H+P)}\right]^2=4+\frac{1}{19.6}\times\left[\frac{200}{20\times(3+4)}\right]^2=4.104\ (\text{m})$$

② 按公式 (8-18) 求流量系数 m。

$$m=0.32+0.01\times\frac{3-P/H}{0.46+0.75P/H}=0.32+0.01\times\frac{3-3/4}{0.46+0.75\times3/4}=0.342$$

因 ε 值与闸孔宽度 B 有关，此时 B 未知，初步假定 $\varepsilon=0.95$，则

$$B=\frac{Q}{\varepsilon m\sqrt{2g}H_0^{3/2}}=\frac{200}{0.95\times0.342\times4.43\times4.104^{3/2}}=16.71\ (\text{m})$$

查图 8-16 得闸墩形状系数 $\zeta_0=0.45$，边墩形状系数 $\zeta_k=0.7$。

$$\varepsilon=1-0.2[(n-1)\zeta_0+\zeta_k]\frac{H_0}{nb}=1-0.2\times[(2-1)\times0.45+0.7]\times\frac{4.104}{16.71}=0.944$$

此值与原假定的 ε 值较接近，现用 $\varepsilon=0.944$ 再计算 B 值，得

$$B=\frac{200}{0.944\times0.342\times4.43\times4.104^{3/2}}=16.8\ (\text{m})$$

此 B 值与第一次成果已很接近，即用此值为最后计算成果，故每孔净宽 $b=\frac{B}{2}=8.4\text{m}$，实际工程中应考虑取闸门的尺寸为整数。另外，从对称出流考虑，闸孔数目宜选用奇数。

习　　题

8-1　什么叫堰和堰流？

8-2　堰流和闸孔出流有何区别和联系？

8-3　宽顶堰下游出现淹没水跃时，是否一定是淹没出流？

8-4　闸孔出现淹没出流时，下游是否一定是淹没水跃？

8-5　非真空剖面堰，当 $H>H_d$ 时，其流量系数 m 和 m_d 的关系如何？

8-6　有一平底闸，共 6 孔，每孔净宽 3m。闸上设锐缘平面闸门。已知闸前水头 $H=3.5\text{m}$，闸门开度 $e=1.2\text{m}$，流速系数取 $\varphi=0.97$，当下游水深 $h_t=2.8\text{m}$ 时，不计行近流速。求通过水闸的流量。

8-7　某弧形闸门进水闸，闸底坎与渠底齐平，闸底板高程为 100.00m，闸孔宽 5m，弧形闸门转轴高程为 104.00m，半径为 5m。当闸门开度 $e=0.9\text{m}$ 时，闸上游水位为 103.00m，相应下游水位为 101.00m，上游行近流速 $v_0=1.0\text{m/s}$。求过闸流量。

8-8　某曲线型实用堰顶设有平板闸门，共 7 孔，每孔净宽 5m，闸门上游面底缘切线与水平线夹角 $\theta=0°$。已知闸上水头 $H=5.6\text{m}$，闸孔开度 $e=1.5\text{m}$，下游水位很低为自由出

流，不计行近流速。试求：①闸孔泄流量；②改成弧形闸门后的闸孔泄流量。

8-9　某渠道末端设有一矩形薄壁堰，用来量测流量。已知堰顶水头 $H=0.25$m，引水渠宽 $B_0=2$m，堰顶宽度 $B=1.2$m，堰高 $P=P_1=0.5$m，下游为自由出流。求渠道的流量。

8-10　有一无侧收缩的矩形薄壁堰，堰宽 $B=0.5$m，堰高 $P=P_1=0.8$m，当过堰流量 $Q=50$L/s 时，下游为自由出流。求堰顶水头 H。

8-11　某上游堰面为垂直的 WES 型标准剖面堰。上、下游堰高 $P=P_1=4.0$m，闸墩头部为半圆形，边墩头部为圆弧形，共 6 孔，每孔净宽 5m。已知堰上实际水头 $H=4$m（设计水头 $H_d=4$m），下游水位超过堰顶的高度 $h_s=2$m。求通过的流量 Q 为多少？

8-12　为了灌溉需要，在河道上修建拦河坝一座，如图 8-23 所示。溢流坝采用堰顶上游为三段圆弧的 WES 型实用堰剖面，坝顶无闸门和闸墩，边墩为圆弧形。坝的设计洪水流量为 $540\text{m}^3/\text{s}$，相应的上、下游设计水位分别为 50.7m 和 48.1m，坝址处河床高程为 38.5m，坝前河道过水断面面积为 524m^2。根据灌溉水位要求，已确定坝顶高程为 48.0m。求坝的溢流宽度。

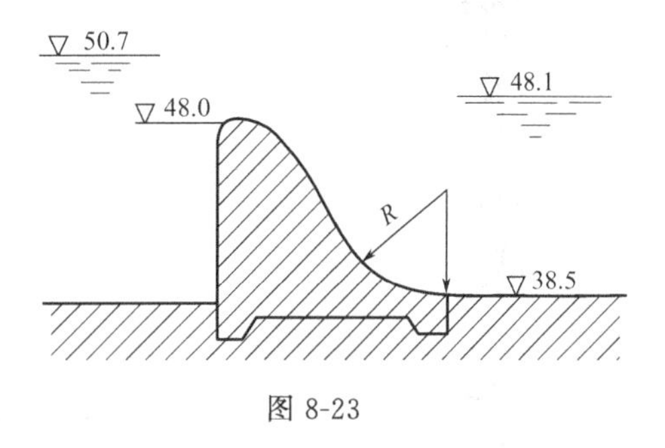

图 8-23

8-13　某水库溢流坝共 4 孔，每孔净宽 8m，坝为 WES 型标准剖面。闸墩头部为尖圆形，边墩为圆弧形。坝前库底高程为 70.0m，当库水位高程为 120.0m 时，要求下泄流量为 $800\text{m}^3/\text{s}$。不考虑下游水位的影响，问溢流坝坝顶高程应为多少？

8-14　某直角进口的宽顶堰上设有闸门，共 6 孔，每孔净宽 6m，闸墩头部为尖圆形，边墩头部为圆弧形。已知堰顶高程为 1.2m，堰底部高程为 0.0m，当闸门全开，水闸上游水位为 4.5m，相应下游水位为 3.4m，不计行近流速。求通过水闸的流量。

8-15　从河道引水灌溉的某干渠引水闸断面如图 8-24 所示，该闸具有半圆形闸墩和边墩，为了防止河中泥沙进入渠道，进口设置直角形的闸坎，闸坎高程为 31.00m，并高于河床 1.8m。已知水闸设计流量为 $64.0\text{m}^3/\text{s}$，闸门全部打开，相应的河道水位和渠道水位分别是 34.25m 和 33.65m。不考虑上游行近流速，并限制水闸每孔宽度不超过 4m，求水闸宽度及闸孔数。

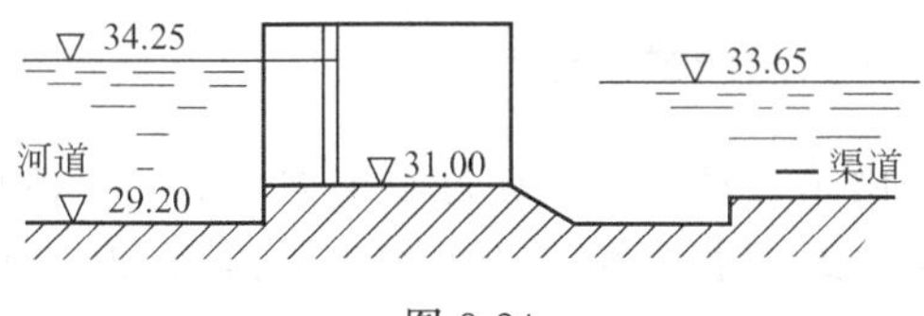

图 8-24

第九章

水工建筑物下游水流衔接与消能

提要

本章的主要任务是介绍水流通过堰、闸等水工建筑物后，高速下泄的水流现象及其对下游河床和岸坡的影响；为了达到消能、防冲的目的，水工建筑物下游拟采用的水流衔接与消能形式和常见的消能水力计算。

第一节 概 述

在河道上修建堰、闸等水工建筑物后，束窄了河床，提高了水位。这样，由堰、闸下泄的水流就具有落差明显、流速快、单宽流量大、能量集中的特点，有很强的冲刷能力，如果不采取妥善的人工措施控制水流，势必造成下游河床和岸坡的严重冲刷，影响建筑物的安全与正常运行。

根据人类长期生产实践经验总结，采取以下几种措施，可以妥善消耗下泄水流多余的能量，使下泄水流与下游很好地衔接。

一、底流式消能

由第七章可知，通过建筑物下泄的急流向下游缓流过渡时，必然发生水跃。通过水跃产生的表面旋滚和强烈的紊动消除大量的能量，使流速急剧减小，跃后水位迅速回升并与下游水流衔接。因水跃区主流位于底部，习惯称为底流式衔接与消能，如图 9-1 所示。这种消能形式主要用于中、低水头的闸坝，可适应较差的地质条件，消能效果较好。

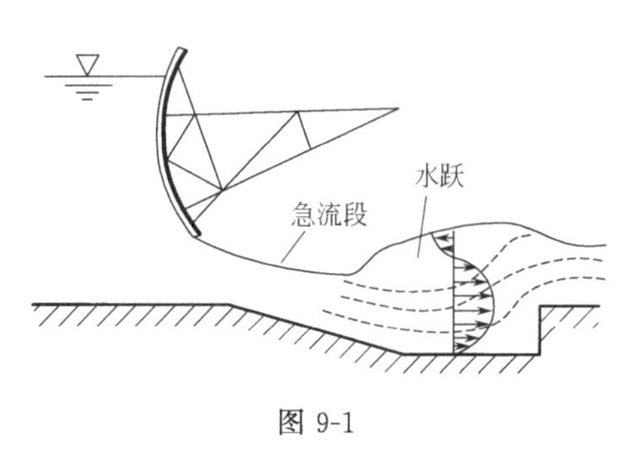

图 9-1

二、挑流式消能

借助建筑物末端的挑流鼻坎，利用高速下泄水流的动能，将水流挑射到远离建筑物的河床中，与下游水流衔接，称为挑流式衔接与消能，如图 9-2 所示。挑射出的水股在空中扩散、掺气消耗掉部分动能，然后落入下游河床形成的水垫中，大部分能量在水股跌入水垫后通过水股两侧形成的水滚而消除。这种消能形式往往用于中、高水头，下游地势开阔的地带，且单宽流量较大时的场合。

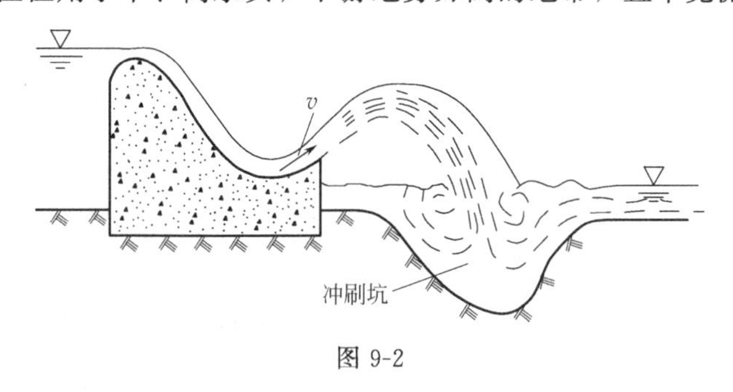

图 9-2

三、面流式消能

利用建筑物末端设置的跌坎，将高速水流导向下游水流表层，主流与河床间由巨大的底部旋滚隔开，以减轻主流对河床的冲刷。水流能量主要通过表层主流的扩散、流速分布调整及底部反向旋滚与主流的相互作用而消耗。由于主流位于表层，称为面流式衔接与消能，如图 9-3 所示。这种消能形式要求下游具有较高的和较稳定的水位，一般多用于有排冰、漂木又无航运要求的泄水建筑物下游。

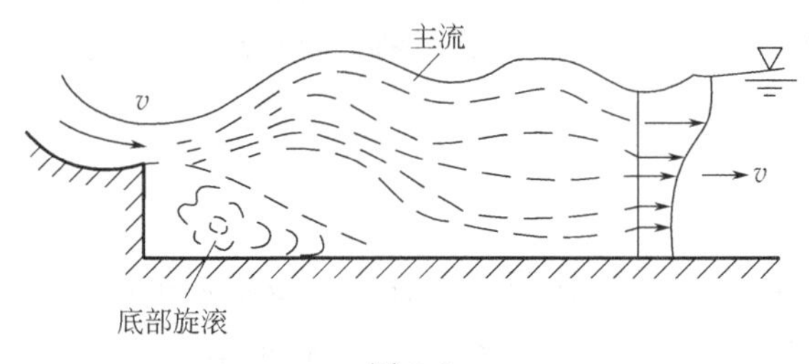

图 9-3

除了上述三种常见消能方式外，一些新型的消能方式也在不断发展，如戽流式消能、竖井消能、孔板消能、宽尾墩消能等。在工程实践中，具体采用哪一种消能方式必须结合工程的运用要求，并兼顾水力、地形、地质条件等进行综合分析，因地制宜地加以选择。

限于篇幅，本章只介绍最常用的底流式和挑流式衔接消能的分析和计算。

第二节　底流式衔接与消能

一、判别建筑物下游底流式衔接的形式

经闸、坝下泄的水流势能不断转化为动能。在建筑物下游某过水断面上水深达到最小值，而流速达到最大值，这个断面称为收缩断面，该断面水深为收缩水深 h_C。收缩断面水

深 h_C 一般小于临界水深 h_k，水流呈急流；而河道下游水深 h_t 往往大于临界水深 h_k，水流呈缓流。水流从急流向缓流过渡，必然发生水跃。底流式消能就是利用水跃自身的紊动消能，而水跃的形式有三种。根据水跃三种形式的产生条件，比较下游水深 h_t 与第二共轭水深 h''_C 的大小，可以判断在泄水建筑物下游将发生的水跃形式，即

当 $h_t = h''_C$ 时，发生临界式水跃，见图 9-4（a）；

当 $h_t < h''_C$ 时，发生远离式水跃，见图 9-4（b）；

当 $h_t > h''_C$ 时，发生淹没式水跃，见图 9-4（c）。

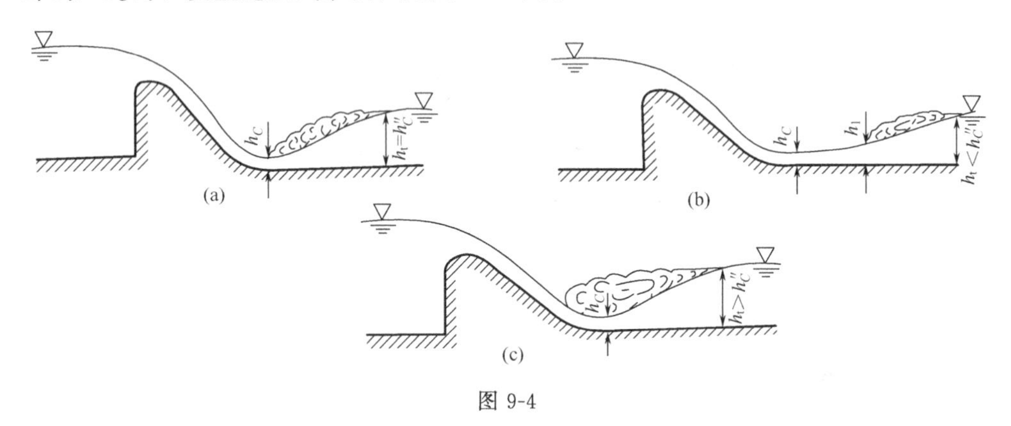

图 9-4

上述三种水跃衔接形式中，远离式水跃对工程最为不利。因其急流段长，所需加固的河段较长，不经济，所以不采用。临界式水跃不稳定，下泄流量稍有增加或下游水位略有降低，就转为远离式水跃，也不宜采用。因此，从减少急流段保护长度，与水跃位置的稳定性要求及消能效果好等几方面综合考虑，采用稍有淹没的水跃衔接形式进行消能最为有利。

如果建筑物下游出现了淹没水跃，就不必修建消能设施；如果下游出现自由水跃就必须修建消力池。是否需要修建消力池，关键是判别下游水跃的形式。要判断水跃衔接形式，首先必须确定收缩断面水深。

二、收缩断面水深计算

对于闸孔出流，收缩断面水深 h_C 等于垂直收缩系数 ε' 乘以闸门开启度 e，即 $h_C=\varepsilon' e$，对于堰流，下游收缩断面水深的求解，必须建立收缩断面水深计算的基本方程。

（一）基本方程

以图 9-5 所示的溢流坝为例，建立收缩断面水深计算的基本方程。选择通过收缩断面底

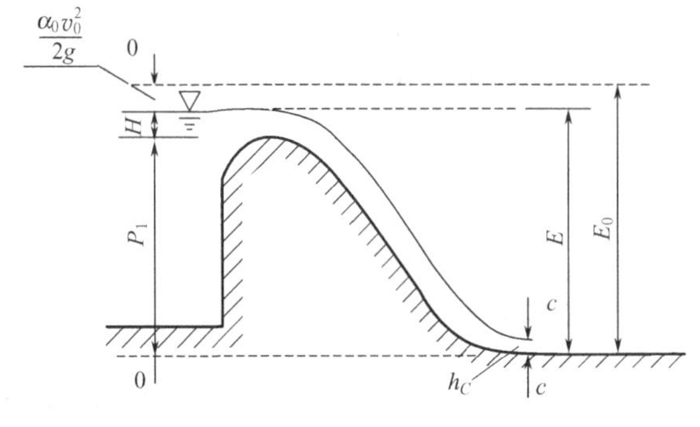

图 9-5

部的水平面为基准面，对断面 0—0 和断面 c—c 列能量方程，可得

$$H+P_1+\frac{v_0^2}{2g}=h_C+\frac{\alpha v_c^2}{2g}+\zeta\frac{v_c^2}{2g}$$

令堰前断面的总能量为 $E_0=H+P_1+\frac{v_0^2}{2g}=H_0+P_1$，令 $\frac{1}{\sqrt{\alpha+\zeta}}=\varphi$，则

$$E_0=h_C+\frac{Q^2}{2gA_c^2\varphi^2} \tag{9-1}$$

对矩形断面，$A_c=bh_C$，取单宽流量 $q=\frac{Q}{b}$ 计算，则

$$E_0=h_C+\frac{q^2}{2g\varphi^2h_C^2} \tag{9-2}$$

式中　E_0——坝前断面的总水头；

　　φ——流速系数，φ 值可查表 8-2 得到。

（二）计算方法

利用式（9-2）直接求解 h_C 时，需求解有关 h_C 的三次方程，因此，求 h_C 时一般采用试算法、图解法或逐步逼近法。这里仅介绍常用的图解法。

对于矩形断面的 h_C，可借助本书附图 4 的曲线求解，步骤如下。

① 据已知条件计算 $h_k\left(h_k=\sqrt[3]{\frac{q^2}{g}}\right)$ 和 $\xi_0=\frac{E_0}{h_k}$。

② 据 φ 和 ξ_0，在附图 4 的关系曲线上求得 $\xi_c=\frac{h_C}{h_k}$ 和 $\xi_c''=\frac{h_C''}{h_k}$。

③ 解得 $h_C=\xi_c h_k$，$h_C''=\xi_c'' h_k$。

【例 9-1】 某水闸单宽流量 $q=12.50\text{m}^3/(\text{s}\cdot\text{m})$，上游水位 28.00m，下游水位 24.50m，渠底高程 21.00m，闸底高程 22.00m，$\varphi=0.95$，如图 9-6 所示。试判断下游水流衔接形式。

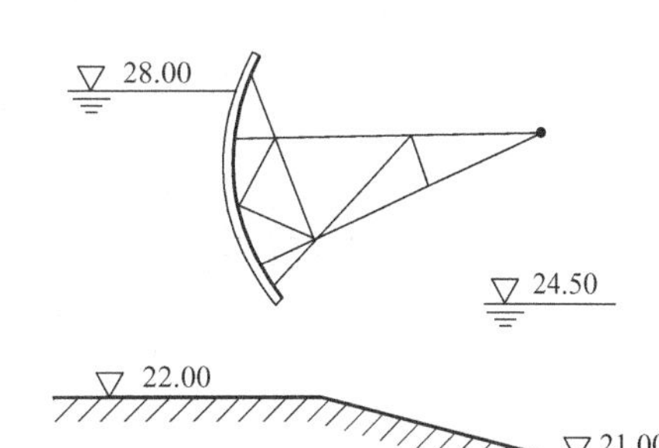

图 9-6

解： 已知　$P_1=22.00-21.00=1.00$（m）

闸前水深　$H=28.00-22.00=6.00$（m）

行近流速　$v_0=\frac{q}{H}=\frac{12.50}{6.00}=2.08$（m/s）

则　$H_0=H+\frac{v_0^2}{2g}=6.00+\frac{2.08^2}{19.6}=6.22$（m）

故　$E_0=P_1+H_0=1.00+6.22=7.22$（m）

计算临界水深 h_k（对于矩形断面）有　$h_k=\sqrt[3]{\frac{q^2}{g}}=\sqrt[3]{\frac{12.5^2}{9.8}}=2.52$（m）

$$\xi_0=\frac{E_0}{h_k}=\frac{7.22}{2.52}=2.87$$

据 $\xi_0=2.87$ 和 $\varphi=0.95$ 查附图 4 得

$$\xi_c=0.477，\xi_c''=1.82$$

则 $h_C=\xi_c h_k=0.477\times2.52=1.202$（m），$h_C''=\xi_c''h_k=1.82\times2.52=4.59$（m）。

由上述计算可知 h_C'' 为 4.59m，大于下游水深 $h_t=24.50-21.00=3.50$（m），因此下游发生远离式水跃，必须修建消力池。

三、消力池的水力计算

消力池的形式主要有以下三种。

① 降低护坦高程增大池内水深，促使池内发生淹没水跃。这种由开挖形成的消力池称为挖深式，如图 9-7（a）所示。

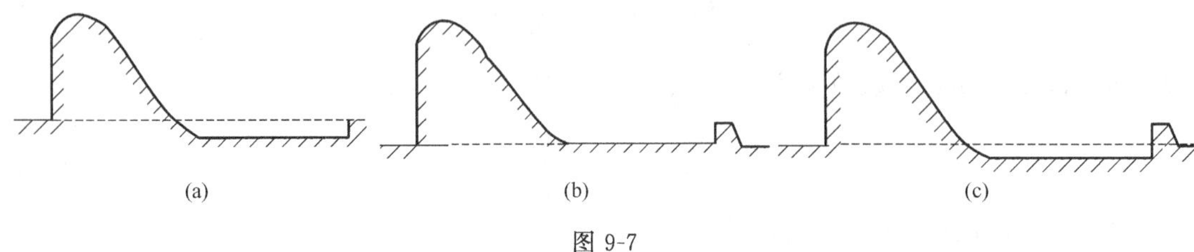

图 9-7

② 护坦末端建一道低坎壅高池内水深，促使池内发生淹没水跃。这种由建消力坎形成的消力池称为消力坎式，如图 9-7（b）所示。

③ 如单纯采用前面两种措施中的某一种在技术和经济上均不合理时，可两者兼用。这种既降低护坦高程，又修建消力坎的消力池称为综合式，如图 9-7（c）所示。

本节只讨论矩形断面的挖深式和消力坎式消力池的水力计算。消力池的水力计算主要包括池深（或坎高）及池长的计算。

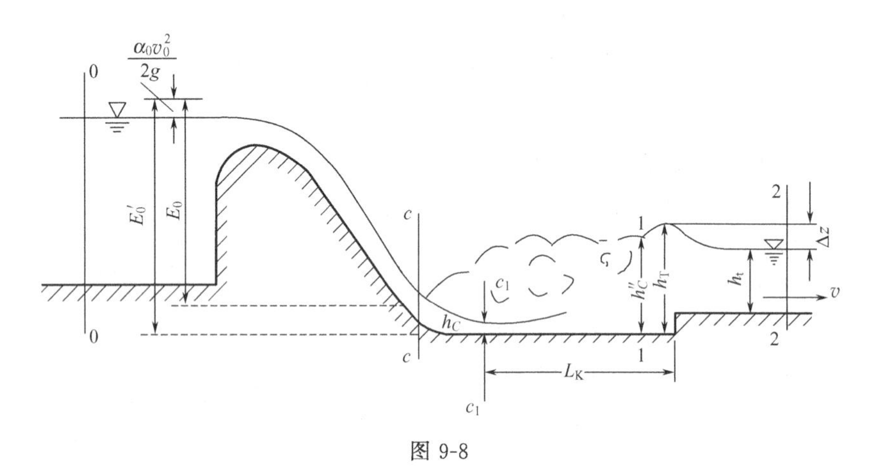

图 9-8

（一）挖深式消力池池深计算

将下游河床下挖一深度 S 后，形成消力池，池内水流现象如图 9-8 所示。出池水流由于竖向收缩，过水断面减小，动能增加，形成一水面跌落 Δz，其水流特性与宽顶堰相似，水面跌落 Δz 可用宽顶堰公式计算。从图 9-8 中可看出，池末水深 h_T 为

$$h_T = S + h_t + \Delta z \tag{9-3}$$

为保证池内发生稍有淹没的水跃，要求池末水深 $h_T > h_C''$，即

$$\frac{h_T}{h_C''} > 1$$

令

$$\frac{h_T}{h_C''} = \sigma$$

即要求

$$h_T = \sigma h_C'' = S + h_t + \Delta z$$

式中　σ——反映水跃淹没程度的淹没系数，通常取 $\sigma=1.05\sim1.10$。σ 取得太小，水跃容易跃出消力池，不能满足消能要求；σ 取得过大，水跃上部的覆盖层太厚，水跃受其约束，消能不充分，消能效果差。

由上述条件可得池深 S 计算公式

$$S=\sigma h''_C-(h_t+\Delta z) \tag{9-4}$$

水面跌落 Δz 的计算公式可通过对消力池出口断面 1—1 及下游断面 2—2 列能量方程（以通过断面 2—2 底部的水平面为基准面）。

$$h_t+\Delta z+\frac{\alpha v_1^2}{2g}=h_t+\frac{\alpha v_2^2}{2g}+\zeta\frac{v_2^2}{2g}$$

推得

$$\Delta z=\frac{q^2}{2g}\times\left[\frac{1}{(\varphi' h_t)^2}-\frac{1}{(\sigma h''_C)^2}\right] \tag{9-5}$$

式中　φ'——消力池出口的流速系数，一般取 $\varphi'=0.95$。

应当注意的是应用公式（9-4）和式（9-5）求解池深 S 时，式中的 h''_C 应是护坦降低以后的收缩断面水深 h_C 对应的跃后水深 h''_{C1}。而护坦高程降低 S 值后，E_0 增至 $E'_0=E_0+S$，收缩断面位置下移，据式（9-2）可知 h_C 值必然发生改变，与其对应的 h''_C 值也随之改变。显然，S 与 h''_C 之间是一复杂的隐函数关系，所以求解 S 一般采用试算法。

试算步骤如下。

（1）初估池深 S　初估时可用略去 Δz 的近似式，即

$$S=\sigma h''_C-h_t \tag{9-6}$$

式中，σ 可取 1.05，h''_C 用护坦高程降低前收缩断面水深的共轭水深 h''_C 代入计算。

（2）计算建池后的 h''_{C1}　首先用下式计算建池后的 h_{C1}

$$E'_0=E_0+S=h_{C1}+\frac{q^2}{2g\varphi^2 h_{C1}^2}$$

式中　E'_0——建池后的堰前断面总机械能；

h_{C1}——护坦高程降低后收缩断面的水深；

h_{C1} 的计算方法同 h_C，如前所述，解得 h_{C1} 后，再求出其相应的跃后水深 h''_{C1}。

（3）计算 Δz　将建池后的 h''_{C1}，代入式（9-5）求解 Δz。

（4）计算 σ

$$\sigma=\frac{S+h_t+\Delta z}{h''_{C1}}$$

若 σ 在 1.05～1.10 的范围内，则消力池深度 S 满足要求；否则调整 S，重复(2)～(4)步骤，直到满足要求为止。

（二）消力坎式消力池坎高的计算

当河床不易开挖或开挖不经济时，可在护坦末端修筑消力坎，壅高坎前水位形成消力池，以保证在建筑物下游产生稍有淹没的水跃，池内水流现象如图 9-9 所示。从图 9-9 中可以看出，这类消力池池内水流现象与挖深式消力池基本相同，不同之处在于：出池水流不是宽顶堰流，而是折线型实用堰流。

同理，为保证池内产生稍有淹没的水跃，坎前水深 h_T 应为

$$h_T=\sigma h''_C$$

由图 9-9 可知

$$h_T=C+H_1$$

式中　C——坎高；

H_1——坎顶水头。

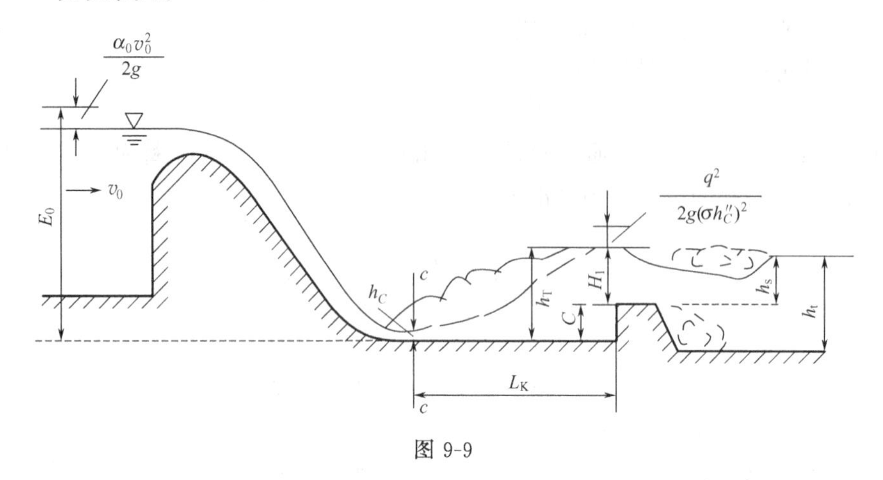

图 9-9

则
$$C=\sigma h_C''-H_1 \tag{9-7}$$

当出坎水流为折线型实用堰流时，坎顶水头 H_1 可用堰流公式计算

$$H_1=H_{10}-\frac{v_0^2}{2g}=\left(\frac{q}{\sigma_s m_1\sqrt{2g}}\right)^{2/3}-\frac{q^2}{2g(\sigma h_C'')^2} \tag{9-8}$$

则
$$C=\sigma h_C''+\frac{q^2}{2g(\sigma h_C'')^2}-\left(\frac{q}{\sigma_s m_1\sqrt{2g}}\right)^{2/3} \tag{9-9}$$

式中　m_1——折线型实用堰的流量系数，一般取 $m_1=0.42$。

σ_s——消力坎淹没系数，其大小与$\frac{h_s}{H_{10}}$比值有关。

实验表明：

当$\frac{h_s}{H_{10}}\leqslant 0.45$时，为非淹没堰，$\sigma_s=1$；

当$\frac{h_s}{H_{10}}>0.45$时，为淹没堰，σ_s 值可据相对淹没度$\frac{h_s}{H_{10}}$查表 9-1 确定。

表 9-1　消力坎的淹没系数 σ_s 值

h_s/H_{10}	≤0.45	0.50	0.55	0.60	0.65	0.70	0.72	0.74	0.76	0.78
σ_s	1.00	0.990	0.985	0.975	0.960	0.940	0.930	0.915	0.900	0.885
h_s/H_{10}	0.80	0.82	0.84	0.86	0.88	0.90	0.92	0.95	1.00	
σ_s	0.865	0.845	0.815	0.785	0.750	0.710	0.651	0.535	0.000	

应当指出，如果消力坎为淹没堰，则坎下游为淹没水流，坎后不需再修消力池。如果消力坎为非淹没堰，则应校核坎后的水流衔接情况。如果为淹没水跃，则坎后也不需再设第二道消力池；如坎后为临界或远离式水跃衔接时，必须设置第二道消力坎或采取其他消能措施。消力坎的流速系数一般取 0.90～0.95。

（三）消力池长度的计算

消力池除需具有足够的深度外，还需有足够的长度，以保证水跃不跃出池外，而对下游河床产生不利影响。实验表明，池内淹没水跃因受池末端直立壁坎产生的反向力作用，水跃长度比平底渠道中产生的自由水跃长度大约短 20%～30%。

即池内淹没水跃的长度一般为

$$L_j' = (0.7 \sim 0.8) L_j$$

当上游为曲线型实用堰，消力池长度 L_K 为

$$L_K = L_j' = (0.7 \sim 0.8) L_j \tag{9-10}$$

式中　L_j——平底渠中自由水跃长，计算见第七章第三节中式（7-24）或式（7-25）。

当上游为跌坎或宽顶堰，消力池长度还应考虑跌坎或宽顶堰到收缩断面间的距离，具体计算请参阅《水力计算手册》或其他有关水力学书籍。

（四）消力池的设计流量

上述消力池的池深和池长的计算都是针对某一个给定流量进行的。但实际工程中，消力池必须在上游下泄的不同流量下工作。这些不同流量值所计算出的消力池的深度和长度均不相同，在这些流量范围内，消力池应保证均能安全可靠地工作，就必须选择一个合适的流量对消力池尺寸进行设计，该流量称为消力池的设计流量，以 Q_d 表示。显然，以设计流量求得的池深（坎高）和池长应是整个流量变化范围内所求得的最大池深（坎高）和池长。

实际计算时，一般是在给定的流量范围内，选取包括 Q_{min} 和 Q_{max} 在内的若干个流量值，分别按前面介绍的方法求得对应的池深 S（坎高 C），然后绘制 S(或 C)-Q 关系曲线，池深 S（坎高 C）的最大值对应的流量即为设计流量。

实践证明，池深（坎高）的设计流量不一定是最大流量，另外，池深（坎高）和池长的设计流量，也不一定是同一值。池深（坎高）的设计流量一般比 Q_{max} 小，而池长的设计流量则是消力池通过的最大流量。

【例 9-2】 已知条件同例 9-1，拟在水闸下游建一挖深式消力池。试确定消力池尺寸（出池水流流速系数 $\varphi'=0.95$），在例 9-1 中已求出了 h_C'' 和 h_t。

解： 1. 确定池深 S

（1）估算池深 S　$S=\sigma h_C''-h_t=1.05\times4.56-3.50=1.288$（m）

（2）计算建池后的 h_C''　$E_0'=E_0+S=7.22+1.288=8.508$（m）

求得

$$\xi_0'=\frac{E_0'}{h_k}=\frac{8.508}{2.52}=3.38$$

据 $\xi_0'=3.38$ 和 $\varphi'=0.95$，查附图 4 得

$\xi_c=0.433$，$\xi_c''=1.94$，$h_C=1.091$ m，$h_C''=\xi_c''h_k=1.94\times2.52=4.89$（m）

（3）计算 Δz

$$\Delta z=\frac{q^2}{2g}\left[\frac{1}{(\varphi' h_t)^2}-\frac{1}{(\sigma h_C'')^2}\right]=\frac{12.5^2}{2\times9.8}\times\left[\frac{1}{(0.95\times3.5)^2}-\frac{1}{(1.05\times4.89)^2}\right]=0.419\text{（m）}$$

（4）计算 σ

$$\sigma=\frac{S+h_t+\Delta z}{h_C''}=\frac{1.288+3.50+0.419}{4.89}=1.065$$

σ 在 1.05～1.10 范围内，所以池深满足要求，为方便施工池深取 $S=1.3$m。

2. 确定池长

$L_K=(0.7\sim0.8)L_j$

$L_j=6.9(h_C''-h_C)=6.9\times(4.89-1.091)=26.21$（m）

$L_K=(0.7\sim0.8)L_j=(0.7\times26.21)\sim(0.8\times26.21)=18.35\sim20.97$（m）

取池长 $L_K=20$（m）。

【例 9-3】 某 WES 型剖面堰堰顶高程 456.50m，下游河床底部高程 420.00m，泄放单宽流量 20.00m³/(s·m) 时，堰上水头 4.50m，下游水深 8.30m，流速系数 $\varphi=0.9$。试判断是否需建消力池，若需建请按消力坎式消力池设计尺寸。

解：1. 判断下游水流衔接情况

因为 $\dfrac{P_1}{H}=\dfrac{456.50-420.00}{4.50}=8.11>1.33$

所以为高坝，可忽略行近流速水头，$H_0\approx H=4.50\text{m}$。

$$E_0=P_1+H_0=(456.50-420.00)+4.50=41.00\ (\text{m})$$

$$h_k=\sqrt[3]{\frac{\alpha q^2}{g}}=\sqrt[3]{\frac{20^2}{9.8}}=3.44\ (\text{m})$$

$$\xi_0=\frac{E_0}{h_k}=\frac{41.00}{3.44}=11.92$$

查附图 4 得

$$\xi_c=0.23 \qquad \xi_c''=2.84$$

$$h_C=0.23\times 3.44=0.79\ (\text{m})$$

$$h_C''=2.85\times 3.44=9.80\ (\text{m})$$

$$h_C''=9.80\ (\text{m})>h_t=8.30\ (\text{m})$$

故下游发生远离式水跃，需建消力池。

2. 确定消力坎式消力池尺寸

(1) 坎高计算 $C=\sigma h_C''+\dfrac{q^2}{2g(\sigma h_C'')^2}-H_{10}$

$$H_{10}=\left(\frac{q}{\sigma_s m_1\sqrt{2g}}\right)^{2/3}$$

设消力坎为非淹没堰，$\sigma_s=1$，取 $m_1=0.42$，则

$$H_{10}=\left(\frac{20}{0.42\times\sqrt{2\times 9.8}}\right)^{2/3}=4.87\ (\text{m})$$

$$C_1=1.05\times 9.80+\frac{20^2}{2\times 9.8\times(1.05\times 9.80)^2}-4.87=5.61\ (\text{m})$$

$$h_s=h_t-C_1=8.30-5.61=2.69\ (\text{m})$$

$$\frac{h_s}{H_{10}}=\frac{2.69}{4.87}=0.552>0.45$$

所以，消力坎为淹没堰，$\sigma_s<1$，采用逐次渐近法重算坎高。

据 $\dfrac{h_s}{H_{10}}=0.552$，查表 9-1 得 $\sigma_s=0.984$。

$$H_{10}=\left(\frac{20}{0.984\times 0.42\times\sqrt{2\times 9.8}}\right)^{2/3}=4.92\ (\text{m})$$

$$C_2=1.05\times 9.80+\frac{20^2}{2\times 9.8\times(1.05\times 9.80)^2}-4.92=5.56\ (\text{m})$$

$$h_s=h_t-C_2=8.30-5.56=2.74\ (\text{m})$$

则 $\dfrac{h_s}{H_{10}}=\dfrac{2.74}{4.92}=0.560$，查表 9-1 得 $\sigma_s=0.983$。

$$H_{10}=\left(\frac{20}{0.983\times 0.42\times\sqrt{2\times 9.8}}\right)^{2/3}=4.93\ (\text{m})$$

$$C_3 = 1.05 \times 9.80 + \frac{20^2}{2 \times 9.8 \times (1.05 \times 9.80)^2} - 4.93 = 5.55 \text{ (m)}$$

因 C_3 与 C_2 很接近，故取 $C=5.55$ (m)。

(2) 池长计算　$L_K = (0.7 \sim 0.8) L_j$

$$L_j = 6.9(h''_C - h_C) = 6.9 \times (9.80 - 0.79) = 62.17 \text{ (m)}$$

$$L_K = (0.7 \times 62.17) \sim (0.8 \times 62.17) = 43.52 \sim 49.74 \text{ (m)}$$

取池长为 46m。

四、底流式衔接与消能中的其他设施

(一) 辅助消能工

在底流式衔接与消能中，为了提高消能效果，常在消力池中设置辅助消能工。所谓辅助消能工是指在消力池入口处设置的分流齿墩，在消力池内设置的棋盘式消力墩，如图 9-10 所示。辅助消能工消能的原理在于如下几点。

1. 对水流起到消散作用

在消力池中设置辅助消能工，可将整个水流分散成若干小股水流，增加了水流质点间的摩擦与撞击的作用面，在池中形成更多的旋涡，增加水流阻力，消耗多余能量。

2. 对水流起反击作用

在消力池中设置消能工，对水流有一定的反击作用力，使跃后水深比未加墩时有所降低，这相应地可以减少池深（或消力坎高）及池长，如图 9-11 所示。

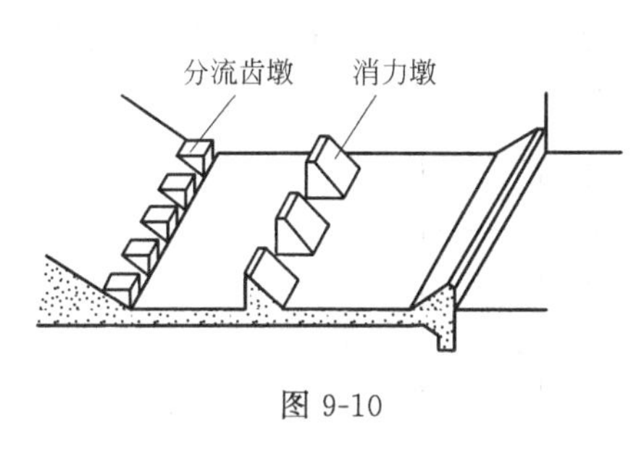

图 9-10

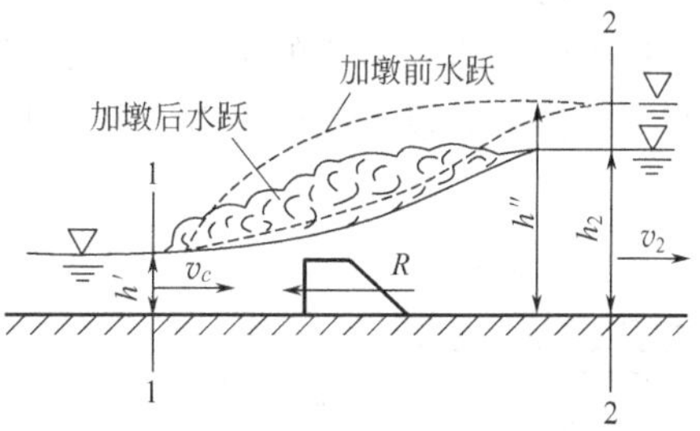

图 9-11

3. 对水流起导流作用

在消力池中设置消能工，可将底部较大的水流，挑至水流表层，减轻了对护坦的冲刷，并使水流流速分布较快地接近于正常水流情况，如图 9-12 所示。

应当注意的是：若坝址处流速大于 16～18m/s 时，消力墩易发生空蚀破坏，故消力墩应设在消力池后半部分，重大工程辅助消能工的设计应通过水工模型试验确定。

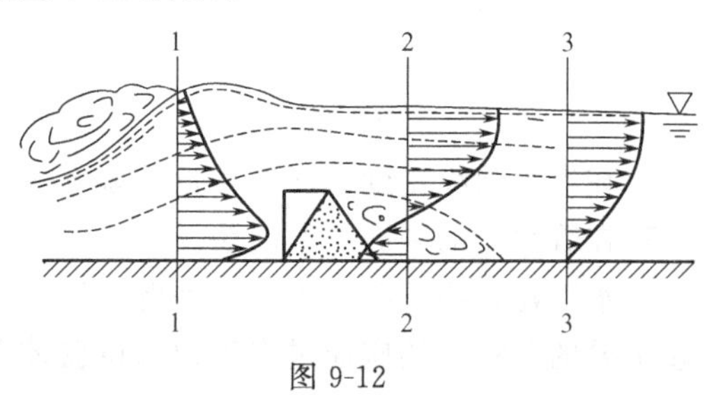

图 9-12

(二) 海漫

水流经过底流式衔接与消能之后流出消力池的水流紊动依然很剧烈，底部流速较大部分余能被带到下游，故对河床仍有较强的冲刷能力，一般都要设置较为简易的河床保护段，这段保护段称为海漫。海漫通常由粗石料或表面凹凸不平的混凝土块铺砌表面，通过加糙，促使流速加速衰减，改变流速分布，保护下游河床。由于海漫下游水流仍具有一定冲刷能力，会使海漫末端形成冲刷坑；为保护海漫基础的稳定，海漫末端一般设置比冲刷坑略深的齿槽或防冲槽，如图 9-13 所示。

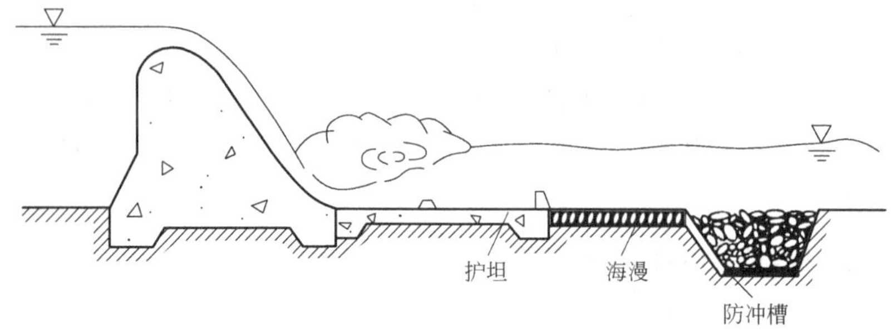

图 9-13

（三）分流墙、边墙和散流墩

由于底流式消能中泄水前缘宽度较窄，只占河宽一部分，在水流经过由窄向宽扩展到河床全部宽度的过程中，水流存在着一个平面上扩散的问题。

两侧若没有缓慢扩展的边墙引导，边墙扩散角很大或边墙不对称，则水股就会脱离边界形成侧边回流区。回流区会在不同程度上挤压主流，使主流过水断面在一段距离内受到挤压而减小，甚至偏离原来的流向，向旁侧歪折，形成折冲水流。如图 9-14 所示，为一水力枢纽的平面布置图，溢流坝下游的高速水流因偏向一边，在右岸形成巨大旋涡，压缩主流过水断面，并使主流偏向左岸，使左岸受到冲刷，冲走的河砂在通航口入口处和电站下游右岸淤积，既影响通航又影响电站出力。

工程中防止折冲水流的措施：在建筑物下游设置足够的分水墙、对称缓慢过渡的边墩，在堰闸下游出口处设置散流墩等（图 9-15），使泄流均匀分布在枢纽全宽上。

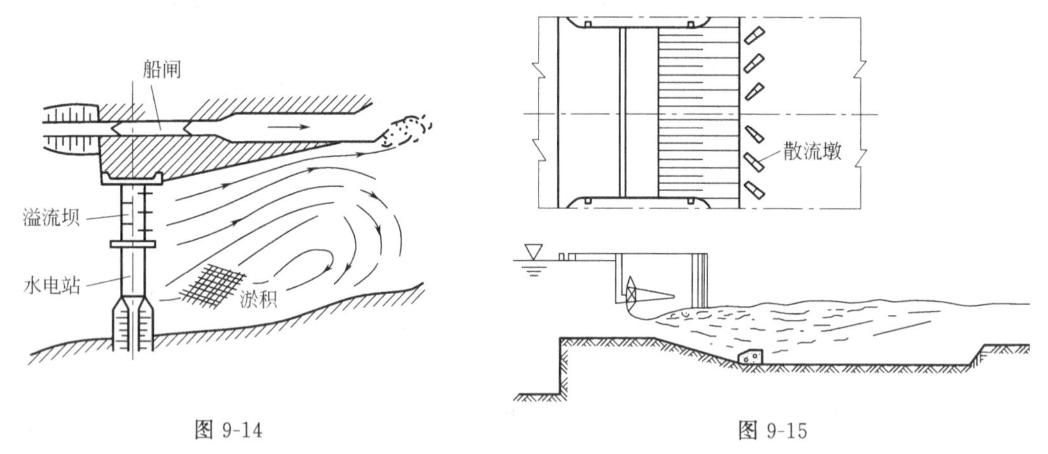

图 9-14　　图 9-15

在泄水前缘宽度和河宽相近的多孔坝中，在泄放小流量时，有时只开启部分闸孔，同样也存在着水流的平面扩散问题。

水工建筑物下游水流衔接问题，影响因素多，边界条件复杂，不易进行数值计算，对于较重要的工程，还应通过水工模型试验才能最后合理选定设计方案。

第三节　挑流消能的水力计算

在中、高水头的泄水建筑物中，因下泄水流的流速和单宽流量往往较大，常采用挑流消能形式。挑流消能建筑的作用是使水流通过挑流鼻坎时被挑入空中，使之跌落在远离建筑物的下游河床。

挑流消能的消能原理：一是空中消能，即利用被鼻坎挑射出的水股在空中的扩散掺气消耗一部分动能；二是水下消能，即利用扩散了的水舌落入下游河床时，与下游河道水体发生碰撞，并在水舌入水点附近形成的两个大旋滚消耗剩余的大部分动能。

挑流消能的优点是构造简单，不需修建大量的下游护坦。缺点是下游必须具有开阔的场地，挑流引起尾水波动大且水流在空中扩散，雾化严重，形成雾闪，对变电站运行不利。

挑流消能水力计算的主要任务是：根据已知的水力条件，正确选择挑坎形式和尺寸，计算水舌的挑距，估算冲刷坑深度，并校核是否影响建筑物的安全。

一、挑距的计算

挑距是指挑坎末端至冲刷坑最深点间的水平距离。

计算挑距的目的是为了确定冲刷坑最深点的位置。试验和原型观测表明，冲刷坑最深点大体位于水舌轴线在水中的延长线上，如图 9-16 所示。从图 9-16 上可看出，挑距由空中挑距 L_0 和水下挑距 L_1 组成

$$L=L_0+L_1 \tag{9-11}$$

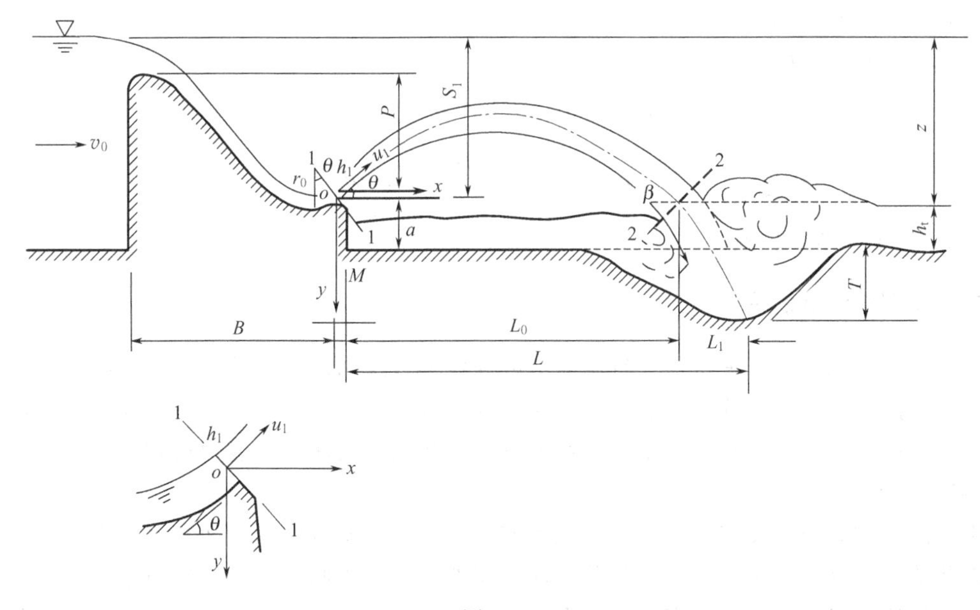

图 9-16

(一) 空中挑距的计算

空中挑距 L_0 是指挑坎末端至水舌轴线与下游水面交点间的水平距离。

对平滑的连续式挑坎，假定挑坎出口断面 1—1 上流速均匀分布，且为 v_1。略去空气阻力和水舌扩散影响，把抛射水流的运动视为自由抛射体的运动，应用质点自由抛射运动原理可导出空中挑距 L_0 的计算公式，即

$$L_0=\varphi_1^2 S_1 \sin 2\theta\left[1+\sqrt{1+\frac{(a-h_t)}{\varphi_1^2 S_1 \sin^2\theta}}\right] \tag{9-12}$$

式中　S_1——上游水面至挑坎顶部的高差；

a——挑坎高度，即下游河床至挑坎顶部的高差；

θ——鼻坎挑射角；

h_t——冲刷坑后下游水深；

φ_1——坝面流速系数，可按经验公式计算。

$$\varphi_1=\sqrt[3]{1-\frac{0.055}{K^{0.5}}} \tag{9-13}$$

式中　K——流能比，$K=\frac{q}{\sqrt{g}S_1^{1.5}}$；

q——单宽流量。

式（9-13）用于 $K=0.004\sim0.15$ 范围内，当 $K>0.15$ 时，取 $\varphi_1=0.95$。

（二）水下挑距的计算

水下挑距指水舌轴线与下游水面交点至冲刷坑最深点间的水平距离。水舌射入下游水面后，属于射流的潜没扩散运动，与质点的自由抛射运动不同。可以近似认为，水舌落入下游水面后仍沿入水角方向直线前进，并假设冲坑最深点位于该直线上，则

$$L_1=\frac{T+h_t}{\tan\beta} \tag{9-14}$$

式中　T——冲刷坑深度；

h_t——冲刷坑下游水深；

β——水舌入水角，可按式（9-15）近似计算。

$$\cos\beta=\sqrt{\frac{\varphi_1^2 S_1}{\varphi_1^2 S_1+z-S_1}}\cos\theta \tag{9-15}$$

式中　z——上下游水位差。

二、冲刷坑深度的估算

冲刷坑深度取决于水舌跌入下游水面后的冲刷能力及河床的抗冲能力。当潜入下游河底的水舌冲刷能力大于河床的抗冲能力时，河床被冲刷，形成冲刷坑。随着坑深的增加，坑内水垫消能作用加大，潜入水舌冲刷能力逐渐减弱。当其与河床抗冲能力达到平衡时，冲坑深度不再增加，趋于稳定。

水舌的冲刷能力主要与单宽流量、上下游水位差、下游水深、坝面和水流在空中的能量损失以及掺气程度、入水角等因素有关。而河床的抗冲能力则与河床的地质条件有关。

综上所述，影响冲刷坑深度的因素众多且复杂。因此，目前工程上还只能依靠一些经验公式来估算冲刷坑的深度。我国目前普遍采用的计算公式为

$$T=K_s q^{0.5} z^{0.25}-h_t \tag{9-16}$$

式中　K_s——抗冲系数，与河床的地质条件有关。

根据国内水利工程的研究和规范提出：坚硬完整的基岩 $K_s=0.9\sim1.2$；坚硬但完整性较差的基岩 $K_s=1.2\sim1.5$；软弱破碎、裂隙发育的基岩 $K_s=1.5\sim2.0$。

冲刷坑是否会危及建筑物的基础，一般用冲刷坑后坡 i 来判断。冲刷坑后坡 i 是指冲刷坑最深点与挑流鼻坎末端同河床交点 M 的连线的坡度（图 9-16），$i=T/L$。当 $i<i_c$ 时，就认为冲刷坑不会危及建筑物安全。i_c 为许可的冲刷坑最大后坡，规范提出 $i_c=1/2.5\sim1/5$。

三、连续式挑坎尺寸的拟定

（一）挑坎形式

常用的挑坎形式有连续式和差动式两种，如图 9-17 所示。连续式沿整个挑坎宽度上具有同一反弧半径 R 和挑射角 θ。其优点是施工简便，不易气蚀，比相同条件下的差动式挑坎挑射距离远；缺点是水舌比较集中，冲坑较深。差动式挑坎由具有不同反弧半径 R 和挑射角 θ 的高齿和低槽构成，高齿和低槽错落布置。优点是使水流通过挑坎时被分成两层，垂直方向有较大扩散，下游形成的冲坑深度较小；缺点是流速较高时，差动坎处易产生气蚀。

除上述两种挑坎形式外，实际应用中还有一些异形挑坎，如窄缝挑坎、扭曲挑坎、高低挑坎等，使水流形成对冲，借助空气对水流的消散（摩擦、掺气）增大消能效果。但目前应用较多的是连续式挑坎。

（二）挑坎尺寸拟定

挑坎尺寸拟定的原则是使同样水力条件下得到的挑距最大，冲坑深度较浅。下面简略介绍连续式挑坎的尺寸选择。

1. 挑射角

根据质点抛射运动原理，当挑射角 $\theta<45°$时，θ 值愈大，空中挑距 L_0 愈大，但入水角 β 也相应增大，水下挑距 L_1 减小，冲坑深度增加，而总挑距基本不变。此外，随着挑射角的增大，开始形成挑流的流量，即所谓起挑流量也增大。当下泄流量小于起挑流量时，水流挑射不出去，必在反弧段内形成旋滚，然后沿挑坎漫溢而下，冲刷坝趾，危及建筑物的安全。所以，挑射角不宜选得过大，实践证明，较适当的挑射角 $\theta=15°\sim35°$。

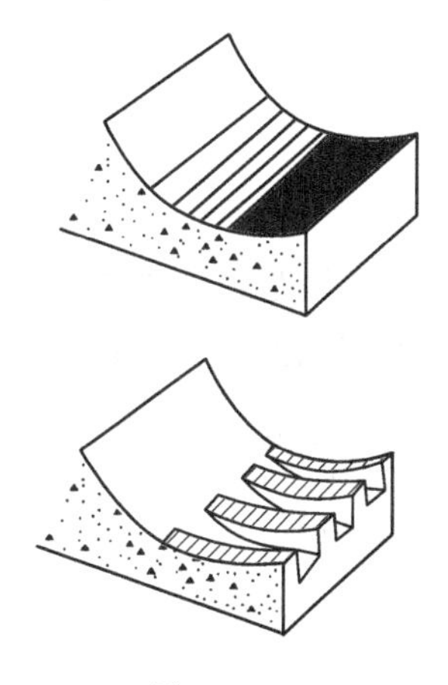

图 9-17

2. 反弧半径

反弧半径 R 的大小直接影响着水舌挑距。因为水流在反弧段内作曲线运动时，将受到离心惯性力的作用，从而使反弧段内动水压强加大，流速降低。反弧半径愈小，反弧段曲率愈大，下泄水流在反弧段受到的离心惯性力就愈大，动水压强也就愈大，流速就愈低，挑距必然愈短。因此，为保证有较远的挑距，反弧半径多采用 $R=(4\sim10)h_C$，h_C 为反弧段最低点水深。

3. 挑坎高程

挑坎高程应视工程布置而定。从增加挑距、减小混凝土方量的角度讲，挑坎高程愈低愈好，但为了保证水舌下缘与坝趾附近的下游水面间有足够的空间，避免因水舌运动使该空间空气被带走后得不到补充，形成真空，压低水舌，减小挑距，甚至形成贴流冲刷坝趾，设计中一般取挑坎最低高程等于或略低于下游最高水位。

事实上，挑射角、反弧半径、挑坎高程三者是彼此相关的，应统一考虑，选择最优组合。

【例 9-4】 承例 9-3 的水力条件，溢流坝下游改为挑流消能，鼻坎高程为 429.50m，挑射角采用 25°，下游河床基岩软弱破碎、裂隙发育。试计算水舌挑距及冲刷坑深度，并判断冲刷坑是否危及建筑物的安全。

解： 基本数据计算

$$S_1=(456.50+4.50)-429.50=461.00-429.50=31.50\ (\text{m})$$

$$z=461.00-(420.00+8.30)=461.00-428.30=32.70\ (\text{m})$$

$$a=429.50-420.00=9.50\ (\text{m})$$
$$\sin 25°=0.4226$$
$$\sin(2\times 25°)=0.7660$$
$$\cos 25°=0.9063$$

流能比 $$K=\frac{q}{\sqrt{g}S_1^{1.5}}=\frac{20}{\sqrt{9.8}\times 31.5^{1.5}}=0.036$$

流速系数 $$\varphi_1=\sqrt[3]{1-\frac{0.055}{K^{0.5}}}=\sqrt[3]{1-\frac{0.055}{0.036^{0.5}}}=0.892$$

入水角 β $$\cos\beta=\sqrt{\frac{\varphi_1^2 S_1}{\varphi_1^2 S_1+z-S_1}}\cos\theta$$
$$=\sqrt{\frac{0.892^2\times 31.50}{0.892^2\times 31.50+32.70-31.50}}\times 0.9063=0.885$$

故 $$\beta=27.75° \quad \tan\beta=0.5261$$

空中挑距 $$L_0=\varphi_1^2 S_1\sin 2\theta\left[1+\sqrt{1+\frac{(a-h_t)}{\varphi_1^2 S_1\sin^2\theta}}\right]$$
$$=0.892^2\times 31.50\times 0.7660\times\left[1+\sqrt{1+\frac{(9.50-8.30)}{0.892^2\times 31.50\times 0.4226^2}}\right]$$
$$=40.81\text{m}$$

因基岩软弱破碎、裂隙发育，故取 $K_s=1.6$。

冲刷坑深度 $$T=K_s q^{0.5}z^{0.25}-h_t=1.60\times 20.00^{0.5}\times 32.70^{0.25}-8.30=8.81\ (\text{m})$$

水下挑距 $$L_1=\frac{T+h_t}{\tan\beta}=\frac{8.81+8.30}{0.5261}=31.52\ (\text{m})$$

总挑距 $$L=L_0+L_1=40.81+31.52=72.33\ (\text{m})$$

冲刷坑后坡 $$i=\frac{T}{L}=\frac{8.81}{72.33}=0.12<i_c=\frac{1}{5}=0.2$$

故不会危及建筑物的安全。

习　题

9-1　自闸坝下泄的水流有何特点？对枢纽有什么影响？

9-2　工程中常见的水流衔接和消能措施有哪些？其消能原理是什么？

9-3　底流式消能要求泄水建筑物下游的水流衔接形式是什么？如不满足可采取哪些工程措施？

9-4　计算 h_C 的目的是什么？

9-5　挖深式消力池和消力坎式消力池的池内水流及出池水流有何不同？

9-6　消力池的设计流量是不是选取最大流量 Q_{max}？消力池长度和池深是不是对应同一个流量？各自是如何选取的？

9-7　在挖深式消力池和消力坎式消力池中，池深和坎高对收缩水深 h_C 的影响是否相同，为什么？

9-8　满足什么条件不需设第二道消力坎？

9-9　挑流消能的水力计算包含哪些内容？连续式挑坎的挑射角、反弧半径、挑坎高程选择应考虑哪些因素？

9-10　满足什么条件，挑流的冲刷坑才不会危及建筑物的安全？

9-11　某矩形单孔引水闸，闸门宽等于河底宽，闸前水深 $H=8\text{m}$。闸门开度 $e=2.5\text{m}$ 时，下泄单宽流量 $q=12\text{m}^3/(\text{s}\cdot\text{m})$，下游水深 $h_t=3.5\text{m}$，闸下出流的流速系数 $\varphi=0.97$。要求判明下游水流的衔接情况，并请按挖深式设计消力池尺寸。

9-12　通过单宽流量 $q=8\text{m}^3/(\text{s}\cdot\text{m})$，堰高 $P_1=13\text{m}$ 的溢流坝（曲线型实用堰），其流量系数 $m=0.45$，下游河槽与溢流坝同宽且为矩形。试判别堰下游水深分别为 $h_t=7\text{m}$，$h_t=4\text{m}$，$h_t=3\text{m}$，$h_t=1\text{m}$ 时水流的衔接形式（取 $\varphi=0.9$），并请按挖深式设计消力池尺寸。

9-13　在矩形河槽中筑一曲线型溢流坝，下游堰高 $P_1=12.5\text{m}$，流量系数 $m=0.502$，侧收缩系数 $\varepsilon=0.95$，溢流时坝上水头 $H=3.5\text{m}$，下游水深 $h_t=5\text{m}$，坝的流速系数 $\varphi=0.95$。试判别是否需建消力池，如需要请按消力坎式设计消力池尺寸。

9-14　某溢流坝下游采用挑流消能，其挑射角 $\theta=25°$，鼻坎高程 $z_{鼻坎}=678\text{m}$，鼻坎处溢流宽度 $B=40\text{m}$，下游河床底高程 $z_{河底}=675\text{m}$。当通过设计流量 $Q_P=800\text{m}^3/\text{s}$ 时，对应的上游水位 $z_上=714.4\text{m}$，堰顶水头 $H=4.4\text{m}$，下游水位 $z_下=677\text{m}$，下游河床基岩坚硬，但完整性较差。试计算水舌挑距，估算冲刷坑深度，并校核建筑物是否安全。

第十章 高速水流简介

提要

大中型水利水电工程泄水建筑物的上下游水位差一般都比较大，甚至高达百米以上。通过泄水建筑物的水流流速有时高达每秒几十米，这种水流称为高速水流。高速水流通常会产生一些特殊的水力学问题，如产生强烈的压强脉动、出现气蚀问题、发生掺气现象和急流冲击波，本章仅对以上问题作一简单的介绍，以期在高水头泄水建筑物设计、施工、管理中考虑这些特殊问题的影响。

第一节　高速水流的压强脉动现象及对建筑物的影响

一、高速水流的脉动现象及脉动压强

前面已经知道，水流基本流态的形成与水流运动的速度有着密切的联系。高速运动的水流必然会产生高度紊流。液流内部各点的流速和压强就必然会随时间发生忽大忽小的变化，称为脉动现象。对于高速水流，这种脉动特性尤为突出。在一般紊流的水力计算中，对压强通常只考虑时均压强，而不考虑脉动压强的影响；但在高速水流中，压强脉动十分剧烈，脉动压强则不可忽视。

脉动压强的成因，主要是由于紊流的内部充满了无数大小不等的旋涡。因高速水流的流速很大，使得旋涡产生高速的旋转和振荡，液体质点产生强烈的横向运动，导致水流发生高度的紊动，从而使动水压强出现频率较低且振幅较大的脉动。

二、压强脉动对水工建筑物的影响

动水压强脉动对建筑物的不利影响，概括起来，主要有以下三个方面。

（1）增大建筑物的瞬时荷载　在正脉动压强的作用下，建筑物所受的瞬时荷载高于时均荷载，增加了对建筑物的强度要求。也就是说，在高速水流情况下，若设计时只考虑时均压强而不考虑脉动压强对建筑物的影响，建筑物就有破坏的可能。

（2）可能引起建筑物的振动　当压强的脉动频率与建筑物的自振频率相近时，可引起建筑物的强迫振动，影响其正常运行，甚至造成建筑物的破坏。

（3）增加了气蚀发生的可能性　在负脉动压强的作用下，建筑物上所受的瞬时压强大大降低，增大了建筑物发生气蚀破坏的可能性。

三、减轻脉动压强的措施

减轻脉动压强，主要应注意合理地设计泄水建筑物的边界线形，尽可能避免水流突然转折。在高压闸门后应安设足够大的通气孔，以避免产生高度真空和振动。在泄水隧洞中，还应避免因明、满交替而产生的不稳定现象。

第二节　水工建筑物的气蚀问题

一、水工建筑物的气蚀现象

在高速水流的情况下，泄水建筑物的某些部位，如泄洪隧洞进口的收缩部分及转弯段、闸门槽附近、溢流坝顶部或坝面不平整处等，常发生建筑物表面被严重剥蚀和破坏现象，这种现象称为气蚀现象。国内外由于气蚀而引起泄水建筑物破坏的例子不少，所以对于高速水流中的气蚀现象应予以高度重视。

二、气蚀的成因

要了解气蚀的成因，有必要先说明一下气穴现象中气泡形成的过程。水在常温情况下是液体，当压强一定，温度升高到沸点时，水便会汽化而出现气泡。同样，当温度一定，压强降低到某一定值时，水也会汽化出现气泡。这种由于压强降低而在水流内部出现气泡的现象，叫做气穴现象。当水流压强迅速降低而发生气穴现象时，液体内部原本含有的大量微小气泡（气核），便开始游离出来。当水流压强降低时，游离的气核就膨胀起来，形成大量的气泡。当液体的压强降低至相应温度的蒸汽压强时，液体开始汽化，生成更多的小气泡，由于高速水流的高度紊动，将低压区放出来的气泡带到下游的高压区。气泡在内、外压差的作用下，突然破灭，气泡的溃灭过程，时间极短，一般只有几百分之一秒，四周的水流质点以极快的速度去填充气泡空间，会聚的这些水流质点的动量瞬间发生剧变，从而产生了巨大的冲击力。这种冲击力的大小可达到几个甚至几十个大气压。由于低压区的气泡不断产生、发展、溃灭，冲击力不断产生并不停地连续冲击着固体边界，使固体表面造成严重的剥蚀，这就是气蚀产生的根本原因。可见，低压区发生气穴是产生气蚀的前提；气蚀则是随后在高压区内气泡溃灭时，破坏固体边界表面材料的结果。

三、避免或减轻气蚀的措施

根据气蚀产生的成因，目前在工程上要避免或减轻气蚀，主要采取以下几个方面的措施。

① 尽可能将边界轮廓设计成流线形，避免在水流中出现过低的低压区。

② 在建筑物施工时，尽可能降低建筑物表面的粗糙度。局部凸起处必须做成具有一定坡度的平面，以减少气蚀发生的可能性。

③ 对低压区进行人工通气，以减轻负压作用和缓冲气穴溃灭时的冲击作用。

④ 对于难于完全避免气穴的部位，选用高标号混凝土、环氧树脂加填料或合成塑胶等抗气蚀能力较强的材料进行护面，可以减轻气蚀的危害并延长建筑物的使用寿命。

第三节　明渠高速水流掺气

一、水流的掺气现象

当陡槽、高水头明流隧洞或较高的溢流坝泄水时，水流流速很高，当流速达到一定程度（如陡槽中流速大于 7～8m/s）时，水流表面波破碎而卷入空气，空气就会大量掺入水流中，形成乳白色的水气混合物，这种现象称为水流的掺气现象。

掺气水流从上至下可分为如图 10-1 所示的三个区域：上部为水点跃移区，中部为气泡悬移区，底部为清水区。当水流高度掺气时，清水区就不存在了。

二、水流掺气对水工建筑物的影响

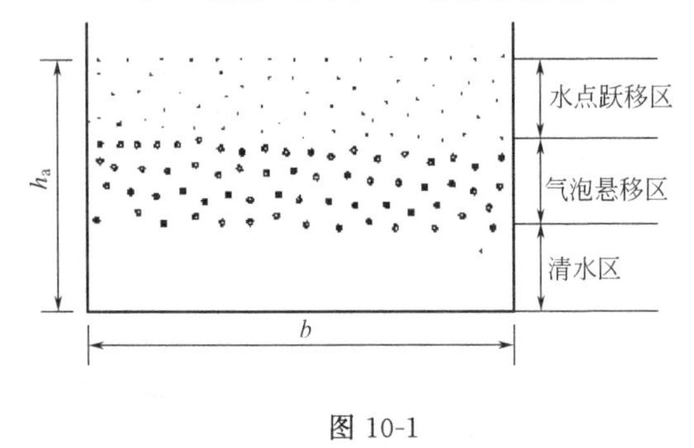

图 10-1

高速水流掺气后，对水工建筑物的影响主要有以下几个方面。

① 水流掺气后造成水体膨胀，使得水深加大，导致陡槽的边墙要加高或泄水隧洞的开挖断面要加大。

② 对无压泄水隧洞，如果对掺气的估计不足、洞顶余幅预留太小时，有可能造成明、满交替的水流现象，使得水流不断冲击边界，威胁洞身的安全。

③ 水流的紊动掺气加大了脉动压力，增大了建筑物的瞬时荷载，从而提高了对建筑物的强度要求。

④ 掺气水流可以加强消能效果，减轻水流对下游的冲击作用，从而减小水流对下游河床的冲刷坑深度。

⑤ 掺气水流可以减轻或消除气蚀。

从以上几个方面可以看出，掺气对水工建筑物的作用是利弊兼有的，只有很好地认识了这些规律，扬利去弊，才能保证水工建筑物的设计达到既安全又合理的要求。

第四节　明渠急流冲击波现象

一、冲击波现象

对于具有收缩段、扩散段以及弯道的溢洪道或陡槽，槽中水流往往属于急流。此时渠槽侧壁的偏转对水流有扰动作用，使下游形成一系列呈菱形状的扰动波，这种现象称为冲击波现象。图 10-2 为底坡一致的明渠在对称收缩段中产生冲击波的情形。

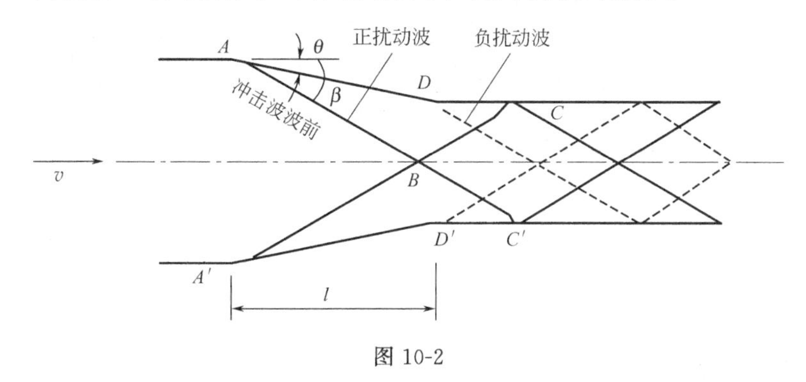

图 10-2

冲击波的产生，对于水利工程主要有两个方面的影响：一是使水流局部壅高，增加了边墙的高度，从而提高了工程造价；二是当冲击波传到下游出口处时，使水流能量部分集中，增加了下游消能的难度。

在实际工程中，一般应尽量避免产生冲击波。但有时因为地形限制或工程实际需要而难以避免冲击波的发生时，则设计中应预估其水位的壅高值，以确保建筑物的安全运行。

二、冲击波的成因

如图 10-2 所示，当具有巨大惯性的急流遇到内偏折点为 A 及 A' 的内偏折（凹弯）边墙（AD 及 $A'D'$）阻碍时，水流对边墙产生冲击，而边墙迫使水流转向，水面局部壅高，在内偏折点处形成两个正扰动波，各自斜向冲击对岸边墙，并不断斜向朝下游反射和传播，如图 10-2 中实线所示。当急流遇到边墙的外偏折（凸弯）时，水流突然失去依托，水面局部降落，在外偏折点 D 及 D' 处产生两个负扰动波，也各自斜向冲击对岸边墙且不断斜向朝下游反射和传播，如图 10-2 中虚线所示。显然，扰动波之所以斜向朝下游反射和传播，其一是因为急流的流速大于波速，扰动波不可能向上游传播，只能向下游传播；其二是当扰动波横向朝对岸转播时，与急流合成后，使得扰动线（波前）呈一向下游倾斜的斜线。由于在偏折点产生的扰动波不断穿梭似地向对岸传播和反射，从而便形成了有规律的冲击波现象。

由以上分析可见，边界的偏折是产生冲击波的外因，急流的巨大惯性是产生冲击波的内因。如果水流是缓流，无论边界怎么偏折，也不会产生冲击波。

三、避免和减轻冲击波的措施

冲击波对实际工程的影响，主要是增高了渠槽的边墙高度，加大了工程造价。故在设计有偏折的急流渠槽和急流弯道时，应采取措施，尽量避免或减轻冲击波现象的发生。下面介绍一些具体措施。

① 因为边界偏折是产生冲击波的外因，故设计时应尽量减小偏折角。

② 采取正、负扰动波互相干扰抵消的措施，也能达到减免冲击波的目的。如图 10-2 所示的收缩段，只要适当选择偏折角 θ 或收缩段长度 l 值，使 C 与 D 或 C' 与 D' 互相重合，正、负扰动即可相互抵消。

③ 局部抬高渠底，增加动水压力使之与扰动波引起的冲击力相平衡，也能减轻或避免收缩段或扩散段的冲击波。如图 10-3 所示，局部抬高的长度 l 和高度 s，可通过计算得出。

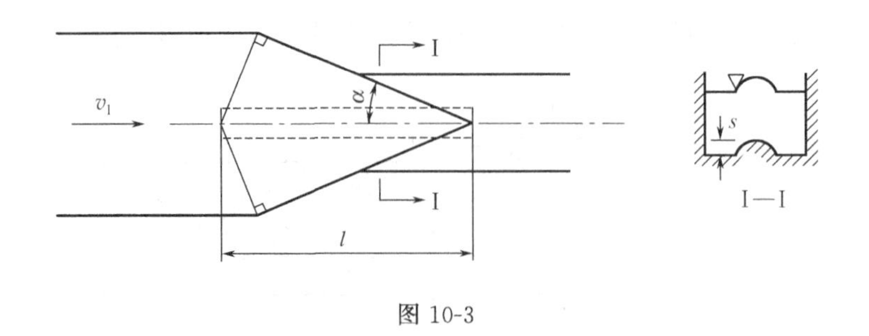

图 10-3

四、陡槽中的滚波简介

(一) 滚波的概念

在平直的陡槽中，若槽身较宽，水深较浅，且坡度较大时，将会产生一种横贯整个渠槽，波速大于流速，并出现大波追及小波，聚叠而成更大的波，不断以滚雪球的方式向前传播的现象，这种波浪称为滚波，如图 10-4 所示。

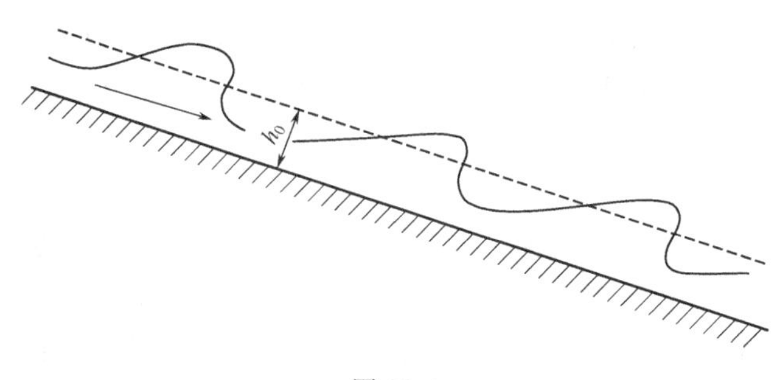

图 10-4

滚波发生后，陡槽中的水流由原来的恒定流变成了非恒定流，减小了渠道的输水能力，并在陡槽的出口处形成不稳定的周期性冲击，对消能设施构成很大的威胁。

(二) 产生滚波的判别条件

滚波的成因及产生条件，至今尚无完整的理论分析结论和较为可靠的研究成果。

曾有人通过试验和实测资料分析指出：坡度较大，槽宽且水浅的陡槽容易发生滚波。并提出发生滚波的判别条件为：

当 $0.02<i<0.3$，$h_0/\chi_0<0.1$ 时，将发生滚波。这里 h_0、χ_0 为陡槽中均匀流时的水深及湿周，i 为陡槽的底坡。

在陡槽设计时，应注意校核槽内是否会发生滚波，如果发生滚波，则应采取措施，如减小陡槽宽度或人工加糙、增加水深等办法，来避免滚波的发生。

五、雾化水流

当水流高速下泄时，由于水流与空气或水流与边界的相互作用，一般都会形成雾化水流。雾化水流有时会因建筑物布置不当而影响电站的正常运行；有时会给库区的交通或居民生活造成严重的影响。严重的雾化水流还有可能导致泄水建筑物两岸的山坡因雾化水流的浸蚀而失稳。

习　　题

10-1　试阐述什么是气蚀与气穴现象？并说明气蚀形成的原因是什么？过水建筑物的哪

些部位容易发生气蚀？避免或减轻气蚀的措施有哪些？

10-2　为何会产生掺气现象？掺气水流对水工建筑物有哪些影响？

10-3　什么是冲击波现象？冲击波的成因是什么？实际工程中怎样避免或减轻冲击波？

10-4　什么叫做滚波？避免发生滚波的措施是什么？

10-5　什么叫雾化水流？其危害是什么？

附　　录

附录一　求解图

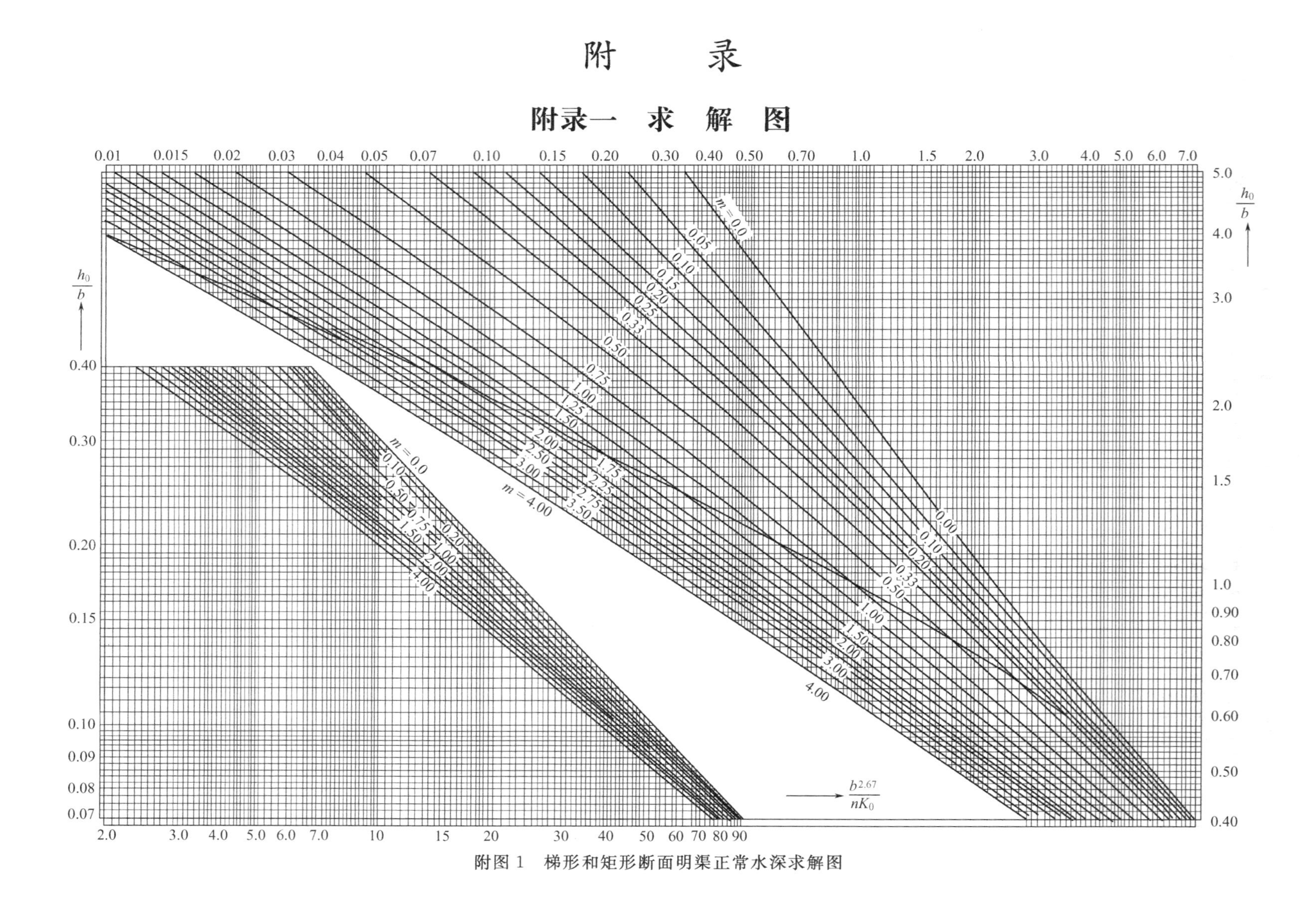

附图 1　梯形和矩形断面明渠正常水深求解图

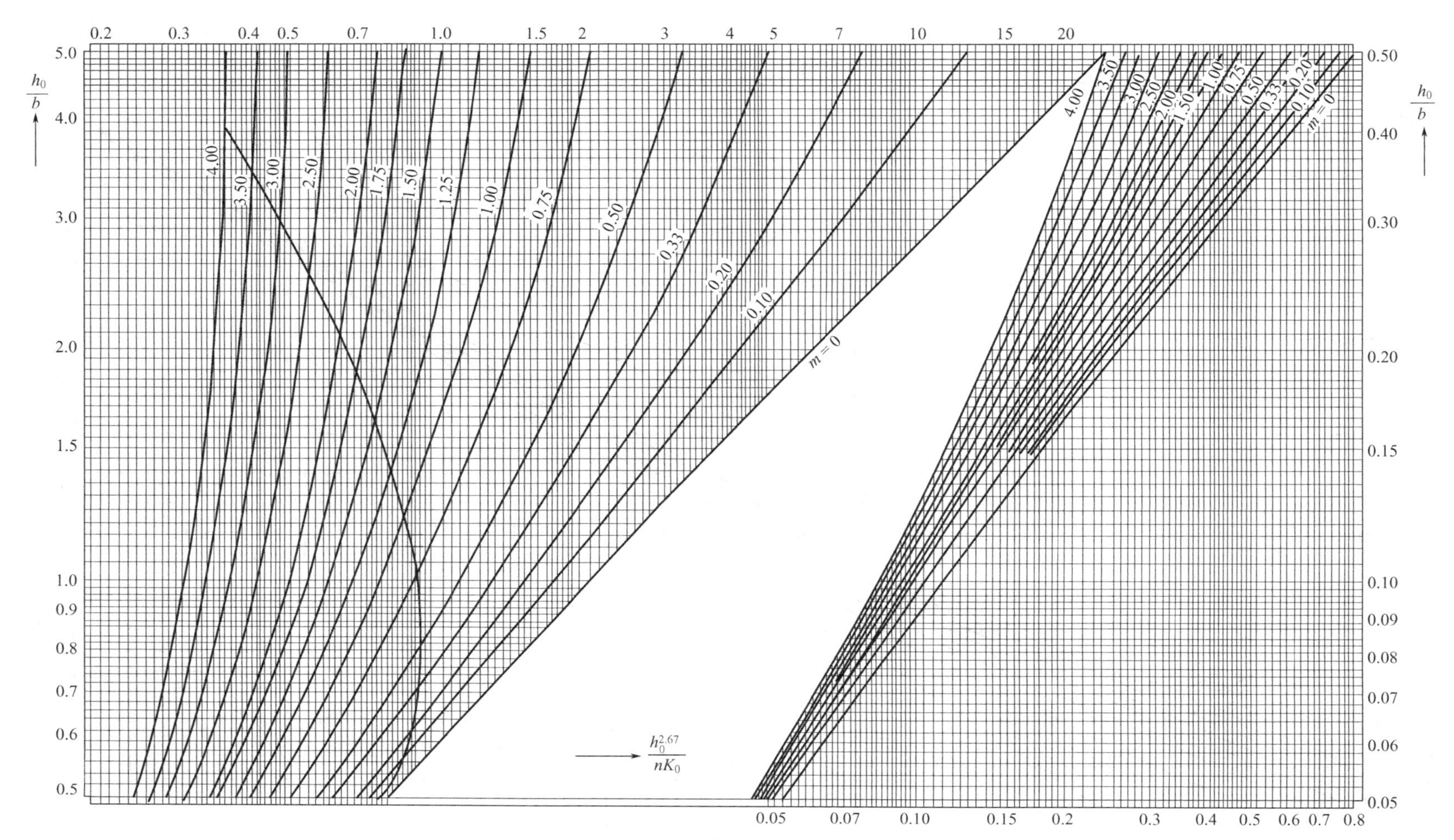

附图 2 梯形和矩形断面明渠底宽求解图

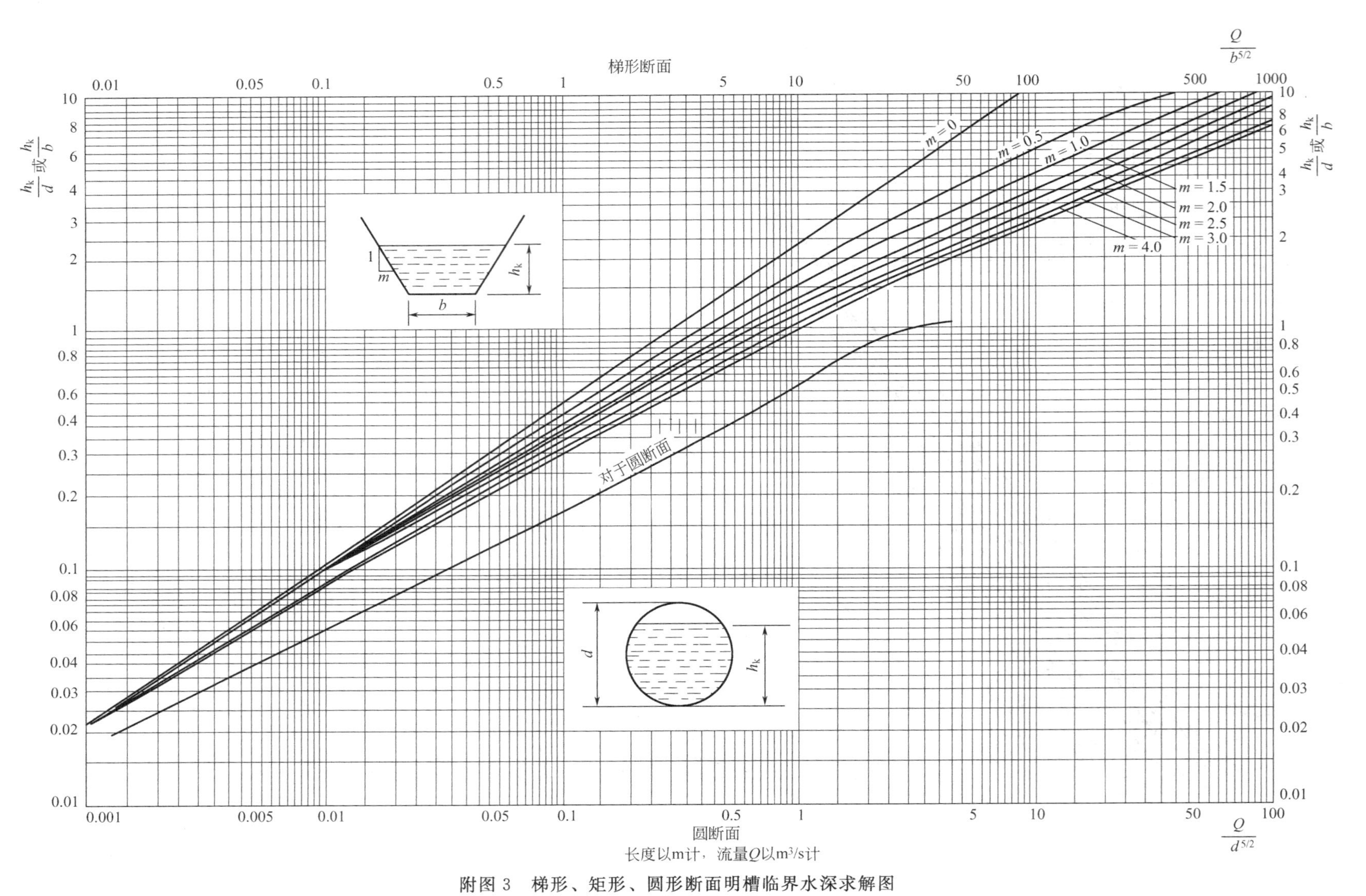

附图 3　梯形、矩形、圆形断面明槽临界水深求解图

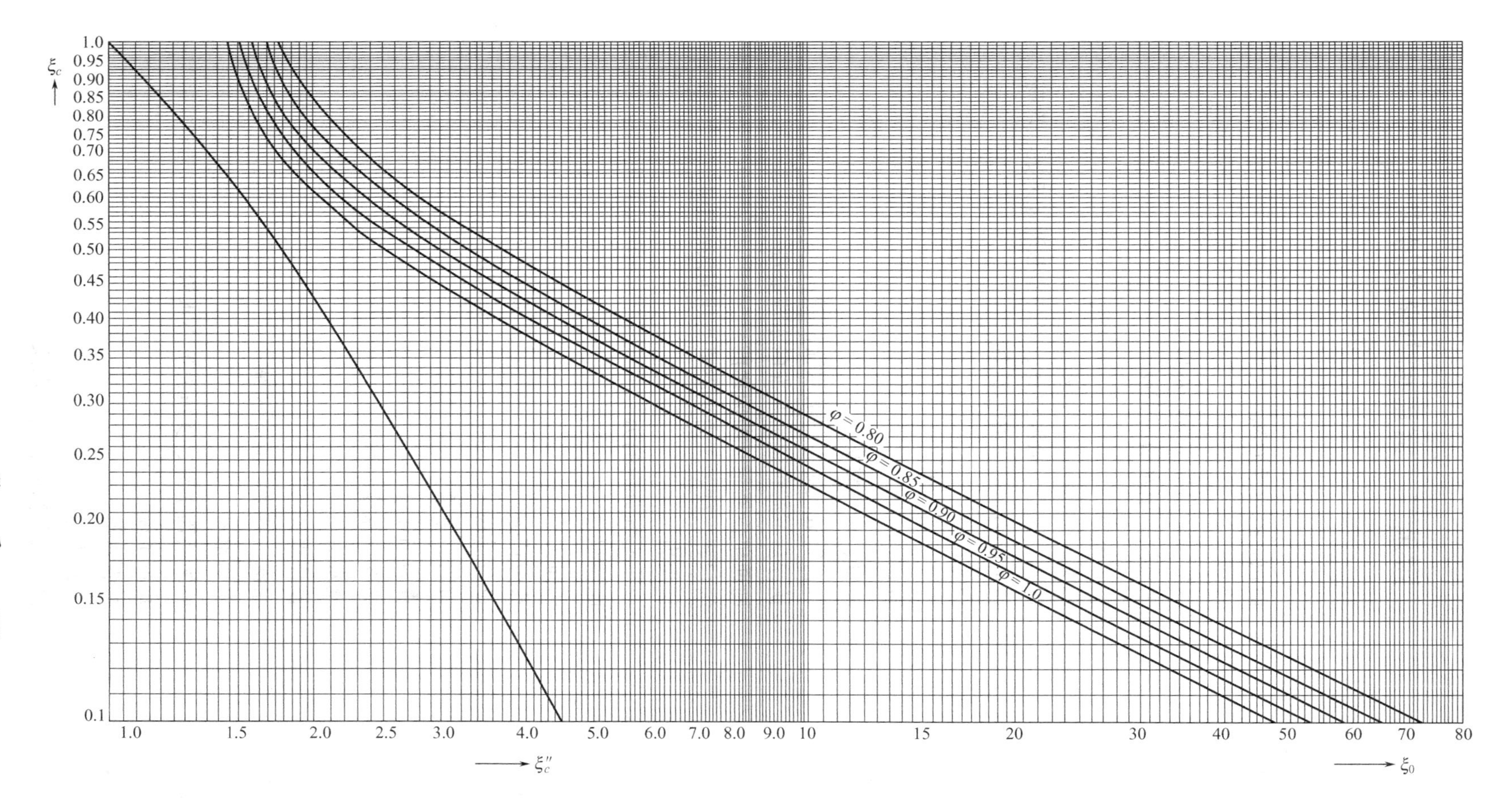

附图 4　建筑物下游河槽为矩形时收缩断面水深及其共轭水深求解图

附录二　常用水力学符号表

1. 英文字母

符号	含义
A、A_{D}	面积，投影面面积
a	坎高
B，B_{k}	水面宽，临界水深时水面宽
B_0	来流宽、引水槽的宽度
$\overline{B}$	平均水深
b	宽度、单孔净宽、堰宽
C	常数、形心、微波波速、积分常数谢才系数、坎高
C_{D}，C_{L}	绕流阻力系数，升力系数
C	谢才系数
D	直径、压力中心
d	直径
E	能量、水流能量
E_0	包括行近流速在内的水流能量
E'_0	挖深后下游护坦为基准的水流能量
E_{s}	断面单位能量（断面比能）
e	闸门开启度、压力中心至受压面底缘距离
F	作用力
F_x，F_y，F_z	三个坐标方向的力
F_f	摩擦阻力
$\overline{F}$	矢量力
Fr	弗劳德数
f	单位质量力
G	重力、重量
g	重力加速度
H	高度、深度、水头
H_0	全水头
H_{d}	设计水头
h，h_{T}	水深、高度，池末水深
$\overline{h}$	平均水深
h_C	收缩断面水深、受压面形心水深
h_0	正常水深
h'，h''	共轭水深
h_{t}	下游水深
h_{s}	最大安装高度、淹没水深

h_k	临界水深
h_f	沿程水头损失
h_j	局部水头损失
h_w	总水头损失
I，I_C	惯性矩，绕 C 轴的惯性矩
i	底坡
i_K	临界底坡
J	水力坡降
$\overline{J}$	平均水力坡降
J_Z	水面坡降
K，K_s	流量模数、流能比，抗冲系数
K_j	消能率
K_0	正常水深相应的流量模数
k	长管修正系数、长门系数
L_0	空中挑距长度
L_j	水跃长度
L_K	池长
l	长度、混掺长度
M	功
m	质量、堰流流量系数、边坡系数
m_0	矩形薄壁堰流量系数
$m_0{}'$	有侧收缩矩形薄壁堰流量系数
m_d	设计水头下的流量系数
N	功率
n，n_e	糙率，综合糙率
P	压力、堰高
P_1	下游堰高
p，p_c	压强，形心处压强
$\overline{p}$	平均压强
p_a	大气压
p_v	真空压强
p_0	表面压强
Q	流量
q	单宽流量
R	水力半径、反弧半径
Re	雷诺数
Re_K	临界雷诺数
S	池深
r，r_0	半径
T	黏滞力、冲坑深度

t	时间
u，$\bar{u}$，u'	瞬时点流速，瞬时均流速，脉动流速
u_m	最大流速
u_*	摩阻流速
V	体积
v，v'，v''	断面平均流速，不冲流速，不淤流速
v_0	行近流速
w	绝对速度
z	水位、位能、上下游水面间距离

2．希腊字母

α	角度、流速分布不均匀系数（动能修正系数）
β_m	宽深比
β	动量修正系数、体积压缩系数、角度、入射角
γ	容重
γ_m	水银的容重
Δ	表面突出高度、绝对粗糙度、当量粗糙值
δ	厚度
δ_0	黏性底层厚度
ε	侧收缩系数
ε'	垂直收缩系数
η	效率
θ	角度
κ	卡门系数
λ	沿程水头损失系数（沿程阻力系数）
μ	动力黏滞系数
μ_c	管流的流量系数
μ_0	闸孔流量系数
μ	闸孔流量系数、动力黏滞系数
ν	运动黏滞系数
ζ	局部水头损失系数
ζ_0	闸墩形状系数
ζ_k	边墩形状系数
ξ'	h_C'和h_k的比值
ξ''	h_C''和h_k的比值
ξ_0	E_0和h_k的比值
π	圆周率
ρ	密度
σ	表面张力系数、消力坎淹没系数
σ_s	淹没系数
τ	切应力

τ_0	边壁切应力
τ_1	黏滞切应力
τ_2	附加切应力
φ，φ'	流速系数
Ω	压强分布图面积
χ	湿周

附录三　各章习题部分参考答案

1-4　$\gamma_m=133.3$（kN/m^3）

$\rho_m=13.6$（kg/m^3）

1-5　$\gamma=9770$（N/m^3）

$\nu=9.1\times10^{-8}$（m^2/s）

1-6　$m=9.8$（N）

$m=1$（kg）

2-18　$p=9.8$（kPa）

$P=19.6$（kN）

2-19　$p_1=58.8$（kPa）

$p_2=88.2$（kPa）

2-20　$p_1=4.9$（kPa）$=0.05$（个工程大气压），相当于 0.5（m 水柱），相当于 36.79（mm 汞柱）。

$p_2=0$

$p_3=-4.9$（kPa）$=-0.05$（个工程大气压），相当于 0.5（m 水柱），相当于 -36.79（mm 汞柱）。

$p_4=9.8$（kPa）$=0.1$（个工程大气压），相当于 1（m 水柱），又相当于 73.57（mm 汞柱）。

$p_5=24.5$（kPa）$=0.25$（个工程大气压），相当于 2.5（m 水柱），又相当于 183.93（mm 汞柱）。

2-21　$p_{绝}=26.64$（kPa）

$p_{相}=-71.36$（kPa）

$p_{真}=71.36$（kPa）

2-22　需大于 8m 长玻璃管，$h_p=0.603$（m）。

2-23　$p_A=-9.8$（kN/m^2）

$p_{A绝}=88.2$（kPa）

$h_{真}=1$（m 水柱）

2-24　$p_1-p_2=43.23$（kPa）

2-25　$p_B-p_A=0.245$（kPa）

$\Delta h=0.025$（m）（直立时）

2-27　$P=2822.4$（kN）

$e=8$（m）

2-28　$P=141.45$（kN）

$e=0.96$（m）

$P_{直}=122.5$（kN）

$e=0.80$（m）

2-29　①$F_1=362.12$（kN）

②$F_2=0$

2-30 $P=4.33$ (kN)

$y_D=2.257$ (m)

2-32 $P_x=78.4$ (kN)

$P_z=123.1$ (kN)

$P=145.94$ (kN)

$\alpha=57.5°$

$z_D=1.69$ (m)

2-33 $P_x=44.1$ (kN)

$P_z=11.38$ (kN)

$P=45.54$ (kN)

$\alpha=14.47°$

$z_D=1.06$ (m)

2-34 $P_x=39.2$ (kN)

$P_z=22.34$ (kN)

$P=45.12$ (kN)

$\alpha=29.68°$

$z_D=0.99$ (m)

2-35 $G=0.164$ (kN)

3-14 $v_1=0.5$ (m/s)

$v_2=0.89$ (m/s)

$Q=0.0157$ (m^3/s)

3-15 $A_2=1482.36$ (m^2)

$A_3=370.59$ (m^2)

3-16 $h_w=-0.8$ (m)

$B \rightarrow A$

3-17 $v=4.43$ (m/s)

$Q=0.035$ (m^3/s)

3-18 $Q=59.6$ (m^3/s)

3-19 $p_A=47.3$ (kN/m^2)

$p_B=82.5$ (kN/m^2)

$p_C=0$

3-20 $\mu=0.974$

3-21 $R=12.08$ (kN)

$\alpha=33°28'$

3-22 $F=-R_x=97.9$ (kN)

3-23 $R_x=23.93$ (kN)

3-24 $F=38.22$ (kN)

$\alpha=73.04°$

4-10 $Re=1.04\times10^6>2320$，紊流。

4-11 ①Re=50450.9>2320，紊流。

②Re=336<2320，层流。

4-12 Re=52833.1>2320，紊流。

$v_{下}$=0.02m/s

4-13 流量为4.0L/s时，h_f=0.123（m）

流量为12L/s时，h_f=1.073（m）

流量为40L/s时，h_f=11.84（m）

4-14 ①v=2.55（m/s）

②λ=0.024

③J=0.032

4-15 h_f=0.117（m）

4-16 h_f=2.27（m）

4-17 ①λ=0.039

②h_f=2.48（m）

4-18 ζ=0.72

4-19 H=10.93（m）

4-20 Q=14.73（m^3/s）

5-10 Q=2.75（m^3/s）　v=9.73（m/s）

$\frac{p}{\gamma}$=2.347（m）

5-11 Q=0.274（m^3/s）

h_s=3.39（m）

5-12 ①z=24.55（m）

②$\frac{p_A}{\gamma}$=8.4（m）

5-13 ①Q=0.165（m^3/s）

②N=465.13（kN）

5-14 d=150（mm）

5-15 Q=0.204（m^3/s）

5-16 99.06（m）

5-17 Q=53.66（L/s）

6-7 Q=9.13（m^3/s）

6-8 Q=75（m^3/s）

6-9 h_m=3.89

b_m=2.37（m）

6-10 Q=5.64（m^3/s）

6-11 Q_1=210.22（m^3/s）

Q_2=3100.34（m^3/s）

Q_3=315.33（m^3/s）

Q=3625.89（m^3/s）

6-12 $n=0.014$

6-13 $h_0=0.574$（m）

$v=1.827$（m/s）$>v_{不冲}=0.739$（m/s）

不满足要求。

6-14 $b=2.52$（m）

6-15 $h=1.62$（m）

$b=2.59$（m）

6-16 $i=0.00004$

7-8 （1）$h_0=1.26$（m）$>h_k=0.742$（m），缓流。

（2）$Fr=0.45<1$，缓流。

（3）$c=3.51$（m/s）

$v=1.587$（m/s）$<c$，缓流。

7-9 （1）$h_0=0.744$（m）$>h_k=0.72$（m），缓流。

（2）$Fr=0.93<1$，缓流。

7-10 （1）$i=0.0007<i_k=0.0073$，缓流。

（2）$h_0=2.9$（m）$>h_k=1.1$（m），缓流。

7-11 ①$h''=2.33$（m）

②$L_j=14$（m）

7-14 ①b_1 型

②$Q=35.4$（m^3/s）

③$n=0.0054$

④$\Sigma L\doteq 10000$（m）

7-15 b_2 型降水

$h_{末}=0.82m$

$v=10.6$（m/s）$>v_{允}=10$（m/s）

不满足要求。

8-6 $Q=59.67$（m^3/s）

8-7 $Q=22.23$（m^3/s）

8-8 ①$Q=369.07$（m^3/s）

②$Q=348.7$（m^3/s）

8-9 $Q=0.276$（m^3/s）

8-10 $H=0.144$（m）

8-11 $Q=497.65$（m^3/s）

8-12 $B=54.93$（m）

8-13 坝顶高程为 114.9（m）。

8-14 $Q=327.89$（m^3/s）

8-15 $b=7.8$（m）

$n=2$

9-11 （1）下游发生远离水跃，需修消力池。

9-12 $h_t=7m$ 时下游发生淹没式水跃，$S=1.57$（m），$\sigma=1.07$，$L_k=20.17\sim23.06$（m）。

h_t=4m 时下游发生远离式水跃，S=1.247（m），L_k=21.87～25（m）。

h_t=3m 时下游发生远离式水跃，S=2.145（m），L_k=22.28～25.46（m）。

h_t=1m 时下游发生远离式水跃，S=0.82（m），L_k=21.68～24.78（m）。

9-13 下游发生远离式水跃，S=1.7（m），L_k=30（m）

9-14 L_0=45.51（m），L_1=28.24（m）

$L=L_0+L_1$=73.75（m）

T=12.39（m）

i=0.2，安全。

参 考 文 献

1 成都科技大学水力学教研组．水力学．北京：人民教育出版社，1979
2 高速水力学国家重点实验室（四川大学）．水力学．第3版．北京：高等教育出版社，2003
3 清华大学水力学教研组．水力学．北京：人民教育出版社，1980
4 张耀先，丁新求．水力学．郑州：黄河水利出版社，2002
5 刘纯义，张耀先．水力学．北京：中国水利水电出版社，2001
6 吴侦祥等．水力学．北京：气象出版社，1994
7 李序量．水力学．北京：中国水利水电出版社，1999
8 孙道宗．水力学．北京：中国水利水电出版社，1992
9 张耀先，夏于廉．水力学水文学．南京：河海大学出版社，1995
10 刘智均．水力学．北京：水利电力出版社，1993
11 罗全胜，张耀先．水力计算．北京：中国水利水电出版社，2001
12 丁新求．水力学习题集，北京：中国水利水电出版社，1995
13 徐正凡．水力学．北京：高等教育出版社，1986
14 许荫椿，胡德保，薛朝阳．水力学．第3版．北京：科学出版社，1990
15 华东水利学院．水力学．北京：科学出版社，1983
16 大连工学院水力学教研室．水力学．北京：高等教育出版社，1985
17 武汉水利电力学院水力学教研室．水力计算手册．北京：水利电力出版社，1981
18 大连工学院水力学教研室．水力学解题指导及习题集．第2版．北京：高等教育出版社，1984
19 刘润生．水力学．南京：河海大学出版社，1992
20 吴国钏．串列叶栅理论．北京：国防工业出版社，1996
21 武汉水利电力学院，华东水利学院．水力学．北京：人民教育出版社，1980
22 南京水利科学研究院，水利水电科学研究院．水工模型试验．第2版．北京：水利电力出版社，1995
23 莫乃榕．水力学简明教程．武汉：华中科技大学出版社，2003

内 容 提 要

本书为高职高专院校水利水电工程、水利工程专业编写，是一本适用于高中入学两年制、初中入学五年制专业需要的规划教材和国家级精品课程教材。全书共十章，内容包括绪论、水静力学、水流运动的基本原理、水流型态和水头损失、有压管道恒定流、明渠恒定均匀流、明渠恒定非均匀流、堰流和闸孔出流、水工建筑物下游水流衔接与消能、高速水流简介。

本书也适用于水文水资源工程、给水排水、水利工程监理、水利工程施工、道路与桥梁、水土保持、水电站动力设备、治河防洪、环境水利、水务工程等专业，特别是对少学时水利类专业和成人教育专科层次更为适宜，还可供水利水电工程技术人员参考。